师范院校综合素养教育系列规划教材

ZIRAN KEXUE JICHU ZHISHI WULI HUAXUE FENCE

自然科学基础知识

物理·化学分册

主　编　阮守高

副主编　张艺国　潘承先

编　者　（按姓氏笔画排序）

丁劲松　卫志东　阮守高

张和汉　张艺国　唐　亮

董世云　潘承先

西北工业大学出版社

【内容简介】 本书旨在使学前教育、小学教育和特殊教育等专业学生系统地学习自然科学基础知识,掌握必备的自然科学知识,正确全面地认识自然,满足从业需求。本书分为物理篇和化学篇两部分。物理篇主要内容有运动与力,热现象及应用,直流电路,静电场的应用,磁场及应用,光现象及其应用;化学篇主要内容有化学基础知识,主要元素及其化合物,有机化合物基础,化学与生活。

本书适合师范类院校、大中专院校学生使用。

图书在版编目(CIP)数据

自然科学基础知识.物理·化学分册/阮守高主编.—西安:西北工业大学出版社,2015.8
(2021.8重印)

ISBN 978 - 7 - 5612 - 4598 - 9

Ⅰ.①自…　Ⅱ.①阮…　Ⅲ.①自然科学—师范学校—教材Ⅳ.①N43

中国版本图书馆 CIP 数据核字(2015)第 214663 号

出版发行:西北工业大学出版社
通信地址:西安市友谊西路 127 号　　邮编:710072
电　　话:(029)88493844　88491757
网　　址:www.nwpup.com
印 刷 者:陕西向阳印务有限公司
开　　本:787 mm×1 092 mm　1/16
印　　张:14.5
字　　数:348 千字
版　　次:2015 年 9 月第 1 版　　2021 年 8 月第 5 次印刷
定　　价:45.80 元

前　　言

　　为了适应和满足师范院校发展的需要,贯彻《国家中长期教育改革和发展规划纲要》(2010—2020),依据《中小学和幼儿园教师资格考试标准》《幼儿园教师专业标准》《小学教师专业标准》,在长期调研的基础上,结合多名一线教师教学实践经验,我们编写了这本《自然科学基础知识》,作为师范院校学生综合素质教育规划教材之一。

　　本书旨在使学前教育、小学教育和特殊教育等专业的学生,系统地学习自然科学基础知识,掌握必备的自然科学知识,正确全面地认识自然,满足从业需求。本书有助于学生全面了解自然常识,提高科学素养,成为合格的人才。

　　本书分为《自然科学基础知识　生物·地理分册》和《自然科学基础知识　物理·化学分册》,这样更有利于教师教学和学生系统学习。本书既符合师范学校学生的实际水平,又兼顾作为基础教育教师应具备的自然科学基本素养,从生活实际出发,反映时代特色。为了提高学生学习兴趣,满足学生发展需要,本书在内容上,突出科学性、实践性和实用性;在难度上,去除大量的理论和复杂的计算,力求做到深入浅出。本书既注意与初中知识的链接,又根据学生实际,全面巩固初中有关知识重点,顾全大局,面向所有学生,使大部分学生能听得懂、愿意学;在编排上根据各部分特点,加入了大量的知识链接、小实验、知识卡片以及STS(科学·技术·社会)内容,以扩展学生视野、增加学习兴趣,在每一章的后面配一定量的习题,方便检查和巩固学习效果。

　　物理·化学分册由安徽省肥西师范学校阮守高担任主编,黄麓师范学校张艺国、潘承先担任副主编。编写分工具体如下:第一章由安徽省肥西师范学校张和汉编写,第二章由安徽省肥西师范学校丁劲松编写,第三章由安徽省肥西师范学校唐亮编写,第四章由安徽省肥西师范学校卫志东编写,第五章、第六章由黄麓师范学校潘承先编写,第七章、第十章由安徽省肥西师范学校阮守高编写,第八章、第九章由黄麓师范学校张艺国编写,附录由安徽省肥西师范学校董世云编写。

　　在编写过程中得到了以上各院校有关领导和教师的大力支持,并提出了许多宝贵的意见,在此表示衷心的感谢。

　　由于笔者水平有限、经验不足,加上自然科学基础知识在内容选择和难度把握上都还有许多值得探讨和研究的地方,书中不足之处恳请读者指正。

编　者

2015 年 6 月

目　录

物　理　篇

化 学 篇

物　理　篇

第一章 运动与力

运动和力是人们在生产和生活中经常接触到的物理现象。研究运动和力的关系的理论叫"动力学",是物理学中发轫较早、发展最快的一个分支。从亚里士多德时代的自然哲学,发展到伽利略、牛顿时代的经典力学,可以说动力学已成为人们对运动和力的研究,不仅深化了人类对自然的认识,而且体现了科学研究的基本方法,对人类的思维发展产生了不可或缺的影响。

在我们周围,到处可以看到物体在运动:汽车在公路上飞驰,江水在咆哮地奔向远方,鸟儿在飞翔,树叶在摇动……连我们脚下的地球,也在不停地自转、公转。物体的空间位置随时间的变化,是自然界中最简单、最基本的运动形态,称为机械运动。在物理学中,研究物体做机械运动规律的分支叫作力学。人们在力学的研究中,不仅了解物体做机械运动的规律,而且还创造了科学研究的基本方法。

第一节 运动的描述

一、机械运动 质点

在物理学里,一个物体相对于另一个物体的位置,或者一个物体的某些部分相对于其他部分的位置,随着时间而变化的过程,简称运动。机械运动是自然界中最简单、最基本的运动形态。如汽车的行驶、飞机的航行、机器的运转等。而有些看似不动的物体,如房屋、树木等,实际上也是随着地球一起运动的。

1. 参考系

宇宙中的一切物体都在运动,运动是绝对的,而静止是相对的,我们是怎样来描述物体的运动呢?

由常识知道,我们说汽车在运动,是假定地面不动,而汽车相对于地面的位置改变了;我们说课桌是静止的,是假定教室不动,而课桌相对于教室的位置没有变化。可见,在判断物体运动时,需要选择参考的物体。

由于一切物体都在运动,在研究一个物体的运动时,首先要确定物体的运动是相对哪一个物体来说的,被选来作为参考标准的物体或物体系,叫作参考物或参考系(或参照物、参照系)。

同一个物体的运动,若选取的参考系不同,描述的结果也不相同。例如,观察坐在匀速行驶的火车上的乘客,如果以车厢为参考系,他是静止的(因为乘客和车厢间的相对位置没有发生变化);如果以路旁的电线杆(或地面)为参考系,则他是随车厢一起运动的。又如,在无风的雨天里,观察雨滴的运动时,如果以地面为参考系,雨滴是竖直下落的;如果在行驶的火车上以火车为参考系,则雨滴是从火车的前上方向后倾斜落下的。可见,物体运动的描述跟所选定的参考系有关,参考系不同,对同一物体运动的描述也就不同,机械运动的这种性质称为运动描述的相对性。因此,在描述一个物体的运动时,必须明确指出是相对于哪一个参考系而言的。通常我们在研究地面上物体的运动时,选取地球作为参考系。今后只要我们不是选取地球作为参考系而描述物体的运动时,必须指明所选定的参考系。

2.质点

物体都有大小和形状,在运动过程中,物体上不同的点的运动情况是不同的,此时要描述物体的运动相当复杂。但是,在有些情况下,为使问题简化,可以忽略物体的形状和大小,用一个具有物体全部质量的点来代替整个物体,这样的点叫作质点。是一个理想的模型,实际上并不存在。

在什么情况下可以把物体看成质点呢?在研究物体运动时,如果物体上各点的运动差异可以忽略,物体的形状和大小可以忽略不计,那么就可以把这个物体看成质点。研究问题时用质点代替物体,可不考虑物体上各点之间运动状态的差别。它是力学中经过科学抽象得到的概念,是一个理想模型。可看成质点的物体往往并不很小,因此不能把它和微观粒子如电子等混同起来。若研究的问题不涉及转动或物体的大小跟问题中所涉及的距离相比较很微小时,即可将这个实际的物体抽象为质点。

例如,在研究地球公转时,地球半径比太阳与地球间的距离小得多,就可把地球看作质点,但研究地球自转时就不能把它当成质点。如图 1-1 所示,如我们研究卫星本身的运动情况时,由于卫星上各点的运动情况就不大相同,这时就不能将卫星看成为质点。可见把物体看成质点是有条件的。又如物体在平动时,内部各处的运动情况都相同,就可把它看成质点。如图 1-2 中的汽车。所以物体是否被视为质点,完全决定于所研究问题的性质。

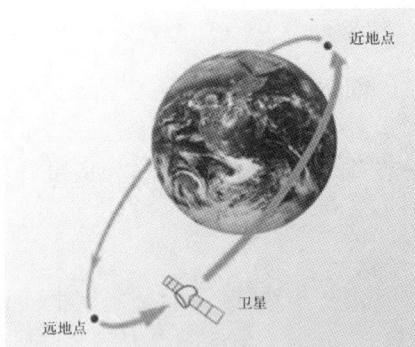

图 1-1

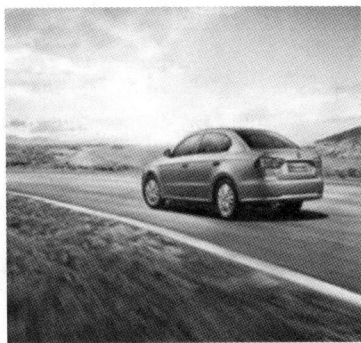

图 1-2

二、时刻和时间

时刻是指某一瞬时,而时间是指两个时刻之间的时间间隔。质点运动时,时刻与质点所在的某一位置相对应,时间则与质点所经过的某一段位移或路程相对应。例如:火车在 8:20 从上海出发,11:50 到达合肥,这里的 8:20 和 11:50 分别是汽车出发的时刻和到达的时刻,3 小时 30 分钟是火车从上海出发到达合肥所需的时间。

在国际单位制(SI)中,时间的单位是秒,符号是 s。

三、路程和位移

质点在运动时,它的位置是在不断变化的,那么如何表示它的位置的变化呢?我们引入一个称为位移的物理量。如图 1-3 所示,设质点原来在 A 点,沿路径 ACB 运动到 B 点。从初位置 A 指向末位置 B 的有向线段 AB 称为位移。位移不但有大小,而且还有方向。AB 的长度是位移的大小,从初位置 A 指向末位置 B 的方向,是位移的方向。在 SI 中,位移的单位是米,符号是 m。

位移跟我们在初中学过的路程是两个不同的物理概念。路程是质点运动所经过的实际路径的长度,它只有大小而没有方向,因此它是标量。在图 1-3 中,如果走 ACB 这条路,路程就是曲线 ACB 的长度,如果走的是 AB 这条直路,也就是沿直线向某一方向运动,那么通过的路程就等于位移的大小了。但必须注意的是,质点只有做直线运动并始终沿着同一个方向运动时,位移的大小才等于路程。如图 1-4 所示,位移和路程是不同的。位移是反映位置变化的物理量。

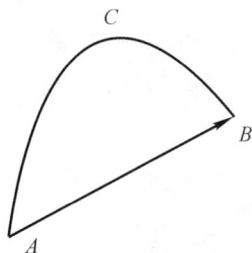

图　1-3

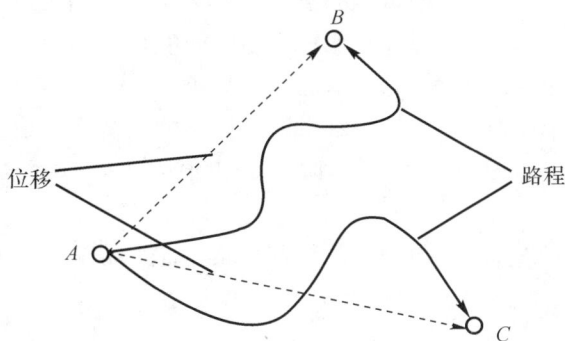

图　1-4

四、矢量和标量

在物理学中,像位移这样的物理量叫作矢量,它既有大小又有方向,后面要学习到的速度、加速度、力等都是矢量;而像质量、温度这些只有大小,没有方向的物理量,叫作标量。

矢量相加与标量相加遵从不同的法则。例如,甲物体质量是 10kg,乙物体质量是 20kg,甲乙物体的总质量为 30kg。这就是说,两个标量相加遵从算术加法的法则。矢量相加的法则与此不同,我们将在本章第四节中介绍。

五、速度和速率

1. 坐标与坐标的变化

一辆汽车在沿平直公路运动,设想我们以公路为 x 轴建立直线坐标系,时刻 t_1 汽车处于 A 点,坐标是 $x_1=10m$,一段时间之后,时刻 t_2 到达 B 点,坐标 $x_2=30m$,如图 1-5 所示。x_2-x_1 就是这辆汽车位置坐标的变化量,可以用符号"Δx"表示。

$$\Delta x = x_2 - x_1 = 30m - 10m = 20m$$

现在首先讨论物体沿着直线的运动,并以这条直线为 x 轴,这样,物体的位移就可以通过坐标的变化量来表示。Δx 的大小表示位移的大小,Δx 的正负表示位移的方向。同样,可以用 Δt 表示时间的变化量,即

$$\Delta t = t_2 - t_1$$

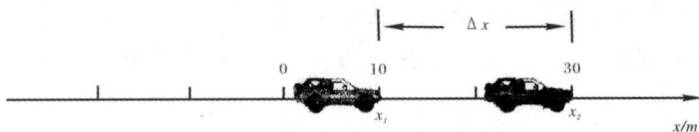

图 1-5

2.速度

不同的运动,位置变化的快慢往往不同,也就是说,运动的快慢不同。要比较物体运动的快慢,可以有两种方法。一种是物体在相同时间内,比较它们位移的大小,位移大,运动得快。例如,电动助力车 30min 内行驶 10km,小汽车在相同的时间行驶 50km。小汽车比电动助力车快。另一种是位移相同,比较所用时间的长短,时间短的运动快。运动会时的百米赛跑,甲同学跑完 100m 用了 11.25s,乙同学用了 12.62s,乙同学跑得慢些。

那么,怎样比较汽车与百米赛跑同学的快慢呢?这就要找出统一的比较标准。物理学中用位移与发生这个位移所用时间的比值表示物理运动的快慢,这就是速度,通常用字母 v 表示。

如果在时间 Δt 内物体的位移是 Δx,它的速度就可以表以为

$$v = \frac{\Delta x}{\Delta t} \qquad\qquad (1-1)$$

在 SI 国际单位制中,速度的单位是 m/s,读作米每秒,常用的单位还有 km/h,cm/s 等。速度不仅有大小,而且有方向,它是个矢量。速度的大小在数值上等于单位时间内物体位移的大小,它的方向就是质点在某一时刻(或某一位置)的运动方向。速度是反映位移变化的快慢的物理量。

3.平均速度和瞬时速度

一般来说,物体在某一时间间隔内,运动的快慢不一定是时时一样的,所以由式(1-1)求出的速度,表示的只是物体在时间间隔内运动的平均快慢程度,叫作平均速度。

平均速度只能粗略地描述运动的快慢。为了能更精确地描述物体在某一位置或者说在某一时刻运动的快慢,可以把 Δt 取得小一些。物体在从 t 到 $t + \Delta t$ 较小的时间间隔内,运动快慢的差异也就小一些。Δt 越小,运动的描述就越精确。可以推测,如果 Δt 非常非常小,就可以认为 $\Delta x / \Delta t$ 表示的是物体在时刻 t 的速度,这个速度叫作瞬时速度。初中物理课所讲匀速直线运动,就是瞬时速度保持不变的运动。在这种运动中,平均速度与瞬时速度相等。

4.速率

与所有矢量一样,速度既有大小又有方向。瞬时速度的大小叫作速率。汽车上的速度表,在汽车运行时所指示的读数,就是汽车的速率。日常生活和物理学中说到的"速度",有时是指速率。

【知识卡片】

常见物体的速度(单位:m/s)

光在真空中传播的速度	3.0×10^8	火车动车组	约 60
地球绕太阳	3.0×10^4	小汽车在高速公路上	约 30
人造卫星(近地圆轨道)	约 7×10^3	自行车	约 4
军用喷气式飞机	约 600	赛马	约 15

第二节　匀变速直线运动

一、匀变速直线运动

物体做变速直线运动的形式包括两种:一种叫作匀变速直线运动,另一种叫作非匀变速直线运动。现在让我们来研究匀变速直线运动,它是最简单、最基本的变速直线运动。

做直线运动的物体,如果在任意相等的时间内速度的变化都相等,这种运动就叫作匀变速直线运动。它又可分为两类:一类是速度均匀增大的匀变速直线运动,称为匀加速直线运动;一类是速度均匀减小的匀变速直线运动,称为匀减速直线运动。

例如,一个做直线运动的物体,在第 1 秒末的速度是 1m/s,在第 2 秒末的速度是 2m/s,在第 3 秒末的速度是 3m/s,在第 4 秒末的速度是 4m/s……可见这个物体的运动规律是每经过 1 秒,它的速度就增加 1m/s,因此这个物体的运动就是匀加速直线运动。在我们日常生活中,经常见到的一些运动都可看成是匀变速直线运动。如火车在平直轨道上开动后一段时间内的运动,汽车在平直公路上刚开动后的运动等,都可近似地看成是匀加速直线运动;而火车、汽车等交通工具停止运动前在直线轨道上的运动,都可近似地看成匀减速直线运动。

二、加速度

善于观察和思考的同学会发现,汽车开动时,它的速度是慢慢变快的,而炮弹从炮口射出时,其速度是在千分之几秒内就能从零增加到每秒数百米。显然,汽车的速度增加得慢,炮弹的速度增加得快。公共汽车正常靠站时速度减小得慢,而在紧急情况下刹车时,速度就减小得快。可见,不同的匀变速直线运动,速度的变化快慢是不同的,那么,怎样来描述物体速度变化的快慢呢?

正像用位移跟时间的比值可以表示位置的变化的快慢一样,我们可以用速度的变化跟时间的比值表示速度变化的快慢。这个比值越大,表示速度的变化越快。在物理上,将物体运动速度的增量 Δv 与发生这个增量所用时间 t 的比值,称为加速度。加速度通常用 a 表示,如果物体在时间 t 内速度由初速度 v_0 变为末速度 v_t,则物体在这段时间内的加速度 a 可表示为

$$a=\frac{v_t-v_0}{t} \tag{1-2}$$

由式(1-2)可以看出,加速度在数值上等于单位时间内速度的变化。

加速度是描述速度变化快慢的物理量,匀变速直线运动的加速度在数值上等于单位时间内速度的增量。加速度的单位是由时间的单位和速度的单位共同来确定的。

在 SI 中,加速度的单位是 m/s²。

加速度不仅有大小,而且有方向,是矢量。通常规定初速度的方向为正方向,当物体做匀加速直线运动时,其速度随时间增加而均匀增大,$v_t > v_0$,a 为正值,表明加速度方向与速度方向相同;当物体做匀减速直线运动时,其速度随时间增加而均匀减小,$v_t < v_0$,a 为负值,表明加速度方向与速度方向相反。

在匀变速直线运动中,加速度的大小和方向都不改变,因此匀变速直线运动是加速度不变的运动,也就是说做匀变速直线运动的物体,其加速度是个恒量。

需要注意的是,加速度的大小只与速度变化的快慢有关,而与速度本身的大小没有直接关系。比如一架以 400m/s 的速度匀速飞行的飞机,尽管它的速度很大,但它的加速度却为零,火箭起飞的速度虽然很小,但它的加速度却很大。加速度是反映物体速度变化快慢的物理量。

例 1.2.1 做匀变速直线运动的火车,在 20s 内,速度从 36km/h 增加到 54km/h,加速度为多大?

分析:这是一道匀变速直线运动的题目,题目给出了初速度和末速度,并且知道了速度发生变化所用的时间,因此可直接用加速度公式求解。

解:先列出已知条件,并将各量的单位统一到 SI 单位,得到:

$v_0 = 36\text{km/h} = 10\text{m/s}$,$v_t = 54\text{km/h} = 15\text{m/s}$,$t = 20\text{s}$,求 a。

由于

$$a = \frac{v_t - v_0}{t}$$

故火车的加速度为

$$a = \frac{v_t - v_0}{t} = \frac{15 - 10}{20} = 0.25(\text{m/s}^2)$$

a 为正值,表明加速度的方向与火车的运动方向相同,火车做匀加速直线运动。

答:火车的加速度大小是 0.25m/s^2,方向与速度方向一致。

例 1.2.2 汽车紧急刹车时速度是 36km/h,经过 2.0s 车停了下来,求汽车的加速度。

分析:汽车从刹车到停止这个过程可粗略地看成是匀减速直线运动,注意题目中的一个隐含条件:"停了下来"的意思是末速度等于零。很显然这也是一道匀变速直线运动的题目,由于题目中已知初速度和末速度以及速度发生变化所用的时间,因此可直接用加速度公式求解。

解:已知 $v_0 = 36\text{km/h} = 10\text{m/s}$,$v_t = 0$,$t = 2.0\text{s}$,求 a。

由于

$$a = \frac{v_t - v_0}{t}$$

故汽车的加速度为

$$a = \frac{v_t - v_0}{t} = \frac{0 - 10}{2.0} = -5(\text{m/s}^2)$$

a 为负值,表明加速度的方向与汽车的运动方向相反,汽车做匀减速直线运动。

答:汽车的加速度大小是 5m/s^2,方向与速度方向相反。

三、匀变速直线运动的规律

做匀变速直线运动的物体,它的速度是时刻在变化的,那么瞬时速度是怎样随时间的改变而改变呢?

匀变速直线运动的速度我们由加速度公式 $a = \dfrac{v_t - v_0}{t}$,经过数学变换很容易推导出匀变

速直线运动的速度和时间的关系为

$$v_t = v_0 + at \tag{1-3}$$

上式称为匀变速直线运动的速度公式。它表明了匀变速直线运动的速度随时间变化的规律。根据此公式,如果已知做匀变速直线运动的物体的初速度 v_0 和加速度 a,那么就可以求出物体在任意时刻的速度 v_t。

如果做匀变速直线运动的物体的初速度为零,即 $v_0 = 0$,则上式又可简化成

$$v_t = at \tag{1-4}$$

例 1.2.3 一辆汽车原来的速度是 36km/h,后来以 0.25m/s^2 的加速度匀加速直线行驶,求加速 40s 时汽车速度的大小。

分析:这是一个匀加速直线运动的问题,题目中已给出初速度、加速度和时间,要求末速度,显然可直接利用匀变速直线运动的速度公式求解。注意单位要统一用 SI 单位。

解:先列出已知条件,并将各量的单位统一到 SI 单位。

已知 $v_0 = 36\text{km/h} = 10\text{m/s}$,$a = 0.25 \text{ m/s}^2$,$t = 40\text{s}$,求 v_t。

由公式 $v_t = v_0 + at$,可得

$$v_t = v_0 + at = 10 + 0.25 \times 40 = 20(\text{m/s})$$

答:汽车加速 40s 时速度的大小为 20m/s。

例 1.2.4 一辆汽车在平直的公路上以 25m/s 的速度行驶,快进站时开始减速,加速度大小是 3m/s^2,从减速开始经过 5s 后汽车的速度是多大?

分析:很显然这也是一道匀变速直线运动的题目,由于题目中已知了初速度、加速度和时间,因此可用匀变速直线运动的速度公式来求解。只不过它是属于匀减速直线运动,加速度的方向与初速度的方向相反,所以加速度应为负值。

解:已知 $v_0 = 25\text{m/s}$,$a = -3\text{m/s}^2$,$t = 5\text{s}$,求 v_t。

由公式 $v_t = v_0 + at$,可得

$$v_t = v_0 + at = 25 - 3 \times 5 = 10(\text{m/s})$$

答:汽车减速 5s 后的速度是 10m/s。

匀变速直线运动的位移。匀变速直线运动属于变速直线运动,因此运动物体在时间 t 内的位移 s 等于物体在这段时间内的平均速度和时间的乘积,即 $s = \bar{v} \times t$。由于匀变速直线运动的速度是均匀变化的,所以它在时间 t 内的平均速度就等于时间 t 内的初速度 v_0 和末速度 v_t 的平均值,即

$$\bar{v} = \frac{v_0 + v_t}{2} \tag{1-5}$$

将它代入 $s = \bar{v} \times t$,可得

$$s = \frac{v_0 + v_t}{2} \times t$$

将 $v_t = v_0 + at$ 代入上式得到

$$s = v_0 t + \frac{1}{2} at^2 \tag{1-6}$$

这就是匀变速直线运动的位移公式。它表明了匀变速直线运动的位移随时间的变化规律。如果物体做初速度为零的匀加速直线运动,即 $v_0 = 0$,上式可简化为

$$s = \frac{1}{2}at^2$$

已知初速度和加速度,就可以利用位移公式求出任意时间内的位移,从而能确定物体在任意时刻的位置。

速度公式 $v_t = v_0 + at$ 和位移公式 $s = v_0 t + \frac{1}{2}at^2$ 是匀变速直线运动的两个基本公式。

利用这两个基本公式可以推导出匀变速直线运动的另外一个不含时间的公式。

由速度公式 $v_t = v_0 + at$,得

$$t = \frac{v_t - v_0}{a}$$

把 t 代入位移公式,得

$$s = v_0 \frac{v_t - v_0}{a} + \frac{1}{2}a(\frac{v_t - v_0}{a})^2$$

化简后可得

$$v_t^2 - v_0^2 = 2as \qquad (1-7)$$

式(1-7)直接表明了初速度、末速度、加速度和位移四个量之间的关系,显然,利用此公式求解那些运动时间未知的问题时很方便。

如果初速度等于零,即 $v_0 = 0$,上式可以简化为

$$v_t^2 = 2as$$

例 1.2.5 一辆以 15m/s 的速度行驶的摩托车,遇到紧急情况刹车,刹车后做匀减速直线运动,加速度的大小是 5m/s² ,求刹车后摩托车还要前进多远?

分析: 这是一道匀减速直线运动的问题,已知条件中给出了初速度、加速度,注意题目中的一个隐含条件:"刹车后摩托车还要前进多远"的意思是末速度等于零。可以先通过加速度的定义式求出时间 t ,再根据位移公式求出位移 s ;也可以在求出时间 t 后,根据 $s = \bar{v} \times t$ 求出位移 s 。

解: 先根据题意列出已知条件: $v_0 = 15$m/s, $v_t = 0$, $a = -5$m/s² 。

根据公式 $t = \frac{v_t - v_0}{a}$,得 $t = \frac{v_t - v_0}{a} = \frac{0 - 15}{-5} = 3$(s)

方法一: 根据位移公式,求出位移 s ,有

$$s = v_0 t + \frac{1}{2}at^2 = 15 \times 3 + \frac{1}{2}(-5) \times 3^2 = 22.5(\text{m})$$

方法二: 根据 $s = \bar{v} \times t = \frac{v_0 + v_t}{2} \times t$,求出位移 s ,有

$$s = \bar{v} \times t = \frac{v_0 + v_t}{2} \times t = \frac{15 + 0}{2} \times 3 = 22.5(\text{m})$$

通过方法一与方法二的比较可以看出,方法二比方法一简单。

答:摩托车刹车后还要前进 22.5m。

通过这个例题可以看出,运动物体做减速运动时,使速度减小到零总是需要时间的,汽车、摩托车等交通工具刹车后还要前进一段距离才能停下来。因此,我们懂得这一道理对避免交通事故的发生是非常必要的。

四、自由落体运动

物体在空中从静止开始下落的运动是一种常见的运动。我们知道,树上熟透了的苹果,总

是沿着竖直方向下落,并且下落的速度越来越快。那么,不同物体的下落快慢是否相同呢?

如图 1-6 所示,拿一根长约 1.5m 的玻璃管,一端用橡皮塞封住,另一端橡皮塞中间有孔,可以插入细玻璃管。在管中事先放入钱币和羽毛。如果管中有空气,在把玻璃管倒立后,发现钱币和羽毛下落的快慢不同,钱币较羽毛先落到管底;如果在小细玻璃管上装上橡皮管使之与真空泵相接,并开动真空泵把玻璃管中的空气抽去,再把玻璃管倒立过来以后,再次观察钱币和羽毛下落的快慢,发现它们下落的快慢是相同的。这个实验证明:如果没有空气阻力,在同一地点,一切物体不管它的形状和密度如何,下落的快慢都相同。物体只在重力作用下,从静止开始下落的运动,叫作自由落体运动。如果空气对物体的作用比较小,可以忽略不计,则该物体由静止开始下落的运动也可看成是自由落体运动。

重力加速度实验和理论分析表明,在同一地点,一切物体在自由下落运动中的加速度都相同。这个加速度叫作自由落体加速度,也叫重力加速度,通常用字母 g 表示。

自由落体运动是初速度为零的匀加速直线运动。

重力加速度 g 的方向与重力方向一致,总是竖直向下的,大小可用实验的方法来测定。精确的实验表明,在地球上不同的地方,g 的大小略有差别。在赤道 $g=9.780\text{m/s}^2$,在北京 $g=9.801\text{m/s}^2$,在北极 $g=9.832\ \text{m/s}^2$。在通常的计算中,取 $g=9.8\text{m/s}^2$,在粗略的计算中,可取 $g=10\text{m/s}^2$。

由于自由落体运动是初速度为零的匀加速直线运动,所以匀加速直线运动的基本规律完全适用于自由落体运动,我们只要将 $v_t=0,a=g$ 并以高度 h 代替位移 s 代入匀变速直线运动的公式,就得到了自由落体运动公式为

$$v_t=g \tag{1-8}$$

$$h=\frac{1}{2}gt^2 \tag{1-9}$$

$$v_t^2=2gh \tag{1-10}$$

例 1.2.6 让一个钢球从 19.6m 高的地方自由落下,它经过多长时间落到地面?落到地面时的速度是多少?

分析:"自由落下"就是从静止开始自由下落的意思,知道了这一点就清楚这是一道典型的自由落体运动的题目,只要熟悉自由落体运动的公式就能解答。

解:先列出已知条件 $g=9.8\text{m/s}^2$, $h=19.6\text{m}$

由 $h=\frac{1}{2}gt^2$,得

$$t=\sqrt{\frac{2h}{g}}=\sqrt{\frac{2\times19.6}{9.8}}=2(\text{s})$$

由 $v_t=gt$,得

$$v_t=gt=9.8\times2=19.6(\text{m/s})$$

答:钢球经过 2.0s 落到地面,落到地面时的速度是 19.6m/s。

例 1.2.7 让一个钢球从 15.9m 高的地方落下,下落的时间是 1.8s,求此地的重力加

速度。

分析:本题是用一个较粗略但简单的办法测量当地重力加速度的题目,是非常有实际意义的。题目给出的条件是物体下落的高度和时间,可以利用自由落体运动的位移公式直接求出重力加速度。

解:先列出已知条件:$h = 15.9\text{m}$,$t = 1.8\text{s}$

由公式 $h = \dfrac{1}{2}gt^2$,得

$$g = \frac{2h}{t^2} = \frac{2 \times 15.9}{1.8^2} = 9.8(\text{m/s}^2)$$

答:当地的重力加速度大小是 9.8m/s^2。

第三节　重力　弹力　摩擦力

在力学中经常遇到的力有重力、弹力和摩擦力。本节我们来介绍这 3 种力。

一、重力

如图 1-7 所示,成熟的苹果会落向地面,而且下落得越来越快。上抛的小球最后也会落到地面,小球上升时越来越慢,上升到一定的高度时速度会减小到零,此时小球会转向下落,其下落的速度也是越来越大的。

为什么会发生这些现象呢? 这是由于地球对它们都有吸引力的作用。物体由于地球的吸引而受到的力,叫作重力。地球上的一切物体都受到重力的作用。重力的大小可以用弹簧秤(或测力计)测量,如图 1-8 所示。物体在固定不动的弹簧秤或测力计上静止时,弹簧秤或测力计的示数就表示物体重力的大小。

图 1-7　成熟的苹果在重力作用下竖直下落

图 1-8　用弹簧秤测重力

物体的各部分都受到重力的作用,但从整体效果上看,可以认为重力对物体的作用集中于一点,这一点叫作物体的重心。即重力的作用点在物体的重心上。

质量均匀分布的物体,重心的位置只跟物体的形状有关。对于形状规则的均匀物体,其重心就在它的几何中心上。例如,质量分布均匀的圆板的重心在它的圆心上,如图 1-9 所示;均匀球体的重心在球心位置。不均匀物体的重心的位置,除跟物体的形状有关外,还跟物体内部质量的分布有关。如载重叉车的重心随着装物的多少和装载的位置而变化,如图 1-10 所示。

用简单的实验方法,可以找出形状不规则或者质量不均匀的物体的重心。如图 1-11 所示,先在 A 点把物体悬挂起来,当物体处于平衡状态时,它所受的重力必定跟悬绳的拉力在同一竖直线上,也就是说,它的重心一定在通过 A 点的竖直线 AB 上。然后在 C 点把物体悬挂起来,同样可以知道,物体的重心一定在通过 C 点的竖直线 CD 上。AB 和 CD 的交点 O 就是这个物体的重心。

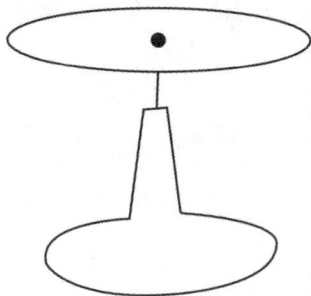

图 1-9　均匀圆板的重心

图 1-10　不均匀物体的重心

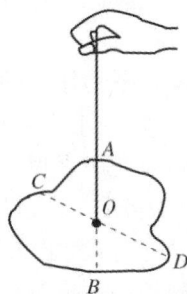

图 1-11　不均匀物体重心的寻找

二、弹力

我们都有这样的经验,当你用手拉长(或压缩)弹簧时,手会感到弹簧的作用力。这说明物体在发生形变的同时,就有力作用到使它发生形变的物体上。这种由于物体形变而产生的力,叫作弹力。

这里,我们要注意"同时"这两个字。它的含义是:物体一旦发生形变,就立刻出现弹力;形变消失,弹力也随着消失。可见,弹力并不是原来就存在的,而是在物体受到外力作用发生形变时才产生的。弹力的大小随着形变的程度变化而发生变化。

发生形变的物体,如压缩后的弹簧、弯曲了的弓弦等,一旦除去外力,物体就会恢复原状,像这种在外力停止作用后能够恢复原来状态的形变,叫作弹性形变。然而,物体的这种形变是有条件的,这个条件我们通常称之为弹性限度,超过了弹性限度,物体就不能再恢复原状。

显然,只有在物体间有直接接触且发生了形变时,才能产生弹力。通常所说的压力、拉力以及绳子的张力等都是由于形变而引起的,所以它们都属于弹力。

弹力是发生形变的物体由于要恢复原状所产生的,所以弹力的方向总是指向使物体恢复原状的方向,即弹力的方向与物体形变的方向相反。例如,绳子与物体间的拉力是弹力,绳子给物体的拉力,总是沿着绳子而且指向绳子收缩的方向;被压缩弹簧的推力方向总是指向弹簧伸长的方向;而压力或支持力的方向总是垂直于支持面指向被压或被支持的物体(请同学们对桌面上的书与桌子间的弹力情况自己做出分析)。

我们已经知道,物体在失去外力作用后能恢复原来形状的形变是弹性形变,那么外力与物体的弹性形变有什么关系呢? 英国科学家胡克回答了这个问题,胡克通过实验发现:在弹性限度内,弹力的大小 F_T 与弹簧的伸长(或缩短)的长度 x 成正比,这个关系叫作胡克定律。其数学表达式为

$$F_T = kx \qquad (1-11)$$

式中,k 叫作弹簧的劲度系数(也叫倔强系数),单位是 N/m。不同弹性物体的劲度系数一般是不同的。

三、摩擦力

摩擦现象在日常生活和生产中是普遍存在的。人们在冰上滑行,停止用力后,滑行就会逐渐变慢,最后完全停下来,这是由于人在冰上滑行受到摩擦的缘故;关闭油门后的汽车,速度越来越小,最后停止前进,这也是因为汽车受到地面摩擦的缘故。

如图 1-12 所示,我们用不大的水平力拉一个放在水平地面上的物体,使物体相对于地面有运动的趋势,但并没有把物体拉动。这是因为物体受到拉力的同时,还要受到一个与拉力大小相等、方向相反的力,这两个力互相平衡,因此物体保持不动。人们通常把物体之间具有相对运动趋势时,在接触面处所表现出来的摩擦力称为静摩擦力。静摩擦力的方向总是跟接触面相切,并且与物体的相对运动趋势方向相反。逐渐增大对物体的拉力,如果拉力还不足够大,物体仍保持不动。这时,静摩擦力与拉力仍然保持平衡。可见,静摩擦力随着拉力的增大而增大,但当拉力达到某一数值时,物体开始滑动,这时的静摩擦力称为最大静摩擦力。

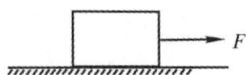

图　1-12

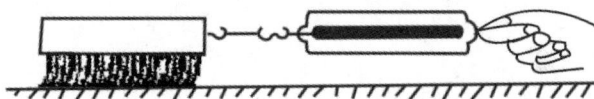

图　1-13

我们可以用"木板刷"来演示静摩擦力的产生。如图 1-13 所示,在平板上放一块纱布(增大摩擦),把一面有毛的木板刷放在纱布上,且使木板刷的长毛跟纱布接触,沿水平向右方向拉动木板刷,可以看到,由于木板刷和支撑面有相对运动的趋势,木板刷的长毛就发生了形变。我们由形变的情况即可判断木板刷所受的静摩擦力的方向向左,由弹簧秤上的读数可知静摩擦力的大小。如果使拉力逐渐增大,在接触层没有滑动前,木板刷毛的形变也逐渐加剧,由此可以说明,静摩擦力的大小随外力的变化而变化。

木块开始滑动后,仍然需要一个拉力才能维持做匀速直线运动。这表明,滑动的物体也受到摩擦力的作用。滑动物体受到的摩擦力叫作滑动摩擦力。滑动摩擦力的方向总是跟接触面相切,并且与物体间相对运动的方向相反。

大量实验表明:两个物体间滑动摩擦力的大小 f,跟两个物体间的正压力 N 成正比。即

$$f = \mu N \qquad (1-12)$$

式中，μ 称为动摩擦因数。它的数值与相互接触的物体的材料以及接触面的情况（如粗糙程度）等有关，没有单位（量纲为 1 的量）。表 1-1 给出了通常情况下几种常见材料间的动摩擦因数。

表 1-1　几种材料间的动摩擦因数

材　　料	动摩擦因数
钢—钢	0.25
木—木	0.30
木—金属	0.20
皮革—铸铁	0.28
钢—冰	0.02
木头—冰	0.03
橡皮轮胎—路面（干）	0.71

在日常生活和生产中，摩擦有着广泛的应用。比如，手能拿住瓶子和笔等物品而不滑落，用皮带运输机来运输货物等，都是静摩擦力作用的结果，这是摩擦有利的一面，但同时我们也应该看到它有害的一面。比如，机器内部的摩擦会造成机器磨损，导致机器寿命的降低、能源消耗的增加。请同学们注意观察一下，在日常生活和生产中，哪些摩擦是有利的，哪些摩擦是有害的；人们是用什么方法减小有害摩擦和用什么方法去增大有利摩擦的。（减小有害摩擦的主要方法是用滚动代替滑动和加润滑剂；增大有利摩擦的主要方法是增大正压力和把接触面做得粗糙些。）

例 1.3.1　用弹簧秤沿水平方向拉一个放在水平地板上质量为 5kg 的物体。最初用 10N 的力拉它，接着增加到 15N 都不能使它滑动，一直增加到 18.2N 时，物体才开始滑动。以后又用 17.6N 的力使物体匀速滑动。求在上述情况下的静摩擦力及动摩擦因数。

解：物体静止时，它所受到的静摩擦力与水平拉力一定大小相等、方向相反。所以，拉力是 10N 时，静摩擦力也为 10N；拉力是 15N 时，静摩擦力也为 15N；拉力增加到 18.2N 时，物体开始滑动，所以最大静摩擦力为 18.2N。

滑动摩擦力 $f=17.6$N，而物体对地板的正压力大小等于物体的重力，即

$$N=G=mg=5\times9.8=49(\text{N})$$

由 $f=\mu N$，得

$$\mu=\frac{f}{N}=\frac{17.6}{49}\approx0.36$$

答：静摩擦力分别为 10N，15N 和 18.2N，动摩擦因数为0.36。

例 1.3.2　用弹簧秤将一重物吊起，其示数为 10N。将此物放在水平桌面上，用弹簧秤沿水平方向匀速拉动时，如图 1-14 所示，弹簧秤的示数为 1.0N，求物体和桌面间的动摩擦因数。

解：重物被弹簧秤吊起后，重物受到两个力作用而平衡：重力和弹簧的拉力。根据二力平衡的原理，重力的大小应等于弹

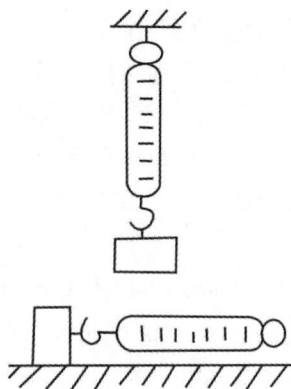

图　1-14

簧的拉力,即 $G = 10\text{N}$。

重物在水平面上受到 1.0N 的拉力作用而做匀速直线运动,同样道理知道,有

$$f = F = 1.0\text{N}, \quad N = G = 10\text{N}$$

由 $f = \mu N$,得

$$\mu = \frac{f}{N} = \frac{1.0}{10} = 0.1$$

答:物体和桌面间的动摩擦因数为 0.1。

第四节　力的合成与分解

一、力的合成

要使弹簧伸长同样的长度,可以用一个力,也可以用两个力,如图 1-15 所示。可见,一个力的作用效果可以跟几个力共同作用的效果相同。

如果一个力作用在物体上的效果跟几个力共同作用在物体上的效果相同,这个力就叫作那几个力的合力,而那几个力就叫作这个力的分力。求几个已知力的合力叫作力的合成。

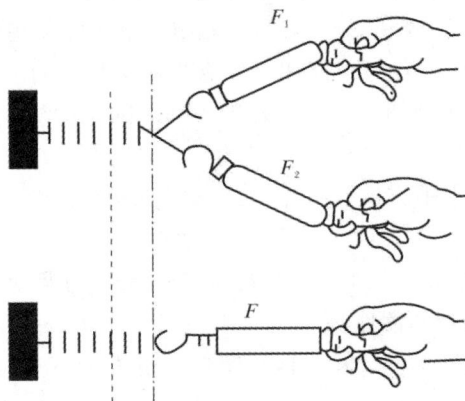

图　1-15　合力

如果物体同时受几个力的作用,并且这几个力都作用在物体上的同一个点,或者它们的作用线相交于同一个点,这几个力就称为共点力。

现在我们通过实验来研究两个互成角度的共点力的合成。图 1-16(a)表示橡皮带 GE 的端点 E 在 F_1 和 F_2 的共同作用下,沿直线 GC 运动到了 O 点。图 1-16(b)表示撤去力 F_1 和 F_2 后,用一个力 F 作用在橡皮带 E 端,也能将端点 E 沿着相同的直线拉到 O 点,显然,力 F 对 E 端产生的效果跟力 F_1 和 F_2 对 E 端共同作用的效果相同,可见,力 F 是力 F_1 和 F_2 的合力。

合力 F 与力 F_1 和 F_2 有什么关系呢? 从 O 点按一定的比例画出代表力 F_1 和 F_2 的有向线段 OA 和 OB,再以 OA 和 OB 为邻边作平行四边形 $OACB$,如图 1-16(c)所示。量出平行四边形的对角线 OC 的长度,结果发现,合力 F 的大小和方向恰好可以用对角线 OC 来表示。

改变力 F_1 和 F_2 的大小和方向,重做上述实验,可以得出同样的结论。

因此,两个互成角度的共点力,它们的合力的大小和方向,可以用代表这两个力的有向线

段作邻边所画出的平行四边形的对角线来表示。这个结论就是力的平行四边形定则。

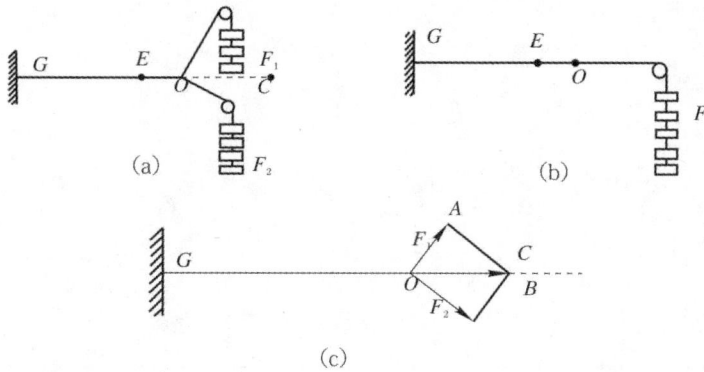

图 1-16

从力的平行四边形定则可以看出,合力 F 的大小和方向不仅与分力 F_1 和 F_2 的大小有关,而且还与它们之间的夹角有关。两分力的夹角越小,它们的合力就越大;两分力的夹角越大,它们的合力就越小。当两分力的夹角为 $0°$,即两分力的方向相同时,它们的合力最大,等于两分力之和,其方向跟两分力的方向相同;当两分力夹角为 $180°$,即两个分力的方向相反时,它们的合力最小,等于两分力之差,其方向跟较大分力的方向相同。请同学们用作图法验证上述结论。

我们如何求多个力的合成呢?

通过上述分析我们知道,任何两个共点力都可以用平行四边形定则求出其合力。因此对多个共点力的合成,我们可以先求出任意两个力的合力,再求出这个合力跟第三个力的合力,直到把所有的力都进行了合成,最后得到的结果就是这些力的合力。如图 1-17 所示。

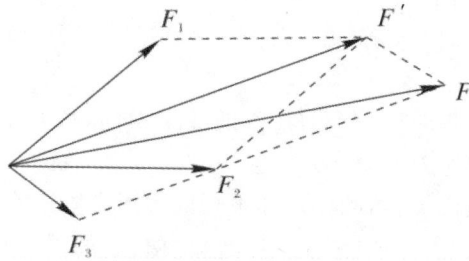

图 1-17

例 1.4.1 互相垂直的两个共点力,其大小分别是 30N 和 40N,求这两个力的合力的大小。

解:先根据一定的标度画出力 F_1 和 F_2,然后以 F_1 和 F_2 为邻边作平行四边形,如图 1-18所示,量出对角线的长度,可得出 F_1 和 F_2 的合力 $F = 50N$。

以上结果也可以根据直角三角形的知识算出,有

$$F = \sqrt{F_1^2 + F_2^2} = \sqrt{30^2 + 40^2} = 50(\text{N})$$

答:两个力合力的大小为 50N。

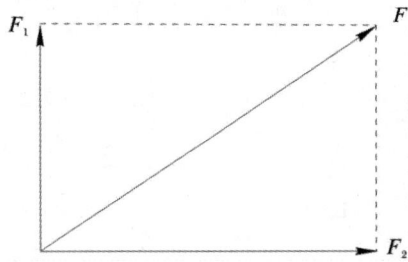

图 1-18

二、力的分解

上小节我们研究了力的合成问题,即已知分力求合力。但在许多实际问题中,常常需要求一个已知力的分力。如图 1-19 所示,事先固定好两根橡皮绳,并在两绳结点处系上两根细线。用一竖直向下的拉力 F 把结点拉到 O 的位置,同时请学生观察此时拉力 F 所产生的效果。接着用沿 BO 方向的拉力 F_1 只拉伸 OB,AO 方向的拉力 F_2 只拉伸 OA,结点也被拉到 O 的位置,如图 1-20 所示,可见 F_1,F_2 共同作用的效果与 F 作用的效果相同。所以力 F 可以用两个力 F_1 和 F_2 代替。

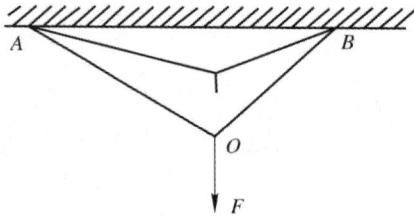

图 1-19

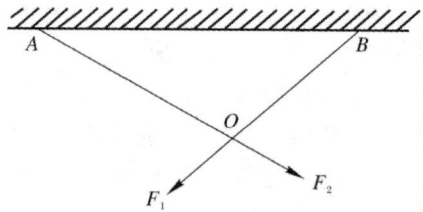

图 1-20

几个力共同产生的效果跟原来一个力产生的效果相同,这几个力就叫作原来那个力的分力。求一个已知力的分力叫作力的分解。

力的分解是力的合成的逆运算,同样遵守平行四边形定则。在具体分解某一个力时,把已知力(合力) F 作为平行四边形的对角线,而与已知力共点的平行四边形的两个邻边,就是这个已知力的分力。

可是,有相同对角线的平行四边形可以有无数个,如图 1-21 所示。也就是说,同一个力可以分解为无数对大小、方向不同的分力,要想使力的分解具有确定的结果,需要知道两个分力的方向或者一个分力的大小和方向。那么,一个已知力究竟应该怎样分解呢?这要根据实际问题来决定。例如,在上面的例子中,由于力 F 产生了两个效果,即沿两绳的方向拉紧绳子,所以,根据力的实际作用效果就可以把力 F 分解为 F_1 和 F_2。下面我们通过实例的分析来说明力的分解问题。

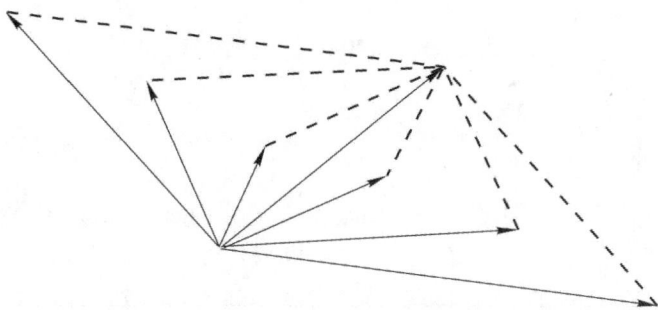

图 1-21

例 1.4.2 放在水平面上的物体受到一个斜向上的拉力 F,这个力与水平面成 α 角,请按力的作用效果来分解这个力。

解:由于力 F 有水平向前拉物体和竖直向上提物体的效果,所以它的两个分力就在水平方向和竖直方向上。

方向确定后,根据平行四边形定则,分解就是唯一的。如图 1-22 所示,则有

$$F_1 = F\sin\alpha$$
$$F_2 = F\cos\alpha$$

例 1.4.3 如图 1-23 所示,静止在斜面上的物体,重力将产生什么样的效果?

解:重力 G 方向竖直向下,由于物体被斜面支撑而不能下落,因此重力在垂直于斜面方向的分力对斜面产生压力;在沿斜面方向下的分力使物体产生沿斜面向下滑动的趋势。两分力方向确定了,分解是唯一的,则有

沿斜面向下分力 $\qquad\qquad G_1 = G\sin\theta$

垂直于斜面分力 $\qquad\qquad G_2 = G\cos\theta$

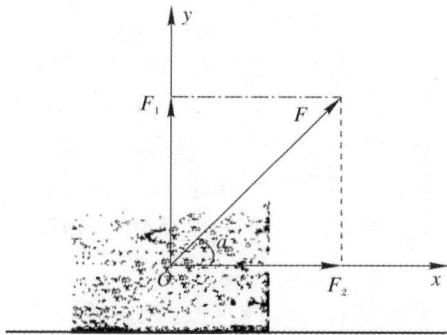

图 1-22

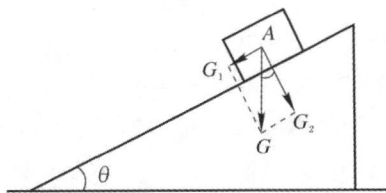

图 1-23

上述力的分解是根据力的实际作用效果来进行的,但同时也属于正交分解。把一个力沿着两个互相垂直的方向分解,称为力的正交分解。在解决力学问题时经常会用到力的正交分解。

第五节　牛顿运动定律

一、牛顿第一定律

运动和力之间有什么样的关系？是人们很早就关心的重要问题。早在两千多年前，古希腊哲学家亚里士多德（公元前384—公元前322）根据传统的观念提出：必须有力作用在物体上，物体才能运动，没有力的作用，物体就会停下来，他认为：运动和力有关系，力是维持物体运动的原因。应该说他的这个观点，是比较符合人们的观察经验的。比如，人用力推车，车子就由静止开始运动，停止用力，车子就要停下来等。这种认识一直延续了两千多年。

难道力真是维持物体运动的原因吗？意大利科学家伽利略（1564—1642）在仔细研究了斜面上物体的运动后证明了亚里士多德的认识是错误的。伽利略通过实验发现，物体沿光滑斜面向下滑动时，有加速现象出现，物体速度不断增加；沿光滑斜面向上滑动时，有减速现象出现，物体的速度不断减小；斜面的倾角愈小，无论是物体上滑，还是物体下滑，速度的变化愈缓慢。不难想象，如果将光滑斜面换成光滑水平面，由于没有加速或减速的原因出现，这样，沿水平面运动的物体就既不会加速，也不会减速，而要保持原有的速度不变一直运动下去，也就是说，物体的运动不需要力来维持。伽利略根据大量的实验明确指出：在水平面上运动的物体之所以会停下来，是因为它受到摩擦力作用，如果没有摩擦力作用，物体将保持原来的速度一直运动下去。由此可见，力是改变物体运动状态的原因。

英国科学家牛顿在伽利略等人研究的基础上，根据自己的进一步研究，得出下述结论：

任何物体在没有外力作用时，它总是保持匀速直线运动状态或静止状态。这就是牛顿第一定律。

牛顿第一运动定律表明，除非有外力施加，物体的运动速度不会改变。根据这定律，假设没有任何外力施加或所施加的外力之和为零，则运动中物体总保持匀速直线运动状态，静止物体总保持静止状态。物体所显示出的维持运动状态不变的这性质称为惯性。所以，这定律又称为惯性定律。

实际上不受外力作用的物体是不存在的，因为任何物体都和周围的物体有相互作用。我们通常看到的静止状态或匀速直线运动状态，并不是物体不受外力作用，而是由于物体受到的外力的合力为零、相互平衡的结果。也就是说，当物体所受外力的合力为零时，物体将保持匀速直线运动状态或静止状态不变。

一切物体都具有惯性。如果没有外力的作用，任何静止的物体都运动不起来，任何运动的物体也不会静止下来。可见物体做匀速直线运动并不需要力来维持。在现实生活中，惯性现象是随处可见的。如汽车在紧急刹车时，坐在车里的乘客身体会向前倾，这是因为乘客的双脚由于静摩擦力的作用，能够随汽车及时减速，而上身由于惯性却还要保持原来的速度，因此，坐在高速行驶的汽车里，乘客为了个人的安全，一定要系好安全带。再如，人们在奔跑时脚碰到障碍物时会向前摔倒，这是因为脚遇到障碍物时停止了运动，而上半身由于惯性还要以原来的速度继续前进的缘故。

二、牛顿第二定律

既然力能改变物体的运动状态,而运动状态的改变,意味着物体的速度发生了变化,速度发生了变化意味着物体具有了加速度,可见,力是物体产生加速度的原因。那么,加速度与力的关系怎样呢?

一辆小车,我们用较小的力去推它,它起动得慢,也就是速度变化得慢,它的加速度就小;用较大的力去推它,它起动得快,也就是速度变化得快,它的加速度就大。可见,在物体质量一定的前提下,物体获得的加速度与它所受到的外力成正比。

用同样大小的力,作用于不同质量的物体,物体运动状态的改变也是不一样的。如用同样大小的力推摩托车和自行车,摩托车比自行车起动要慢得多,说明摩托车比自行车获得的加速度小。可见在外力一定的前提下,物体获得的加速度与物体的质量成反比。另外,通过这个例子还说明了质量不同的物体,运动状态改变的难易程度是不同的,或者说它们惯性大小不同。质量大的物体,运动状态不易改变,说明它惯性大;质量小的物体,运动状态容易改变,说明它惯性小。可见,物体惯性的大小可以用其质量的大小来表示,所以,质量是物体惯性大小的量度。

加速度的方向和力的方向有什么关系呢? 让一个物体从一定的高度自由落下,我们发现,它下落的速度越来越快。说明该物体的末速度大于初速度,由第二节知识知道,加速度的方向向下;而物体下落是由于受到重力作用的结果,重力的方向是向下的,可见,加速度的方向与物体所受力的方向是一致的。

综合上述的结论,我们得到:物体加速度的大小跟物体所受合力的大小成正比,跟物体的质量成反比,而加速度的方向跟物体所受合力的方向相同。这就是牛顿第二定律。

牛顿第二定律用公式表示,可以写成

$$a \propto Fm$$

上式可改写成 $F = kma$,式中的 k 是比例常数。如果公式中的物理量选取国际单位制单位,可使 $k = 1$,从而使公式简化。为此需要我们恰当地规定力的单位。

在 SI 单位中,力的单位是 N。它是这样规定的:使质量为 1kg 的物体产生 $1m/s^2$ 加速度,其合力的大小是 1N。

可见,如果力 F,质量 m,加速度 a 都采用 SI 单位,牛顿第二定律可简化为

$$a = \frac{F}{m}$$

或

$$F = ma \tag{1-13}$$

对牛顿第二定律有以下几点说明:

1)牛顿第二定律是力的瞬时作用规律。力和加速度同时产生,同时变化,同时消失。

2) $F = ma$ 是一个矢量方程,应用时应规定正方向,凡与正方向相同的力或加速度均取正值,反之取负值,一般常取加速度的方向为正方向。

3)当物体同时受到几个力作用时,公式中的 F 是作用在物体上的合外力,加速度的方向总是跟合外力的方向相同,因此牛顿第二定律又可用 $\sum F = ma$ 来表示。

4)应用公式 $F = ma$ 解题时,力、质量和加速度的单位必须采用 SI 单位,即力的单位是 N,质量的单位是 kg,加速度的单位是 m/s^2。

5)合外力为零时,物体的加速度也为零,此时物体保持静止或匀速直线运动状态;当合外力恒定不变时,物体的加速度也恒定不变,此时物体就做匀变速直线运动;如果合外力的大小或方向随时间变化,那么加速度的大小和方向也将随时间变化,此时物体就做变加速运动。

重力 G 和重力加速度 g 的关系通过自由落体运动的学习我们已经知道:自由落体运动的加速度是 g,同时还知道做自由落体运动的物体仅受重力 G 作用。那么,根据牛顿第二定律得到

$$G = mg \qquad (1-14)$$

上式表示的是物体质量和物体所受重力的关系。地球上同一地点的重力加速度是相同的,若有两个质量分别为 m_1 和 m_2 的物体,则它们的重力分别为 $G_1 = m_1 g$ 和 $G_2 = m_2 g$,所以,$\frac{G_1}{G_2} = \frac{m_1}{m_2}$,即在地球上同一地点,物体的重力和它的质量成正比。如果两物体的重力相等,则它们的质量也相等,正是根据这个道理,人们可以用天平称出物体的质量。

例 1.5.1 质量为 3.0t 的汽车行驶在水平的道路上,若汽车发动机的牵引力为 1.8×10^4N,车行驶时所受的阻力为车重的 0.10 倍,求汽车运动的加速度。

分析:这是一道已知物体受力求运动的题目。以汽车为研究对象,先分析它的受力情况,然后根据牛顿第二定律可以直接求出它的加速度。汽车在行驶过程中,一共受到四个力作用:重力 G,地面的支持力 N,牵引力 F 和汽车行驶过程中所受到的阻力 f。而汽车的重力 G 和地面对汽车的支持力 N 是一对平衡力,所以 F 和 f 的合力就是汽车所受外力的合力。即 $\sum F = F - f$。

解题时,要注意单位的统一,都要采用 SI 单位。

解:已知 $m = 3.0t = 3.0 \times 10^3$kg,$F = 1.8 \times 10^4$N,$f = 0.10mg = 0.10 \times 3.0 \times 10^3 \times 9.8$N,求 a。

由牛顿第二定律 $\sum F = ma$,得

$$a = \frac{\sum F}{m} = \frac{F - f}{m} = \frac{1.8 \times 10^4 - 0.10 \times 3.0 \times 10^3 \times 9.8}{3.0 \times 10^3} \approx 5.0 (\text{m/s}^2)$$

答:汽车获得的加速度大小为 5.0m/s²,方向与牵引力的方向一致,即与物体的运动方向一致。

例 1.5.2 吊车以 0.2m/s² 的匀加速度竖直向上吊起一质量为 3.0×10^3kg 的重物,问需要用多大的拉力。

分析:这是一道已知物体运动情况求物体受力情况的题目。由于重物的加速度已知,因此,只要能正确分析出重物的受力情况,就可以应用牛顿第二定律来求解未知力。这个重物受到几个力作用呢? 它一共受到两个力作用:重力 G 和拉力 F,故重物所受力的合力为

$$\sum F = F - G$$

解:取重物为研究对象,它的合外力为

$$\sum F = F - G$$

由牛顿第二定律,可得

$$F - mg = ma$$

得 $$F = m(g + a) = 3.0 \times 10^3 \times (9.8 + 0.2) = 3.0 \times 10^4 (N)$$

答:吊车拉力的大小为 $3.0 \times 10^4 N$,方向与加速度的方向一致,即方向向上。

三、牛顿第三定律

我们都有这样的体验:当你用脚去踢路面上的一块小石头时,小石头将会飞出,同时你的脚尖会感到疼痛。为什么会出现这种结果呢?

这是因为脚对小石头施加的作用力改变了小石头的运动状态,使它飞向远处,同时小石头对脚也存在力的作用,致使你的脚尖会感到疼痛。可见两个物体间力的作用是相互的。

观察和实验表明:两个物体间的作用总是相互的。我们将发生在两个物体间并且同时成对出现的相互作用力,称为作用力和反作用力。如果将其中的一个力称为作用力,另一个力就称为反作用力。

发生相互作用的物体,不论它们是处在静止状态还是处在运动状态,物体与物体间总是存在着作用力和反作用力。那么,这一对作用力与反作用力之间存在怎样的关系呢?

如图 1-24 所示,把 A,B 两只弹簧秤的挂钩钩在一起。当我们用手分别拉 A,B 两弹簧秤时,观察 A,B 两弹簧秤的读数,发现两弹簧秤的读数总是相等。这表明,弹簧秤 A 拉弹簧秤 B 的力 F 和弹簧秤 B 拉弹簧秤 A 的力 F' 总是大小相等、方向相反的。如果将两手松开,两个弹簧秤的指针同时回到零点。这说明两只弹簧秤间的相互作用力是同时产生,同时消失的。

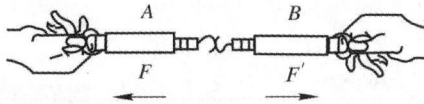

图 1-24

实验表明:两个物体间的作用力 F 与反作用力 F' 总是大小相等、方向相反,且作用在同一条直线上,这就是牛顿第三定律。用数学表达式可表示为

$$F' = -F \qquad (1-15)$$

牛顿第三定律在生活和生产中应用很广泛。例如,人走路时用脚蹬地,脚对地面施加一个向后的作用力,地面同时也给人一个大小相等的向前的反作用力,使人前进。轮船的螺旋桨旋转时,螺旋桨向后推水,水同时给螺旋桨一个向前的反作用力,推动轮船前进。

在应用牛顿第三定律分析问题时,应注意以下几点:

1)作用力和反作用力总是成对出现的,它们同时存在,同时消失。也就是对每一个作用力来说,它必有一个等值反向的反作用力存在。

2)作用力和反作用力总是属于同种性质的力。如:作用力是弹力,反作用力也一定是弹力;作用力是摩擦力,反作用力也一定是摩擦力。

3)作用力和反作用力是分别作用在不同的两个物体上的。如放在桌面上的书本,它受到桌面对它的支持力 N 的作用,这个力是作用在书本上的,方向向上。而桌面同时也受到书本的压力 N' 作用,这个力是作用在桌面上的,方向向下。可见,N 和 N' 这两个力是分别作用于两个不同的物体上的。

同学们在初中学过二力平衡。当时是这样说的:作用在同一个物体上的两个力,如果它们的大小相等、方向相反,作用线处在同一直线上,这两个力就是一对平衡力。二力平衡中的两个力和作用力与反作用力的显著区别有哪些呢？

1）二力平衡中的两个力是同时作用于同一个物体,而作用力与反作用力是分别作用于两个不同的物体上；

2）二力平衡中的两个力不一定是同一性质的两个力,如放在地面上的物体它受到重力和地面的支持力的作用而处于平衡状态,这里支持力属于弹力,弹力和重力是属于不同性质的两个力；而作用力和反作用力总是属于同种性质的力。

因此,作用力与反作用力之间根本不存在相互平衡的问题。

例 1.5.3 如图 1-25 所示,一本书放在桌面上,请指出：

(1)作用在书本上的力；

(2)每个力的反作用力。

解:(1)书本受到两个力的作用:重力 G 和桌面对它的支持力 N,如图 1-25 所示。

(2)重力 G 的反作用力是书本对地球的吸引力 G'(图中没有画),方向竖直向上；支持力 N 的反作用力 N' 是书本对桌面的压力,这个力是作用在桌面上的,且方向竖直向下(图中没有画)。

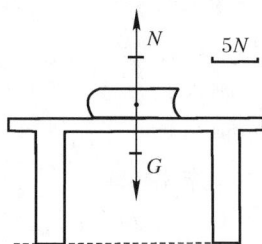

图　1-25

【知识链接】

科学家简介

一、伽利略简介

伽利略(见图 1-26)是伟大的意大利物理学家和天文学家,科学革命的先驱。历史上他首先在科学实验的基础上融会贯通了数学、物理学和天文学三门知识,扩大、加深并改变了人类对物质运动和宇宙的认识。为了证实和传播 N.哥白尼的日心说,伽利略献出了毕生精力。由此,他晚年受到教会迫害,并被终身监禁。他以系统的实验和观察推翻了以亚里士多德为代表的、纯属思辨的传统的自然观,开创了以实验事实为根据并具有严密逻辑体系的近代科学。因此,他被称为"近代科学之父"。他的工作,为牛顿的理论体系的建立奠定了基础。

图　1-26

伽利略 1564 年生于意大利的比萨城,就在著名的比萨斜塔旁边。他的父亲是个破产贵族。当伽利略来到人世时,他的家庭已经很穷了。17 岁那一年,伽利略考进了比萨大学。在大学里,伽利略不仅努力学习,而且喜欢向老师提出问题。哪怕是人们司空见惯、习以为常的一些现象,他也要打破砂锅问到底,弄个一清二楚。

有一次,他站在比萨的天主教堂里,眼睛盯着天花板,一动也不动。他在干什么呢？原来,他用右手按左手的脉搏,看着天花板上来回摇摆的灯。他发现,这灯的摆动虽然是越来越弱,以至每一次摆动的距离渐渐缩短,但是,每一次摇摆需要的时间却是一样的。于是,伽利略做了一个适当长度的摆锤,测量了脉搏的速度和均匀度。从这里,他找到了摆的规律。钟就是根据他发现的这个规律制造出来的。

家庭生活的贫困,使伽利略不得不提前离开大学。失学后,伽利略仍旧在家里刻苦钻研数学。由于他的不断努力,在数学的研究中取得了优异的成绩。同时,他还发明了一种比重秤,写了一篇论文,题目为《固体的重心》。此时,21岁的伽利略已经名闻全国,人们称他为"当代的阿基米德"。在他25岁那年,比萨大学破例聘他当了数学教授。

在伽利略之前,古希腊的亚里士多德认为,物体下落的快慢是不一样的。它的下落速度和它的重量成正比,物体越重,下落的速度越快。比如说,10kg重的物体,下落的速度要比1kg重的物体快10倍。

1700多年以来,人们一直把这个违背自然规律的学说当成不可怀疑的真理。年轻的伽利略根据自己的经验推理,大胆地对亚里士多德的学说提出了疑问。经过深思熟虑,他决定亲自动手做一次实验。他选择了比萨斜塔为作实验场。这一天,他带了两个大小一样但重量不等的铁球,一个重100 lb(1lb=0.424 kg),是实心的;另一个重1 lb,是空心的。伽利略站在比萨斜塔上面,望着塔下。塔下面站满了前来观看的人,大家议论纷纷。有人讽刺说:"这个小伙子的神经一定是有病了!亚里士多德的理论不会有错的!"实验开始了,伽利略两手各拿一个铁球,大声喊道:"下面的人们,你们看清楚,铁球就要落下去了。"说完,他把两手同时张开。人们看到,两个铁球平行下落,几乎同时落到了地面上。所有的人都目瞪口呆了。伽利略的试验,揭开了落体运动的秘密,推翻了亚里士多德的学说。这个实验在物理学的发展史上具有划时代的重要意义。

哥白尼是波兰杰出的天文学家,他经过40年的天文观测,提出了"日心说"的理论。他认为宇宙的中心是太阳,而不是地球。地球是一个普通的行星,它在自转的同时还环绕太阳公转。伽利略很早就相信哥白尼的"日心说"。

1608年6月的一天,伽利略找来一段空管子,一头嵌了一片凸面镜,另一头嵌了一片凹面镜,做成了世界上第一个小天文望远镜。实验证明,它可以把原来的物体放大3倍。伽利略没有满足,他进一步改进,又做了一个。他带着这个望远镜跑到海边,只见茫茫大海波涛翻滚,看不见一条船。可是,当他拿起望远镜往远处再看时,一条船正从远处向岸边驶来。实践证明,它可以放大8倍。伽利略不断地改进和制造着,最后,他的望远镜可以将原物放大32倍。

每天晚上,伽利略都用自己的望远镜观看月亮。他看到了月亮上的高山、深谷,还有火山的裂痕。后来又开始观看太空,探索宇宙的奥秘。他发现,银河是由许多小星星汇集而成的。他还发现,太阳里面有黑斑,这些黑斑的位置在不断地变化。因此他断定,太阳本身也在自转。伽利略埋头观察,以无可辩驳的事实,证明地球在围着太阳转,而太阳不过是一个普通的恒星,从而证明了哥白尼学说的正确。1610年,伽利略出版了著名的《星空使者》。人们佩服地说:"哥伦布发现了新大陆,伽利略发现了新宇宙。"

二、牛顿简介

1643年1月4日,牛顿诞(见图1-27)生于英格兰林肯郡小镇沃尔索浦的一个自耕农家庭里。牛顿是一个早产儿,出生时只有3 lb重,接生婆和他的亲人都担心他能否活下来。谁也没有料到这个看起来微不足道的小东西会成为了一位震古烁今的科学巨人,并且竟活到了85岁的高龄。牛顿出生前3个月父亲便去世了。在他两岁时,母亲改嫁给一个牧师,把牛顿留在外祖母身边抚养。11岁时,

图 1-27

母亲的后夫去世,母亲带着和后夫所生的一子二女回到牛顿身边。牛顿自幼沉默寡言,性格倔强,这种习性可能来自它的家庭处境。

大约从5岁开始,牛顿被送到公立学校读书。少年时的牛顿并不是神童,他资质平常,成绩一般,但他喜欢读书,喜欢看一些介绍各种简单机械模型制作方法的读物,并从中受到启发,自己动手制作些奇奇怪怪的小玩意,如风车、木钟、折叠式提灯等等。

传说小牛顿把风车的机械原理摸透后,自己制造了一架磨坊的模型,他将老鼠绑在一架有轮子的踏车上,然后在轮子的前面放上一粒玉米,刚好那地方是老鼠可望不可及的位置。老鼠想吃玉米,就不断地跑动,于是轮子不停地转动;又一次他放风筝时,在绳子上悬挂着小灯,夜间村人看去惊疑是彗星出现;他还制造了一个小水钟。每天早晨,小水钟会自动滴水到他的脸上,催他起床。他还喜欢绘画、雕刻,尤其喜欢刻日晷,家里墙角、窗台上到处安放着他刻画的日晷,用以验看日影的移动。

牛顿12岁时进了离家不远的格兰瑟姆中学。牛顿的母亲原希望他成为一个农民,但牛顿本人却无意于此,而酷爱读书。随着年岁的增大,牛顿越发爱好读书,喜欢沉思,做科学小实验。他在格兰瑟姆中学读书时,曾经寄宿在一位药剂师家里,使他受到了化学试验的熏陶。

牛顿一生的重要贡献是集16,17世纪科学先驱们成果的大成,建立起一个完整的力学理论体系,把天地间万物的运动规律概括在一个严密的统一理论中。这是人类认识自然的历史中第一次理论的大综合。以牛顿命名的力学是经典物理学和天文学的基础,也是现代工程力学以及与之有关的工程技术的理论基础。这一成就,使以牛顿为代表的机械论的自然观,在整个自然科学领域中取得了长达两百年的统治地位。牛顿的主要成就主要有以下几个方面。

1. 力学方面的贡献

牛顿在伽利略等人工作的基础上进行深入研究,总结出了物体运动的3个基本定律(牛顿三定律)。这3个非常简单的物体运动定律,为力学奠定了坚实的基础,并对其他学科的发展产生了巨大影响。第一定律的内容伽利略曾提出过,后来R.笛卡儿作过形式上的改进,伽利略也曾非正式地提到第二定律的内容。第三定律的内容则是牛顿在总结C.雷恩、J.沃利斯和C.惠更斯等人的结果之后得出的。

牛顿是万有引力定律的发现者。他在1665—1666年开始考虑这个问题。1679年,R.胡克在写给他的信中提出,引力应与距离平方成反比,地球高处抛体的轨道是椭圆,假设地球有缝,抛体将回到原处,而不是像牛顿所设想的轨道是趋向地心的螺旋线。牛顿没有回信,但采用了胡克的见解。在开普勒行星运动定律以及其他人的研究成果上,他用数学方法导出了万有引力定律。

牛顿把地球上物体的力学和天体力学统一到一个基本的力学体系中,创立了经典力学理论体系。正确地反映了宏观物体低速运动的宏观运动规律,实现了自然科学的第一次大统一。这是人类对自然界认识的一次飞跃。

2. 数学方面的贡献

17世纪以来,原有的几何和代数已难以解决当时生产和自然科学所提出的许多新问题,例如:如何求出物体的瞬时速度与加速度?如何求曲线的切线及曲线长度(行星路程)、矢径扫过的面积、极大极小值(如近日点、远日点、最大射程等)、体积、重心、引力等等;尽管牛顿以前已有对数、解析几何、无穷级数等成就,但还不能圆满或普遍地解决这些问题。当时笛卡儿的《几何学》和瓦里斯的《无穷算术》对牛顿的影响最大。牛顿将古希腊以来求解无穷小问题的种种特殊方法统一为两类算法:正流数术(微分)和反流数术(积分),反映在1669年的《运用无限多项方程》、1671 年的《流数术与无穷级数》、1676 年的《曲线求积术》3 篇论文和《原理》一书中,以及被保存下来的 1666 年 10 月他写的在朋友们中间传阅的一篇手稿《论流数》中。与此同时,他还在 1676 年首次公布了他发明的二项式展开定理。牛顿利用它还发现了其他无穷级数,并用来计算面积、积分、解方程等等。1684 年莱布尼兹从对曲线的切线研究中引入了和拉长的 S 作为微积分符号,从此牛顿创立的微积分学在欧洲大陆各国迅速推广。

微积分的出现,成了数学发展中除几何与代数以外的另一重要分支——数学分析(牛顿称之为"借助于无限多项方程的分析"),并进一步发展为微分几何、微分方程、变分法等等,这些又反过来促进了理论物理学的发展。例如瑞士 J. 伯努利曾征求最速降落曲线的解答,这是变分法的最初始问题,半年内全欧数学家无人能解答。1697 年,一天牛顿偶然听说此事,当天晚上一举解出,并匿名刊登在《哲学学报》上。牛顿在前人工作的基础上,提出"流数(fluxion)法",建立了二项式定理,并和 G. W. 莱布尼茨几乎同时创立了微积分学,得出了导数、积分的概念和运算法则,阐明了求导数和求积分是互递的两种运算,为数学的发展开辟了一个新纪元。

3. 光学方面的贡献

牛顿曾致力于颜色的现象和光的本性的研究。1666 年,他用三棱镜研究日光,得出结论:白光是由不同颜色(即不同波长)的光混合而成的,不同波长的光有不同的折射率。在可见光中,红光波长最长,折射率最小;紫光波长最短,折射率最大。牛顿的这一重要发现成为光谱分析的基础,揭示了光色的秘密。牛顿还曾把一个磨得很精、曲率半径较大的凸透镜的凸面,压在一个十分光洁的平面玻璃上,在白光照射下可看到,中心的接触点是一个暗点,周围则是明暗相间的同心圆圈。后人把这一现象称为"牛顿环"。他创立了光的"微粒说",从一个侧面反映了光的运动性质,但牛顿对光的"波动说"并不持反对态度。1704 年,他出版了《光学》一书,系统阐述他在光学方面的研究成果。

4. 热学方面的贡献

牛顿确定了冷却定律,即当物体表面与周围有温差时,单位时间内从单位面积上散失的热量与这一温差成正比。

5. 天文学方面的贡献

牛顿 1672 年创制了反射望远镜。他用质点间的万有引力证明,密度呈球对称的球体对外的引力都可以用同质量的质点放在中心的位置来代替。他还用万有引力原理说明潮汐的各种现象,指出潮汐的大小不但同月球的位相有关,而且同太阳的方位有关。牛顿预言地球不是正球体。岁差就是由于太阳对赤道突出部分的摄动造成的。

6. 哲学方面的贡献

牛顿的哲学思想基本属于自发的唯物主义,他承认时间、空间的客观存在。如同历史上一切伟大人物一样,牛顿虽然对人类做出了巨大的贡献,但他也不能不受时代的限制。例如,他把时间、空间看作是同运动着的物质相脱离的东西,提出了所谓绝对时间和绝对空间的概念;他对那些暂时无法解释的自然现象归结为上帝的安排,提出一切行星都是在某种外来的"第一推动力"作用下才开始运动的说法。

《自然哲学的数学原理》是牛顿最重要的著作,1687 年出版。该书总结了他一生中许多重要发现和研究成果,其中包括上述关于物体运动的定律。他说,该书"所研究的主要是关于重、轻流体抵抗力及其他吸引运动的力的状况,所以我们研究的是自然哲学的数学原理。"该书传入中国后,中国数学家李善兰曾译出一部分,但未出版,译稿也遗失了。现有的中译本是数学家郑太朴翻译的,书名为《自然哲学之数学原理》,1931 年商务印书馆初版,1957,1958 两次重印。

三、钱学森简介

钱学森(1911—2009),出生于上海,浙江省杭州人(见图1-28)。中国共产党的优秀党员、忠诚的共产主义战士、享誉海内外的杰出科学家,中国航天事业的奠基人,中国两弹一星功勋奖章获得者,被誉为"中国航天之父""中国导弹之父""中国自动化控制之父"和"火箭之王"。1934年毕业于交通大学机械工程学院,曾任美国麻省理工学院和加州理工学院教授,中国人民政治协商会议第六、七、八届全国委员会副主席、中国科学技术协会名誉主席。其母校上海交通大学、西安交通大学图书馆均以钱学森名字命名。2011年12月8日,纪念钱学森100周年诞辰座谈会在人民大会堂举行。

图 1-28

1943年,任加州理工学院助理教授。1945年,任加州理工学院副教授。1947年,任麻省理工学院教授。1949年,任加州理工学院喷气推进中心主任、教授。1953年,钱学森正式提出物理力学概念,主张从物质的微观规律确定其宏观力学特性,开拓了高温高压的新领域。1954年,《工程控制论》英文版出版,该书俄文版、德文版、中文版分别于1956年,1957年,1958年出版。1958年任中国科学技术大学近代力学系主任。

当中华人民共和国宣告诞生的消息传到美国后,钱学森和夫人蒋英便商量着早日赶回祖国,为自己的国家效力。此时的美国,以麦卡锡为首对共产党人实行全面追查,并在全美国掀起了一股驱使雇员效忠美国政府的狂热。钱学森因被怀疑为共产党人和拒绝揭发朋友,被美国军事部门突然吊销了参加机密研究的证书。钱学森非常气愤,以此作为要求回国的理由。

1950年,钱学森同志上港口准备回国时,被美国官员拦住,并将其关进监狱,而当时美国海军次长丹尼·金布尔(Dan Kimbeel)声称:钱学森无论走到哪里,都抵得上5个师的兵力。我宁可把他击毙,也不能让他回到中国,我的本意不是要逮捕他,太可怕了,这是这个国家干过的最蠢的事。

从此,钱学森受到了美国政府的迫害,同时也失去了宝贵的自由,他一个月内瘦了30斤左右。移民局抄了他的家,在特米那岛上将他拘留14天,直到收到加州理工学院送去的1.5万美金巨额保释金后才释放了他。后来,海关又没收了他的行李,包括800公斤书籍和笔记本。美国检察官再次审查了他的所有材料后,才证明了他是无辜的。

钱学森在美国受迫害的消息很快传到国内,国内科技界的朋友通过各种途径声援钱学森。党中央对钱学森在美国的处境极为关心,中国政府公开发表声明,谴责美国政府在违背本人意愿的情况下监禁了钱学森。

1954年,一个偶然的机会,他在报纸上看到陈叔通站在天安门城楼上,身份是全国人大常委会副委员长,他决定给这位父亲的好朋友写信求救。正当周恩来总理为此非常着急的时候,时任全国人大常委会副委员长的陈叔通收到了一封从大洋彼岸辗转寄来的信。他拆开一看,署名"钱学森",原来是请求祖国政府帮助他回国。

1954年4月,美英中苏法五国在日内瓦召开讨论和解决朝鲜问题和恢复印度支那和平问题的国际会议。出席会议的中国代表团团长周恩来联想到中国有一批留学生和科学家被扣留在美国,于是就指示说,美国人既然请英国外交官与我们疏通关系,我们就应该抓住这个机会,开辟新的接触渠道。

中国代表团秘书长王炳南 1954 年 6 月 5 日开始与美国代表、副国务卿约翰逊就两国侨民问题进行初步商谈。美方向中方提交了一份美国在华侨民和被中国拘禁的一些美国军事人员名单,要求中国给他们以回国的机会。为了表示中国的诚意,周恩来指示王炳南在 1954 年 6 月 15 日举行的中美第三次会谈中,大度地做出让步,同时也要求美国停止扣留钱学森等中国留美人员。

1955 年 10 月,经过周恩来总理在与美国外交谈判上的不断努力——甚至包括了不惜释放 11 名在朝鲜战争中俘获的美军飞行员作为交换,1955 年 8 月 4 日,钱学森收到了美国移民局允许他回国的通知。1955 年 9 月 17 日,钱学森回国愿望终于得以实现了,这一天钱学森携带妻子蒋英和一双幼小的儿女,登上了"克利夫兰总统号"轮船,踏上返回祖国的旅途。

归国之后,周恩来在各方面都给予了钱学森亲切细致的关怀,晚年的钱学森还激动地回忆起一件往事:1970 年,中国第一颗人造卫星"东方红"发射前夕,周恩来总理召集相关的科研人员在人民大会堂开会,临别之际,周恩来总理特意叫住了钱学森,对他说,钱学森,你不要太累着了。钱学森生前常对人说,对他一生影响最深和帮助最大的有两个人,一个是开国总理周恩来,一个是自己的岳父蒋百里。

钱学森个人作品主要有:《工程控制论》《物理力学讲义》《星际航行概论》《论系统工程》《关于思维科学》《论地理科学》《科学的艺术与艺术的科学》《论人体科学与现代科技》《创建系统学》《论宏观建筑与微观建筑》《钱学森论火箭导弹和航空航天》等。

【实验 1.1】 长度的测量

一、实验目的
(1)使学生了解物理实验课的任务和重要性,了解误差理论的基本概念。
(2)让学生学会利用游标卡尺和千分尺来测量长度。
(3)练习测量结果的正确表示和有效数字的运算。

二、实验原理
1. 游标原理

游标是附在主尺上的一个可移动的附件,利用它可使测量数据更为精确。游标的长度和分格数可以不同,但是游标的基本原理和读数方法是相同的。如图 1-29 所示,游标上 N(50)个分度格的长度相等。设主尺上最小分度值为 a(1mm)。游标上最小分度值 b 可由 $Nb = (N-1)a$ 算得。主尺上每格分度值 a 与游标上每格分度值 b 的差值称为游标精度值,用 Δ 表示,即

$$\Delta = a - b = a - \frac{N-1}{N}a = \frac{a}{N}$$

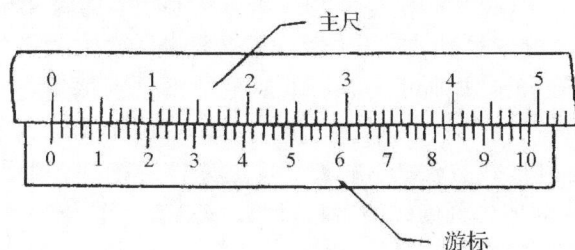

图 1-29

在图 1-29 中，$N=50$，$a=1$mm，则游标精度值 $\Delta=\dfrac{1}{50}=0.02$mm。当游标的"0"线与主尺的"0"线对齐时，游标上第 50 条刻度线与主尺上第 49 条刻度线对齐。此时游标上的第一条刻度线与主尺上的 1 mm 刻度线之间的距离差为 0.02 mm。游标上第 5 条刻度线与主尺上 5 mm 处的刻度线的间距为 $\Delta l=5\times0.02=0.10$mm。以此类推，当游标向右移动，使游标的第 10 条刻度线与主尺上 1cm 处的刻度对齐时，游标"0"线与主尺的"0"线的间距 $\Delta l=10\times0.02=0.20$ mm。为了便于直接读数，在游标的第 5,10,15,20,25,30,35,40,45 根线上分别标有 1,2,3,4,5,6,7,8,9 等字样，表示游标的这些线与主尺刻度线对齐时，Δl 分别为 0.10,0.20,0.30,…,0.90 mm。综上所述，游标尺的读数方法可归纳为：先读出主尺上与游标"0"刻度对应的整数刻度值 1mm，再从游标上读出不足 1 mm 的 Δl 数值。若游标上第 k 刻度线与主尺刻度线对齐，则 Δl 部分的读数为

$$\Delta l = k\Delta = k(a-b) = k\frac{a}{N}$$

最后结果为

$$L = l + \Delta l = l + k\frac{a}{N}$$

例如，在图 1-30 中，读数为

$$50 + 12\times0.02 = 50.24(\text{mm}) = 5.024\text{cm}$$

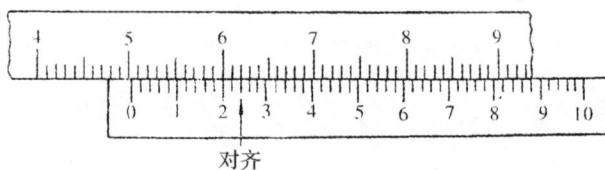

对齐

图 1-30

2. 游标卡尺

游标卡尺的构造如图 1-31 所示，尺包含有最小分度值为 mm 的主尺 C 和套在主尺上可以滑动的游标 F。主尺一端有两个垂直于主尺长度的固定量爪 A 和 C。游标左端也有两个垂直于主尺长度的活动量爪 B 和 D。另一端有一测量深度的尾尺 E。B，D 和 E 都随游标一起移动。游标上方有一个制动螺丝 G，当它松开时可使游标沿主尺自由滑动。当量爪 A 和 B 密切接触时，量爪 C 和 D 也密切接触，且尾尺 E 的尾端恰与主尺的尾端对齐，主尺上的"0"线和游标上的"0"线也正好对齐。外量爪 A 和 B 用以测量物体长度或圆柱体外径，前端的刀刃用来测量有弯曲处的厚度。内量爪 C 和 D 是用于测量空心物体的内径和其他尺寸。尾尺用以测量小孔的深度。使用游标卡尺时，应用左手握持待测物，右手握尺，用拇指按游标上凸起部位 H 推或拉，把物体轻轻卡住即可读数。不要把被夹住物体用力在爪内移动，以免磨损量爪。

游标卡尺测量长度时读数方法为：先从主尺上读得游标"0"刻度线所在的整数分度值 1mm，再看游标上与主尺对齐的刻度线的序数（格数）k，于是物体长度为

$$L = l + k\Delta$$

式中，Δ 为游标精度值。

为使读数方便,游标上并不标出刻度线的序数 k,而标上 $k\Delta$ 值,见图 1-30。

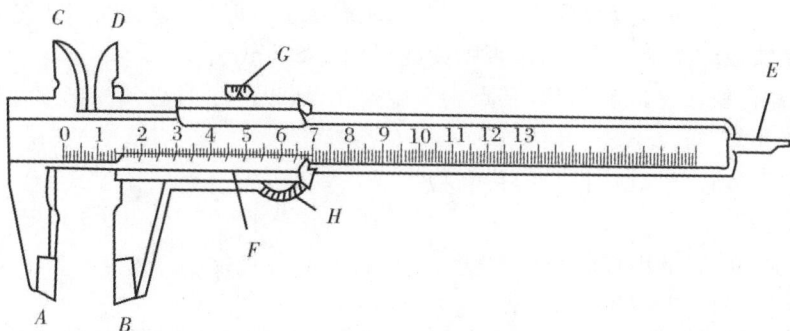

图　1-31

3.螺旋测微计

螺旋测微计也叫千分尺。它是利用螺旋进退来测量长度的仪器,其最小分度值至少可达 0.01mm。它是由一根精密螺杆和与它配套的螺母套筒两部分组成。螺杆后端连接一个可旋转的微分套筒(或转轮),如图 1-32 所示。微分套筒每旋转一周,螺杆前进(或后退)一个螺距 a(通常为 0.5mm)。若微分套筒圆周上刻有 N 个分度,则微分套筒每转动一个分度,螺杆移动的距离为 aN。 常用的螺旋测微计 N 为 50,因此微分套筒上的每个分度值相应于螺杆移动距离为 $\dfrac{0.5}{50}=0.01$(mm)。

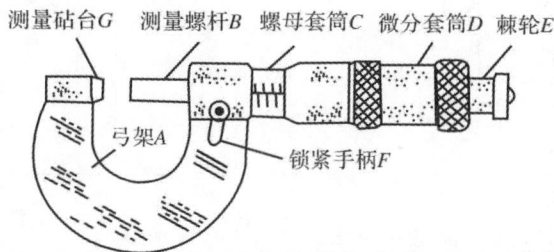

图　1-32

螺旋测微计构造见图 1-32。它由下列几个部分组成:弓架 A,测微螺杆 B,螺母套筒 C,微分套筒(可转动套筒)D,棘轮 E,锁紧手柄(又称制动器)F 和固定测量砧台 G 等。测量螺杆 B 的右边连着一个螺距为 0.5mm 的螺杆,螺母套筒 C 与弓架 A 相连,套筒内具有与螺杆配合很好的螺纹。在套筒 C 上有一根横线,在横线上的上、下方都有与它相垂直的分度值为 1mm 的刻度,而上下相邻两刻度间距为 0.5mm。当微分套筒 D 转动时,带动螺杆 B 向左(向右)移动。微分套筒的前边缘筒面上刻有 50 格分度。套筒转动一圈时,测量螺杆移动 0.5mm,所以套筒每转动一分格时,测量螺杆 B 即移动了 0.01mm。加上估读可以测量到 0.001mm,实验室常用的一级螺旋测微计的仪器误差为 0.004mm。测量长度时,倒转棘轮 E,将待测物体放入测量砧台 G 和螺杆 B 之间 ,然后再转动棘轮,听到"格、格 ……"声音时(表示待测物体已被夹住在 G 和 B 间)即停止转动。读数时,先读出套筒 C 上没有被微分套筒 D 的前沿遮住的刻度值,如实验图 1-5 所示,C 筒上的读数为 6.5mm;再读出套筒 C 上横线所对准的微分套筒 D 上的读数 0.26mm,估读数为 0.006mm,因此测量值为 6.5+0.26+0.006=6.766(mm)。

因为套筒 C 上的刻度线有一定宽度,当它对准微分套筒 D 上的读数在"0"上下时极易读错,要特别注意。通常是微分套筒 D 上的"0"线在横线上方时,尽管套筒 C 上的一条刻度线似乎已经看到,但读数时不能考虑进去,否则读数误加 0.500mm。

螺旋测微计在使用一段时间后,零点会发生变化,所以测量时必须先记下初读数。

三、实验器具

游标卡尺,千分尺(螺旋测微计),待测物。

四、实验步骤

(1) 用游标卡尺测量铝板的长度、宽度、厚度和空心圆柱体的深度。

(2)用螺旋测微计测量圆柱体的外径。

每个待测物分别测量 5 次,然后求平均值。

五、数据记录与处理

(1) 用游标卡尺测量铝板的长度、宽度、厚度和空心圆柱体的深度,并将结果记录在表1-2。

表 1-2

仪器名称:游标卡尺(型号:)分度值: 单位:

测量项目		铝板长度	铝板宽度	铝板厚度	圆柱体深度
读 数	第1次				
	第2次				
	第3次				
	第4次				
	第5次				
平均值					
误差					

(2)用螺旋测微计测量圆柱体的外径,并将结果记录在表1-3。

表 1-3

仪器名称:螺旋测微计(型号:)分度值: 单位:

测量次数	1	2	3	4	5	平均值
圆柱体外径						
误差						

习 题 一

一、填空题

1."小小竹排江中游,巍巍青山两岸走。"前者选为 _____ 参考系,后者选 _____ 为参考系。

2.一名运动员沿着运动场的 400m 跑道步行了一周,他的位移是 _____,路程是_____。

3.物体速度的方向与_____的方向相同。

4.子弹以700m/s的速度从枪口飞出,这一速度指的是_____速度;飞机从合肥飞往上海的飞行速度是600km/h,指的是_____速度,公路上的速度限制牌限制的是汽车的_____速度。

5.匀加速直线运动的加速度方向与速度方向_____;匀减速直线运动的加速度方向与速度方向_____。因此在应用匀变速直线运动的规律解题时,物体如果是做匀加速直线运动,加速度以_____值代入公式;物体如果是做匀减速直线运动,加速度以_____值代入公式。

二、判断题

1.做变速直线运动的物体,其平均速度的计算应与时间或位移相对应。(　　)

2.做变速直线运动的物体,加速度在逐渐减小,而速度仍在逐渐增大。(　　)

3.做匀减速直线运动的物体,它在两个相邻的1s内的位移,前者必定大于后者。(　　)

4.一物体从高处自由落下,经过 t 时间落地,当它在 $\frac{1}{2}t$ 时离地的高度是 $\frac{3}{4}h$。(　　)

三、选择题

1.两个做匀加速直线运动的物体,运动时间相同,则(　　)。

   A.初速度大的位移大

   B.末速度大的位移大

   C.加速度大的位移大

   D.初速度、末速度、加速度都不能单独决定位移的大小

2.几个做匀加速直线运动的物体,在相同的时间内位移最大的一定是(　　)。

   A.加速度最大的物体　　　　　　B.平均速度最大的物体

   C.初速度最大的物体　　　　　　D.末速度最大的物体

3.关于自由落体运动,下列说法正确的是(　　)。

   A.从树上掉下树叶的运动是自由落体运动

   B.从楼上抛下的小球的运动是自由落体运动

   C.物体只在重力作用下,由静止开始的运动是自由落体运动

   D.跳伞运动员跳伞后的运动是自由落体运动

4.关于力下列说法正确的是(　　)。

   A.力的产生离不开施力物体,但可以没有受力物体

   B.力是使物体运动状态发生改变的原因

   C.有的物体自己就有力,这个力不是别的物体施加的

   D.力是不能脱离物体而独立存在的

   E.只有发生弹性形变的物体,才会对与它接触的物体产生弹力作用

   F.两个靠在一起的物体,它们之间一定有弹力作用

   G.压力、支持力和拉力都是弹力

   H.弹力的方向总是跟接触面垂直

5.在光滑的水平面上,运动物体受到一个逐渐减小的力的作用,力的方向跟速度方向相同。则下列说法正确的是(　　)。

    A.加速度越来越大,速度越来越大　　　B.加速度越来越小,速度越来越小

    C.加速度越来越小,速度越来越大　　　D.加速度越来越大,速度越来越小

四、计算题

1.一个物体从 45m 高的地方自由落下,它在下落的最后 1s 内的位移是多大?($g=10\text{m/s}^2$)

2.下面的物体各受哪几个力的作用?指出各力的方向和施力物体。(空气阻力均不计)

(1)空中飞行的子弹;

(2)在水平路面上直线行驶的汽车;

(3)放在斜面上的一个木箱。

3.作用于同一点的两个力,它们的大小分别是 10N 和 5N,则合力的最大值是多少? 最小值是多少?

4.物体在 3 个力作用下处于平衡状态,这 3 个力中有一个力的方向是水平向左,大小是 10N,如果去掉这个力,那么其余两个力的合力多大? 方向怎样?

5.两个共点力间的夹角是 90°,力的大小分别是 30N 和 40N,试用作图法和计算法求出这两个力的合力的大小。

6.静止于斜面上的物体,如果物体的重力是 40N,斜面的倾角是 30°,求物体受到的垂直于斜面的支持力以及静摩擦力。

7.质量是 0.5kg 的物体,在空中竖直下落时加速度是 9.0m/s²。求空气的阻力?

8.质量为 m 的物体,沿光滑的斜面下滑,斜面的倾角为 α,求物体下滑的加速度,如果物体的质量是 $2m$,它下滑的加速度又是多大?

第二章　热现象及应用

　　物质运动的形式是多种多样的。在力学中我们研究了物体的机械运动。本章将研究构成物质的分子的热运动,这部分内容称为热学。热学是物理学的一部分,它研究热现象的规律及其应用。凡是与温度有关的自然现象都叫热现象。人类的生活和生物的活动与热现象有着密切的关系。热学理论在化工、冶金、铸造、机械、气象等部门有着广泛的应用,各种热机和制冷设备的研制更离不开热学知识。

　　研究热现象有两种不同的方法。一种是从宏观的角度出发,总结宏观热现象的规律,确认热是能的一种形式,叫作热能,并把热能与其他形式的能联系起来,建立了能的转化与守恒定律;另一种是从微观的角度出发,建立了分子动理论,说明热现象是大量分子无规则运动的表现。这两种方法相辅相成、相得益彰。

第一节　分子动理论

一、分子动理论

　　你知道吗,科学家们将表面洁净光滑的铅板紧压在金板上,几个月后,两种金属的分子相互渗入可达 1mm 深;这样放置 5 年后,金板与铅板就连在一起了,它们的分子相互进入约 1cm。将体积之比为 1∶1 的酒精和水充分混合,混合液体的体积约为混合前总体积的 97%。这是为什么? 一杯清水中滴入几滴蓝墨水,即使不搅拌或摇晃,过一会儿,整杯水都变蓝了。这又是什么原因呢? 你见过一群小鱼啄食池中的一小块面包吗? 由于四面八方的小鱼毫无秩序的啄食,使得水中的那一小块面包忽东忽西,飘忽不定,无规则地运动着。这能使你产生怎样的联想呢?

　　1. 物质由大量分子组成

　　自古以来,人类一直没有停止对物质组成秘密的探索。早在两千多年前,古希腊著名思想家德谟克里特就认为万物都是由极小的微粒构成,并把这些微粒叫作"原子",意指构造物质的原始粒子。我国战国末期哲人公孙龙(公元前 498—?)、墨家学派,印度的耆(qí)教等,也都提出了自己的古原子论。但直到 19 世纪分子论才成为一门科学。

物质是由大量分子组成的。分子是保持物质化学性质不变的最小微粒。分子用肉眼是不能直接看到的,但我们可以借助于电子显微镜、场离子显微镜等仪器观察到它。一般分子直径大约在 10^{-10} m 左右,例如,水分子直径为 $4×10^{-10}$ m,氢分子的直径是 $2.3×10^{-10}$ m,蛋白质分子最大,也只有几纳米。如果拿水分子的大小跟乒乓球相比,就像拿乒乓球与地球相比一样。分子如此之小,因此物体通常都包含有大量分子,你呼一口气、喝一口水,就动员了约 $10^{21}~10^{23}$ 个分子;1cm^3 水中约有 $3.3×10^{22}$ 个水分子。

实验还表明,组成物质的分子是不连续分布的,分子间存在空隙。用打气筒打气,可把大量的空气分子压缩到轮胎中去;水和酒精混合后的体积小于它们原来的体积之和;用很大的压力来压缩贮存在钢桶中的油,会发现油能从钢桶中渗出来;在技术上,为了增强钢表面的硬度和耐磨性能常进行渗碳处理。以上这些事实说明:无论是气体、液体或固体中,组成它们的分子之间存在空隙。

2. 分子在时刻不停地做无规则运动

蓝色墨水会在清水中扩散开来;倒出的酒精、松节油会散发它们的香气;樟脑丸放一段时间会明显变小;长期堆放的煤能渗进坚硬的水泥地面中;把两块不同的金属紧压在一起,经过一段时间,我们可以在一种金属接触面处发现另一种金属成分。这种不同物质相互接触时可以彼此进入对方中去的现象叫扩散现象。扩散现象说明各种物质的分子都在不停地运动着。

实验证明,当其他条件不变时,温度越高,分子无规则运动越剧烈,扩散进行得越迅速,因此分子运动常称为分子热运动。实验测得,常温下无风时空气分子的平均速度高达 $500m/s$ 左右,可与超音速飞机的速度相比;12 级飓风的风速也不过 $32m/s$,可见气体分子运动之快。风是大量空气分子有规律的宏观定向运动,而分子的微观运动却是无规则的。取少量碳素墨汁(或含有花粉、滕黄粉等各种悬浮微粒的液体)滴入水中,然后放在显微镜下观察,如图 2-1所示,你可以看到墨汁小颗粒在跳跃式地、无定向地、时快时慢地、无规则地运动着,根本无法预测它下一步将如何运动。1827 年,英国植物学家布朗(1773—1858),用显微镜观察水中悬浮的花粉时,意外地发现这些花粉颗粒不停地在做毫无规则的运动,后来人们把这样的运动称之为布朗运动。图 2-2 是观察每隔 30s 时记录的 3 个小颗粒的位置,并用线段依次把它们连接起来得到的折线,由图可看出,布朗运动是极不规则的。实际上颗粒每隔 30s 的位置所做的连线,是颗粒经过液体分子约 10^{16} 次碰撞后的位移,因此连线的每一小段,实际上同样是十分复杂的曲线,就是说颗粒的实际运动比用图线所表示的更要无规则得多!

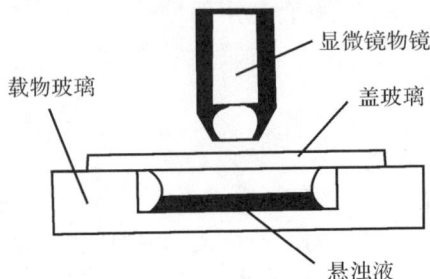

图 2-1　观察布朗运动装置示意图

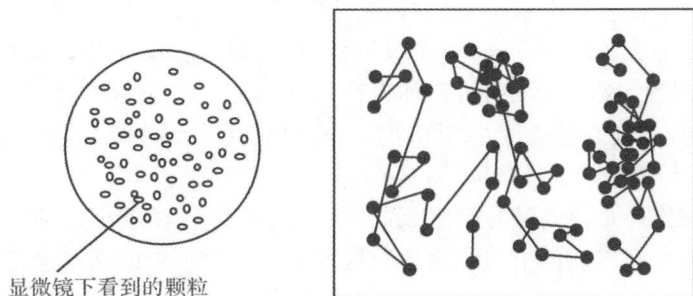

图2-2 做布朗运动的3个小颗粒的"运动路线"

产生布朗运动的原因是什么呢？起初，人们认为是由外界影响如震动，液体的对流等引起的，布朗本人也不理解。直到1905年，爱因斯坦(1879—1955)等人才给出了布朗运动的理论解释。我们知道悬浮在液体中的小颗粒被液体分子包围着，而这些液体分子时刻在做不停地无规则运动。图2-3描绘了一个颗粒受到它周围液体分子撞击的情景。每个液体分子撞击时都给小颗粒一定的冲力，当颗粒足够小时(直径约小于10^{-3}mm)，它受到的来自各个方向液体分子的撞击作用是不平衡的。某一瞬间，如果小颗粒在某个方向受到的撞击作用强，它就沿着这个方向运动；假如下一瞬间，在另外一个方向所受到的撞击作用强一些，小颗粒又将朝另外一个方向运动。这样，就引起了小颗粒的无规则运动。另外，颗粒越大，在某一瞬间跟它相撞的分子数越多，撞击作用的不平衡性就越不明显，从各个方向撞击它的冲力有可能相互抵消，布朗运动就越不明显甚至观察不到。必须指出做布朗运动的小颗粒是由成千上万个分子组成的，它并不是单个分子，它的无规则运动只是液体分子无规则运动的反映，而不是分子热运动本身。

实验表明，布朗运动的激烈程度与温度有关，温度越高，布朗运动就越显著。这说明温度越高，分子热运动越剧烈。

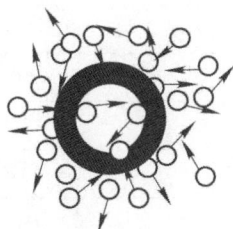

图2-3 分子撞击小颗粒示意图

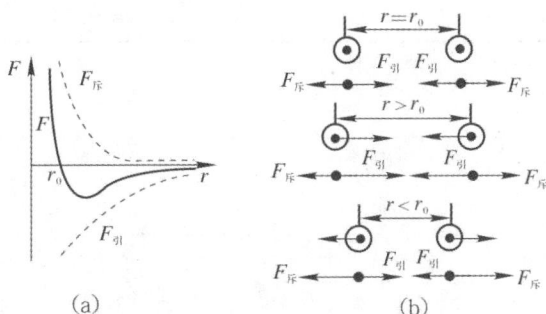

图2-4 分子力与分子距离的关系

3. 分子力

要把固体拉断，需要施加很大的拉力，说明物体分子间存在着相互吸引力；而压缩固体、液体也需要很大的力，说明了物体分子间还存在着斥力。分子间的引力和斥力是同时存在的，实际表现出来的分子力，是分子引力和斥力的合力。如图2-4所示，分子引力和斥力的大小都跟分子间的距离有关。当分子间的距离等于分子直径r_0(约等于10^{-10}m)时，它们间的引力和斥力大致相等,分子处于平衡状态;当物体拉伸时,分子间的斥力和引力都减小,但斥力比引力减小得快,这时引力大于斥力,分子力表现为引力,阻碍物体的拉伸;当物体被压缩时,分子间的引力和斥力都增大,但斥力比引力增加得快,这时,斥力大于引力,分子力表现为斥力,阻碍物体的压缩。当分子间距离大于 10^{-9} m 时,分子间作用力十分微弱,近似为零,可见分子力的作用范围很小。

综上所述,宏观物体是由大量分子组成的;分子之间有空隙;分子在时刻不停地做无规则热运动;分子之间有相互作用的引力和斥力。这就是分子动理论的基本论点。

二、温度

温度(T)是用来定量地描述物体冷热程度的物理量。从分子运动论的观点来看,温度是物体分子热运动剧烈程度的宏观标志。温度越高,物体内部分子热运动就越剧烈。对温度的零点和分度方法的规定,称为温标。初中物理介绍过摄氏温标,用摄氏温标表示的温度称为摄氏温度,用 t 表示,单位名称是摄氏度(℃)。

在 SI 中,以热力学温标(又称绝对温标)表示温度,称为热力学温度(或绝对温度)。这种温度以 -273.15℃作为零度,称为绝对零度。热力学温度用 T 表示,单位名称是开尔文(K)。K 是国际单位制的基本单位之一。热力学温标和摄氏温标只是零点选择不同,它们的分度方法相同,即热力学温标的 1K 和摄氏温标 1℃是相同的。

热力学温度和摄氏温度之间的关系为

$$T = (t + 273.15)\text{K} \quad 或 \quad t = (T - 273.15)℃$$

为计算上的简化,可取绝对零度为 -273℃,这样上式可写成

$$T = (t + 273)\text{K} \quad 或 \quad t = (T - 273)℃$$

例如,冰的熔点是摄氏温度 0℃,热力学温度是 273K;20℃的水,用热力学温度表示为是 293K。

温度通常用温度计来测量。实际中常用的温度计见表 2-1。

表 2-1 常用的温度计

制 式	类 型	原 理	测温范围/℃
接触式	水银温度计	热胀冷缩	$-30 \sim 300$
	电阻温度计	电阻的热敏特性	$-259 \sim 1000$
	温差电偶温度计	温差电效应	$-273 \sim 2100$
非接触式	光学温度计	元件的光敏特性	$600 \sim 3000$
	辐射高温计	热辐射强度随温度变化	700 以上

三、气体的压强

气体压强(p)是气体垂直作用在器壁单位面积上的压力。

从分子运动论的观点来看,气体的压强是由大量运动着的气体分子频繁撞击器壁而产生的。单个分子的撞击力是微不足道的,而且是不连续的;但大量分子对器壁的频繁碰撞,会对器壁产生一个持续的稳定的相当大的压力。如大量密集雨点接连不断地打在雨伞上会对雨伞

产生一个持续的稳定的压力。

气体的压强与单位体积内的分子数和气体的温度有关。单位体积内的分子数越多,分子对器壁的撞击越频繁,压强越大;温度越高,分子热运动的平均速率也越大,分子每次撞击器壁的撞击力越大,压强也越大。

因为大量气体分子在做无规则运动,所以平均来说,对器壁任何地方,在相同的时间内单位面积上受到的撞击次数与撞击作用是一样的,所以,气体在各个方向上产生的压强都是相等的。

在 SI 中,压强的单位名称是帕斯卡(帕,Pa),规定:

$$1Pa=1N/m^2$$

在日常生活中,常用的压强单位还有标准大气压(简称大气压,atm),厘米汞柱(cmHg),有

$$1\ atm=1.013\times10^5\,Pa=76\ cmHg$$

气体的压强可用压强计来测量。压强计种类繁多,构造和原理也各异。测量大气压强常用金属压强计。图 2-5 是工业上常用来测量气体压强的布尔登弯管压力计,压强 p 的改变使弹簧管的末端产生位移,通过连杆和齿轮传动引起指针偏转。

测量小的压强用液体压强计。图 2-6 所示为一种常用的水银压强计,使用时,将压强计的 A 管与容器相连,若容器内气体的压强 p 小于大气压 p_0,则 A 管中的水银面就比 B 管中的水银面高,如图 2-6(a)所示,量出两管中水银面的高度差 h,并用 p_h 表示高度为 h 的水银柱产生的压强,容器中气体的压强为

$$p=p_0-p_h$$

若容器内气体的压强 p 大于大气压 p_0,则 A 管中的水银面就比 B 管中的水银面低,见图 2-6(b)所示,应有

$$p=p_0+p_h$$

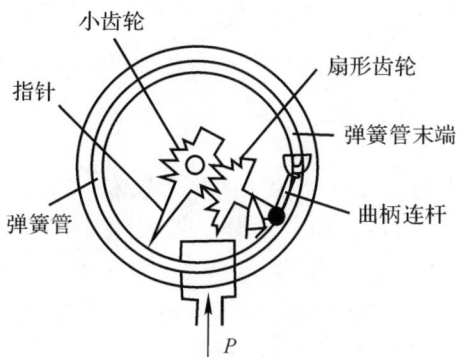

图 2-5 布尔登弯管压力计

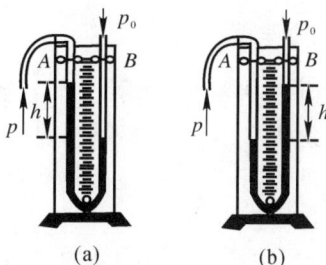

图 2-6 水银气压计

例 2.1.1 在图 2-6(b)中,设水银柱高度差 $h=1.0$cm,大气压 $p_0=1.013\times10^5$Pa,重力加速度 g 取 9.8m/s^2。试求瓶中气体压强是多少?

解: 已知 $p_0=1.013\times10^5$Pa, $g=9.8$m/s^2, $h=1.0$cm$=1.0\times10^{-2}$ m, $\rho_{汞}=13.6\times10^3$kg/m^3,则

$$p_h=\rho_{汞}\,gh=13.6\times10^3\times9.8\times1.0\times10^{-2}=1.33\times10^3(Pa)$$

$$p = p_0 + p_h = 1.013 \times 10^5 + 1.33 \times 10^3 = 1.026 \times 10^5 \, (\text{Pa})$$

答：瓶中气体压强是 1.026×10^5 Pa。

第二节 热 力 学 能

18世纪90年代,德国科学家伦德福(1753—1814)曾有一段著名的论述:"最近我应邀去慕尼黑兵工厂领导监制大炮的工作。我发现,铜炮在钻了很短的一段时间以后,就会产生大量的热,而被钻头从炮上钻出来的铜屑更热(像我用实验所证实的,它们比沸水还热)。"这段话说明了什么问题呢?

一、分子动能

我们知道,一切运动着的宏观物体都具有动能,而组成物质的分子总是在做无规则的热运动,因此分子也具有分子动能。分子的运动是杂乱无章的,同一时刻,物体内各个分子速率不同,因此每个分子的动能也是不同的。由于热现象是大量分子热运动的宏观表现,因而,在研究热现象时,有意义的不是单个分子动能,而是物体内所有分子动能的平均值,即分子的平均动能。

物体的温度越高,分子热运动越激烈,分子的平均动能就越大;物体温度越低,分子运动速率越小,分子的平均动能就越小。所以,从分子动理论的观点来看,温度是物体分子热运动平均动能的标志。

二、分子势能

地球表面附近的物体与地球之间存在着相互的引力作用,因而具有重力势能;发生弹性形变的弹簧的各部分之间由于存在相互作用而具有弹性势能;因此,由于分子间有相互作用的分子力,分子具有由它们的相对位置所决定的分子势能。重力势能的大小由物体和地球的相对位置决定,类似地,分子势能的大小与分子间的距离有关。一个物体的体积改变时,分子间的距离也随着变化,因而分子势能也随着改变。所以,分子势能的大小与物体的体积有关。

三、热力学能

物体内所有分子的热运动的动能和分子势能的总和称为物体的热力学能(E)。

一切物体都是由大量不停地做无规则热运动、相互作用着的分子组成的,因此,不论它们是否具有机械能,任何物体都具有热力学能。

由于物体分子的平均动能与温度有关,分子势能与体积有关,所以物体热力学能与物体的温度和体积有关。可见,物体的热力学能是与物体的热学状态有关的能量。

由于理想气体分子间的作用力可以忽略不计,即分子势能可以忽略不计,故理想气体的热力学能就等于它的各个分子动能的总和。因此,理想气体热力学能仅与温度有关,温度高,理想气体的热力学能大;温度低,理想气体的热力学能小。一定质量的理想气体等温变化时,其热力学能是不变的。

四、改变热力学能的两种方式

物体热力学能是可以改变的。温度改变时,分子动能改变,物体的热力学能也随之改变;

物体的体积改变时,分子势能发生变化,物体的热力学能也随之改变。

例如,把一块烧红的铁块投入冷水中,铁块温度不断降低,热力学能减少,水温不断升高,热力学能增加,直到它们的温度相同时为止。这说明水的热力学能的增加就是通过铁块对它进行热传递实现的。灼热的火炉不断向周围空间散发热量,使周围的空气和物体温度升高而增加了其热力学能;容器中的热水不断向外界散热后逐渐冷却,热力学能减少。这些事例说明:高温物体总是要自发地把自己的热力学能直接转移给低温物体,这一过程称为热传递。在初中学过,热传递有热传导、对流和热辐射3种形式。

如图2-7所示,在一个有活塞的厚壁玻璃筒中,放入浸有乙醚的棉花,当把活塞急速下压时,棉花就会燃烧起来。这是因为外力对筒内气体做了功,增加了气体的热力学能,使气体的温度升高达到了乙醚的燃点。柴油机就是利用这个道理使气缸内的雾状柴油和空气的混合物温度升高而燃烧的。日常生活中到处可以看到物体热力学能改变的例子。划燃火柴;冬天,我们将两只手相互摩擦取暖;给自行车轮胎打气时气筒发热;在工厂的下料车间,当用钢锯锯钢材时,锯条和钢材的温度升高,热力学能增加。在这些实例中并没有发生热传递,但物体的热力学能发生了变化,因而,做功可以改变物体的热力学能。可见,能够改变物体内能的物理过程有两种:做功和热传递。

图 2-7

我们可以用加热的方法使一根铁丝的温度升高,也可以用摩擦或不断弯折的方法使它温度升高,所以,做功和热传递在改变物体内能上是等效的。

应该指出,做功和热传递虽然在改变物体内能方面是等效的,但它们之间还是有本质的区别。做功使物体的热力学能改变,是其他形式的能和热力学能之间的转化;热传递则不同,它是物体间热力学能的转移,所传递(或转移)内能的数量,称为热量,用 Q 表示。热量的单位与功的单位相同。

第三节 能量转化和守恒定律

一、热力学第一定律

你知道什么是永动机吗?永动机的想法起源于印度,公元1200年前后,这种思想从印度传到了伊斯兰教世界,并从这里传到了西方。

在欧洲,早期最著名的一个永动机设计方案是13世纪时一个叫亨内考的法国人提出来的。如图2-8所示:轮子中央有一个转动轴,轮子边缘安装着12个可活动的短杆,每个短杆的一端装有一个铁球。方案的设计者认为,右边的球比左边的球离轴远些,因此,右边的球产生的转动力矩要比左边的球产生的转动力矩大。这样轮子就会永无休止地沿着箭头所指的方向转动下去,并且带动机器转动。历史上,曾经有许多人千方百计、绞尽脑汁设计过这种既不消耗能量,又可以对外做功的机器。这种能无中生有地产生能量的机器,叫第一类永动机。你认为这种机器能制造出来吗?

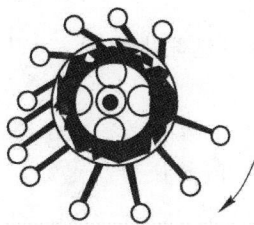

图 2-8

在研究热现象时,常把要研究的宏观物体(气体、液体或固体)称为热力学系统,简称为系统。

通过前面的学习我们知道,做功和热传递都能改变系统的热力学能。当传递给某一系统热量或外界对系统做功时,系统的热力学能增加;相反,当系统对外界做功或系统向外传热时,系统的热力学能将减小。那么,如果同时对系统传热和做功,系统的热力学能变化如何计算呢?若系统开始时热力学能为 E_1,变化后热力学能为 E_2,即系统热力学能的改变为 $\Delta E = E_2 - E_1$。在此过程中,系统从外界吸收的热量为 Q,外界对系统做功为 W,如图 2-9 所示。则有

$$\Delta E = Q + W \tag{2-1}$$

上式表明:系统热力学能的改变由两部分组成,一部分来自于系统从外界吸收的热量;另一部分来自于外界对系统所做的功,这就是热力学第一定律。

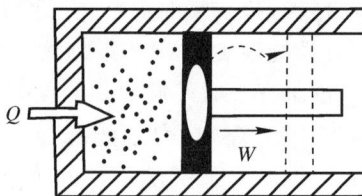

图 2-9 热学力第一定律

式(2-1)中的各个量可以取正值,也可以取负值,我们对它们相应的物理意义作如下规定:

系统从外界吸热,$Q > 0$;系统向外界放热,$Q < 0$;

系统对外界做功,$W < 0$;外界对系统做功,$W > 0$;

系统热力学能增加,$\Delta E > 0$;系统热力学能减少,$\Delta E < 0$。

例 2.3.1 对一定质量的气体加热,气体吸收的热量为 2 003J,气体热力学能增加 805J。求气体受热膨胀对外所做的功。

解:已知气体吸收热量 $Q = 2\ 003$J,气体热力学能增加 $\Delta E = 805$J。

由于 $$\Delta E = Q + W$$

得 $$W = \Delta E - Q = 805 - 2\ 003 = -1\ 198\text{(J)}$$

计算结果 W 为负值,说明气体对外做功 1 198J。

答:气体受热膨胀对外所做的功为 1 198J。

【选学内容】

电机压缩式电冰箱工作原理简介

电冰箱是一种小型制冷装置,它的工作原理是利用制冷剂汽化吸热和液化放热而循环工作。以前使用的电冰箱大部分为电机压缩式,制冷剂为氟利昂,常用的一种为二氟二氯甲烷(CCl_2F_2),是一种无色无臭无毒的气体,沸点为 29℃,在 140℃以下加压就会变成液体,但是可以破坏臭氧层,现在都使用不含氟利昂的制冷剂,电机压缩式电冰箱主要有箱体、制冷系统与控制系统三个部分构成。而其中最关键的是制冷系统。图 2-10 是家用电冰箱(单门)的制冷系统结构图,它由五个主要部件组成,下面我们简单介绍各部件的功能及制冷循环过程。

电冰箱通电后压缩机工作(图 2-10 为单门电冰箱的制冷系统结构图),压缩机将蒸发器

内已吸热的低压、低温气态制冷剂吸入,经压缩后,形成温度为 $55\sim58$℃高压、高温蒸气,进入冷凝器(在电冰箱背面上部,为黑色网状结构,以便散热),在冷凝器中,高压气态制冷剂通过网状管壁向外散热变为液体制冷剂,然后经过干燥过滤器,滤掉水分和杂质。由于毛细管的节流,使压力急剧降低。压低温的制冷剂进入蒸发器(在冷冻室的内壁周围,它一般是由铜或铝制成,蒸发器管路直径要比毛细管大得多),体积急剧膨胀,压强迅速降低从而沸腾汽化,同时吸收箱内的热量变成低压、低温的蒸气。随后再次被压缩机吸入。如此不断循环,每循环一次,制冷剂就从蒸发器吸收一部分热量,使冰箱冷冻室的温度降低一次,冷冻室的温度一般控制在 $-20\sim0$℃,冷藏室是靠冰箱内空气上下的自然对流而降低温度,一般可控制在 $0\sim10$℃左右。

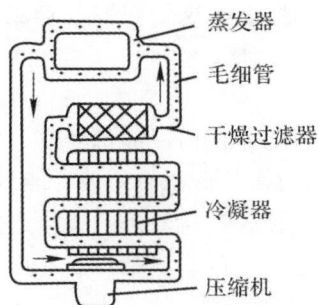

图　2-10

制冷剂在循环过程中,从蒸发器吸热 Q_1,到冷凝器放热 Q_2($Q_2>Q_1$)回到原状态,其热力学能不变,即 $\Delta E=0$,由热力学第一定律,$W+Q_1-Q_2=0$。因循环过程中,外界(压缩机)对制冷剂做功 $W=Q_2-Q_1$。

这就是说,制冷剂所以实现从低温物体吸热(Q_1)向高温物体放热(Q_2),是靠外界做功消耗其他形式的能(电能)来完成的。

二、能量守恒定律

我们分析一下辐射到地球上的太阳能的转化。太阳把地面晒热,把水面晒热并使一部分水蒸发。变热的空气上升使空气流动而形成风,太阳能转化为空气的机械能。蒸发的水蒸气上升到空中形成云,随后以雨雪等形式降回地面,形成流动的水流,太阳能转化为水的机械能。植物通过光合作用将太阳能转化为化学能,人和动物食用它们可以获得维持生命的能量。古代动植物在漫长的地质变迁中形成的煤、石油、天然气是现代工农业生产的主要能源,人们可以通过各种方法将它们转化为电能、光能、热力学能、机械能等等。不同形式能量之间的转化表现为物质在不同形式间的转化。你知道在这些物质的运动变化过程中有一个重要的物理量却始终保持不变吗?

1.能量守恒定律

大量的生活经验告诉我们,不同形式的能量间可以相互转化。自由下落的物体,重力势能转化为动能;电流通过导体时要发热,电能转化为热力学能;电灯将电能转化为光能;太阳能电池可以把光能直接转化为电能;水力发电则是将机械能转化为电能;蓄电池向外供电时,化学能转化为电能;等等。

通过热力学第一定律的学习,我们知道,在一定条件下,机械能和系统的热力学能也可以互相转化,而且能量总和保持不变。

大量事实证明,任何形式的能转化为其他形式的能时,总的能量都是守恒的。

能量既不能凭空产生,也不能凭空消灭,它只能从一种形式转换成另一种形式,或由一个物体转移到另一物体,而能量的总和保持不变。这就是能量守恒定律。

热力学第一定律就是包括热力学能在内的热现象中的能量守恒定律。

能量守恒定律是19世纪中发现的重要规律之一,也是自然界中最具有普遍意义的定律之一。任何违背能量守恒定律的说法、观点都无一例外地被证明是错误的。自该定律建立以来,在从物理、化学、生物到天文、地质以及各种工程技术中都发挥了重要的作用。恩格斯曾经把这一定律称为“伟大的运动定律”。他认为,能量守恒定律、细胞学说、生物进化论是19世纪自然科学的三大发现。

2.永动机不可能制成

能量守恒定律的发现使人们认识到,任何一部机器都只能使能量从一种形式转化为另一种形式,不能无中生有地创造能量,要对外做功必须消耗能量,不消耗能量便无法对外界做功。能量守恒定律宣判了永动机的死刑,使人们从幻想的境地走出来,它引导人们进一步去掌握自然规律,去研究各种形式的能量相互转化的具体条件。形形色色的永动机设计方案的失败,从反面揭示出自然界存在着某种普遍的规律,制约着人们不可能不付出代价就从自然界创造动力,而只能有效地利用自然界提供的各种能源。违反自然界的规律是注定要以失败而告终的,永动机只能是一种永远无法实现的幻想。

【阅读材料】

能量守恒定律的建立

能量守恒定律是建立在自然科学发展的基础上。从16世纪到18世纪,经过伽利略、牛顿、惠更斯、莱布尼兹以及伯努利等许多物理学家的认真研究,使动力学得到了较大的发展。机械能的转化和守恒的初步思想,在这一时期已经萌发。

18世纪末和19世纪初,各种自然现象之间的联系相继被发现。伦福德、戴维的摩擦生热实验否定了“热质说”,把物体热力学能的变化与机械运动联系起来。1800年发明伏打电池之后不久,又发现了电流的热效应、磁效应和其他一些电磁现象。这个时期,电流的化学效应也被发现,并被用来进行电镀。在生物学界,证明了动物维持体温和进行机械活动的能量跟它摄取的食物的化学能有关。自然科学的这些成就,为建立能量守恒定律做了必要的准备。

能量守恒定律的最后确定,是在19世纪中叶由迈尔、焦耳和亥姆霍兹等人完成的。

德国医生迈尔是从生物学开始对能量进行研究的。1842年,他从“无不生有,有不变无”的哲学观念出发,表达了能量转化和守恒的思想。他分析25种能量的转化和守恒的现象,成为世界上首先阐述能量守恒思想的人。

英国物理学家焦耳从1840年到1878年的将近40年时间里,研究了电流的热效应,压缩空气的温度升高以及电、化学和机械作用之间的联系,做了400多次实验,用各种方法测定了热和功之间的当量关系,为能量守恒定律的发现奠定了坚实的实验基础。

在1847年,当焦耳宣布他的能量观点的时候,德国学者亥姆霍兹在柏林也宣读了同样课题的论文。在这篇论文中,他分析了化学能、机械能、电磁能、光能等不同形式能量的转化和守恒,并且把这个结果跟永动机不可能制造成功联系起来。他认为不可能无中生有地创造一个永久的推动力,机械只能转化能量,不能创造和消灭能量。

在 10 世纪中叶,还有一些人也致力于能量守恒的研究,他们从不同的角度出发,彼此独立地进行研究,却几乎同时发现了这一伟大的定律。因此,能量守恒定律的发现是科学发展的必然结果。

习　题　二

一、填空题

1. 容器里装有一定质量的气体,在保持体积不变的情况下,使它的温度升高,气体的热力学能＿＿＿＿＿＿＿＿＿＿(填"增大""减小"或"不变")。

2. 物体内所有分子的＿＿＿＿＿＿＿＿能和＿＿＿＿＿＿＿＿能的总和,叫作物体的热力学能,改变物体的热力学能的物理过程有＿＿＿＿＿＿＿＿＿＿和＿＿＿＿＿＿＿＿＿＿两种。

3. 装在密闭容器中的气体压强是由于＿＿＿＿＿＿＿＿＿＿而产生的。

二、选择题

1. 关于布朗运动,下列说法正确的是(　　　)。
　A. 布朗运动就是分子运动　　　　　B. 布朗运动是小颗粒的运动
　C. 布朗运动是分子无规则运动的反映　D. 布朗运动与温度无关

2. 下列现象中可用分子动理论来解释的是(　　　)。
　A. 打开香水瓶盖,香味充满全屋　　　B. 炒菜时,可使满院子闻到油香味
　C. 大风吹起地上的尘土到处飞扬　　　D. 一滴墨水滴到清水里,清水变浑浊

3. 做功和热传递的共同点是(　　　)。
　A. 使物体的热量增加　　　　　　　B. 使物体的温度升高
　C. 使物体的热力学能改变　　　　　D. 使物体的体积改变

4. 固体和液体很难被压缩,这说明(　　　)。
　A. 分子间有空隙　　　　　　　　　B. 分子间有引力
　C. 分子间有斥力　　　　　　　　　D. 分子不停地运动

三、简答题

1. 指出下列例子中各是通过什么物理过程改变物体热力学能的。
(1)用太阳灶烧水。
(2)用气筒打气,筒壁会变热。
(3)手冷时,搓搓手就会觉得暖和些。
(4)火炉上的水壶里水温升高。
(5)被蒸熟的馒头。
(6)古人"钻木取火"。

2. 为什么悬浮在液体中的颗粒越小,它的布朗运动越明显? 为什么悬浮在液体中的颗粒越大,它的布朗运动越不明显以至观察不到?

3. 什么是物体的热力学能? 物体的热力学能大小与哪些因素有关?

4. 分子间的作用力在什么情况下表现为引力? 在什么情况下表现为斥力?

5.什么是分子动能？什么是分子势能？分子动能和势能的大小各与什么因素有关？

6.热力学第一定律的内容是什么？其数学表达式中各量的正负号是怎样规定的？

四、计算题

1.能量可以在不同物体间发生转移，也可以在不同形式之间相互转化，但能量在转移和转化过程中必须遵循定律。例如，子弹在击穿木块的过程中损失580J的能量，木块获得了280J的动能，那么，这个过程中有多少的机械能转化为热力学能？

2.某密闭气缸中的气体从外界吸收了3×10^6J的热量，与此同时，气缸气体对外做了2.5×10^6J的功，该气缸的气体的热力学能是增加了还是减少了？变化了多少？

第三章 直流电路

在生产生活中电能的应用越来越广泛。它的广泛应用形成了人类近代史上第二次技术革命。有力地推动了人类社会的发展,给人类创造了巨大的财富,改善了人类的生活。为了有效利用和控制电流,需要研究电路的规律。

第一节 电阻定律

一、电流强度

大量电荷有规则的定向运动形成电流。因此,要形成电流,首先要有能够自由移动的电荷。金属导体中的自由电子,电解液中的正负离子,都是自由电荷。但是,只有自由电荷还不能形成电流。如果导体的两端有电势差(电压),导体内部就存在电场,电荷在电场力作用下作定向运动,就形成了电流。电流的强弱用电流强度来表示。用 I 表示电流强度,有

$$I = \frac{q}{t} \qquad\qquad (3-1)$$

式(3-1)说明,通过任一截面的电流强度在数值上等于单位时间内通过该截面的电量。

在 SI 中,电流强度的单位是安培(A,安),常用单位有毫安(mA)和微安(μA)它们的关系为

$$1\ A = 10^3\ mA = 10^6\ \mu A$$

电流强度是一个标量,本无方向,我们人为规定正电荷定向运动的方向为电流的方向,而金属导体中做定向移动的电荷是自由电子,自由电子在电场力的作用下的运动方向与正电荷运动的方向正好相反,所以金属导体中的电流方向与自由电子的运动方向正好相反。

电路中电流强弱和方向都不随时间变化的电流称为恒定电流,又称直流电。

二、电阻

电阻是导体本身的一种性质,反映导体对电流阻碍作用的物理量,用 R 来表示,在 SI 中,电阻的单位是欧姆(Ω)。它的常用单位还有 kΩ 和 MΩ。它们的关系为

$$1\ M\Omega = 10^3\ k\Omega = 10^6\ \Omega$$

收音机、电视机电路中连接着许多具有一定电阻值的元件——电阻器(见图 3-1),用来调节电路中电流和电压。

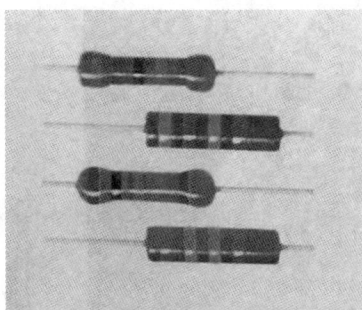

图 3-1　实物电阻器

三、电阻定律

电阻的大小是由导体的哪些因素决定的呢？实验证明:在温度不变时,导体的电阻跟它的长度成正比,跟它的横截面积成反比。这就是电阻定律,其数学表达式为

$$R = \rho \frac{l}{S} \tag{3-2}$$

式中,l 是导体的长度;S 是导体的横截面积;ρ 是电阻率。

电阻率大小只由材料决定,对于不同的材料来说,这个系数是不同的,它反映了材料导电能力的强弱。也就是说长度和横截面积都相同而材料不同的导体,电阻率大的电阻大,电阻率小的电阻小。在 SI 中,电阻率的单位是欧姆·米($\Omega \cdot m$)。

电阻率的大小反映了材料导电性能的优劣。通常我们将室温下电阻率小于 $10^{-6}\Omega \cdot m$ 的材料称为导体;室温下电阻率大于 $10^{7}\Omega \cdot m$ 的材料称为绝缘体;而室温下电阻率介于二者之间的材料称为半导体。常用材料在 $20℃$ 的电阻率见表 3-1。

表 3-1　常用材料在 $20℃$ 的电阻率

材料	电阻率/$(\Omega \cdot m)$	材料	电阻率/$(\Omega \cdot m)$
银	1.6×10^{-8}	康铜	5.0×10^{-7}
铜	1.7×10^{-8}	镍铬合金	1.0×10^{-6}
铝	2.9×10^{-8}	纯碳	3.5×10^{-5}
钨	5.3×10^{-8}	纯硅	2.3×10^{3}
铁	1.0×10^{-7}	电木	$10^{10} \sim 10^{14}$
锰铜	4.4×10^{-7}	橡胶	$10^{13} \sim 10^{16}$

由表 3-1 中可以看出,纯金属的电阻率小,合金的电阻率大。在输电和用电线路中都是用纯金属制作的,铜、铝比银的导电性虽差一些,但价格较低,因此铜、铝是制作导线的主要材料;电阻器、电炉丝都是选用电阻较大的合金制作;而在用电器和电工用具的绝缘部分要选用电木、橡胶等材料制作。

各种材料的电阻率都随温度而变化,金属的电阻率随温度升高而增大,因此,它的电阻也随温度升高而增大。利用金属的这一性质可以制作电阻温度计。有些合金,如锰铜和康铜的

电阻率几乎不受温度变化的影响,常用这种合金制作标准电阻。

例3.1.1 一条康铜丝,截面积 $S=0.20mm^2$,长 $l=2.44m$,当在它的两端加上电压 $U=0.60V$ 时,通过它的电流 $I=0.10A$,求这种康铜丝的电阻率。

解:根据部分电路欧姆定律,康铜丝的电阻为

$$R=U/I=0.60/0.10=6.0(\Omega)$$

根据电阻定律 $R=\rho\dfrac{l}{S}$ 得电阻率 ρ 为

$$\rho=\frac{RS}{l}=\frac{6.0\times0.20\times10^{-6}}{2.44}\approx4.9\times10^{-7}(\Omega\cdot m)$$

答:这种康铜丝的电阻率约为 $4.9\times10^{-7}\Omega\cdot m$。

例3.1.2 两根同种材料的电阻丝,其长度之比为 $1:7$,横截面积之比为 $2:3$,则它们的电阻之比为多少?

解:已知 $l_1:l_2=1:7$,$S_1:S_2=2:3$,$\rho_1=\rho_2$。

由电阻定律可知,两电阻丝的电阻分别是 $R_1=\rho_1l_1/S_1$,$R_2=\rho_2l_2/S_2$,则

$$\frac{R_1}{R_2}=\frac{\dfrac{\rho_1l_1}{S_1}}{\dfrac{\rho_2l_2}{S_2}}=\frac{\rho_1l_1S_2}{\rho_2l_2S_1}=\frac{1}{7}\times\frac{3}{2}=\frac{3}{14}$$

答:它们的电阻之比为 $3:14$。

【阅读材料】

超导现象和超导体

人们在实验中发现,当温度降低到绝对零度附近时,某些金属、合金的电阻突然减小为零,这种现象叫作超导现象。材料的这一种性质叫作超导电性。具有超导电性的材料叫作超导体。使超导体开始出现超导现象的温度,叫超导的临界温度或转变温度。

超导电性有很重要的实用价值,但因转变温度太低,其应用受到限制。进入20世纪80年代以后,超导研究有了突破性的发展。1986年瑞士物理学家发现了30K条件下可能存在的超导性。同年底美国发现了临界温度为40.2K的超导材料。我国从20世纪60年代初开始了超导电性的科学研究和应用开发,到20世纪80年代中期,已在液氮区超导材料的发现上做出了国际公认的贡献。1989年,我国已研制成临界温度为132K的超导体。

超导技术是21世纪具有战略意义的高新技术。超导技术可广泛用于能源、信息、医疗、交通、国防、科学研究及国防军事等诸多领域。超导技术的广泛应用将会对国民经济和人类社会的发展产生巨大的推动作用。

第二节 串联电路和并联电路

在各种实际的简单电路中,电阻有两种基本的连接方式,即串联和并联。

一、电阻的串联

把几个电阻一个接一个,不分支地顺次连接起来,就成为电阻的串联。如图 3-2 是电阻

R_1 和 R_2 组成的串联电路。

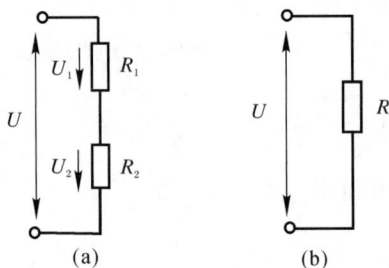

图 3－2　电阻的串联

1. 串联电路的性质

(1)电流性质:串联电路中通过各电阻的电流强度相同。

(2)电压性质:串联电路两端的总电压等于各电阻上电压之和。在图 3－2 中,总电压 $U = U_1 + U_2$,如果有 n 个电阻串联,那么

$$U = U_1 + U_2 + \cdots + U_n$$

(3)电阻性质:串联电路的等效电阻等于各串联电阻之和。在图 3－2 中,等效总电阻 $R = R_1 + R_2$,如果有 n 个电阻串联,那么

$$R = R_1 + R_2 + \cdots + R_n$$

2. 串联电阻具有分压作用

根据欧姆定律及串联电路中各处电流相同的性质,由图 3－2 可得

$$I = \frac{U}{R} = \frac{U}{R_1 + R_2}$$

则有

$$U_1 = IR_1 = \frac{U}{R_1 + R_2} R_1$$

$$U_2 = IR_2 = \frac{U}{R_1 + R_2} R_2$$

由上式可知 $U_1 / U_2 = R_1 / R_2$。串联电阻上的电压与其电阻成正比,即较大的电阻分配到的电压较多,较小的电阻分配到的电压较少。这就是串联电路的分压原理。

例 3.2.1　一个量程为 10V,内阻为 $5.0\text{k}\Omega$ 的电压表,要把它的量程扩大到 30V,应该串联一个多大的电阻?

解:已知 $U_g = 10\text{V}$,$R_g = 5.0\text{k}\Omega$,$U = 30\text{V}$。

分析题意可知,所求的串联电阻起到分压的作用,需要它分担的电压为

$$U_R = U - U_g = 30 - 10 = 20(\text{V})$$

由分压原理知

$$\frac{U_R}{U_g} = \frac{R}{R_g}$$

$$R = \frac{U_R}{U_g} R_g = \frac{20}{10} \times 5 = 10(\text{k}\Omega)$$

答:应该串联一个 $10\text{k}\Omega$ 的电阻。

二、电阻的并联

把几个电阻的一端连在一起，另一端也连在一起，就成了电阻的并联，如图3-3是电阻 R_1 和 R_2 组成的并联电路。

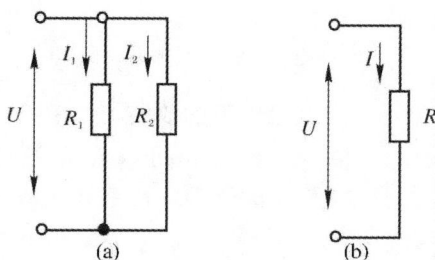

图3-3 电阻的并联

1. 并联电路的性质

(1)电流性质：并联电路中总电流等于各支路电流之和。在图3-3中，总电流 $I=I_1+I_2$，如果有 n 个电阻并联，则有

$$I=I_1+I_2+\cdots+I_n$$

(2)电压性质：并联电路中各支路两端的电压相同。

(3)电阻性质：并联电路的等效电阻的倒数，等于各支路电阻的倒数之和，在图3-3中等效总电阻 $\frac{1}{R}=\frac{1}{R_1}+\frac{1}{R_2}$ 或 $R=\frac{R_1R_2}{R_1+R_2}$，如果有 n 个电阻并联，则总电阻为

$$\frac{1}{R}=\frac{1}{R_1}+\frac{1}{R_2}+\cdots+\frac{1}{R_n}$$

2. 并联电阻具有分流作用

根据欧姆定律及并联电路中各支路两端电压相等的性质，由图3-3可得

$$U=IR=I(\frac{R_1R_2}{R_1+R_2})$$

则有

$$I_1=\frac{U}{R_1}=\frac{R_2}{R_1+R_2}I$$

$$I_2=\frac{U}{R_2}=\frac{R_1}{R_1+R_2}I$$

由上式可得 $I_1/I_2=R_2/R_1$。并联电阻上的电流与其电阻成反比。即阻值较小的电阻分配到的电流大，阻值较大的电阻分配到的电流小。这就是并联电路的分流原理。

例3.2.2 电阻 $R_g=1\,000\Omega$，满偏电流 $I_g=100\mu A$ 的微安表，要将其改装成量程为1A的电流表，需要并联多大的分流电阻？

解：已知 $R_g=1\,000\Omega$，$I_g=100\mu A=0.000\,1A$，$I=1A$。

分析题意可知，所求的分流电阻需要它分担的电流是

$$I_R=I-I_g=1-0.000\,1=0.999\,9(A)$$

由分流原理知

$$\frac{I_g}{I_R}=\frac{R}{R_g}$$

$$R=\frac{I_g}{I_R}R_g=\frac{0.000\ 1}{0.999}\times 1\ 000=0.1(\Omega)$$

答:需要并联 0.1Ω 的分流电阻。

【选学内容】

直流电表的改装

用 J0401 型示教电表的 $500\mu A$ 挡作为电流表,用 G 表示,它的内阻约为 200Ω。因此它的满偏电流 $I_g=500\mu A$,$U_g=0.1V$。下面我们要将此电流表改装成量程为 3V 的电压表和 0.6A 的电流表。

改装后的电压表由电流表(也叫表头)和分压电阻 R 组成,如图 3-4 虚线框内所示. 所谓量程为 3V,意思是当表头指针指在最大刻度处时,其分担的电压为满偏电压 U_g,通过的电流为满偏电流 I_g,但是整个改装后的电压表(表头和分压电阻)两端的电压 $U=3V$。

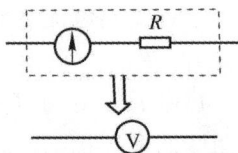

图 3-4

改装后的电流表也由表头和分流电阻 R 组成,见图 3-5 虚线框。所谓量程为 0.6A,意思是当表头的指针指在最大刻度处时,通过表头的电流为满偏电流 I_g,其两端的电压为满偏电压 U_g,但是整个改装后的电流表(表头和分流电阻)通过的电流 $I=0.6A$。

电表的改装大致有 3 个步骤:第一,测出电表的内阻 R_g;第二,改装为电压表时串联、改装为电流表时并联适当的电阻;第三,改写表盘的刻度值,并用标准电表校正。

具体操作步骤如下:

1)用等效替代法测电表内阻 R_g,连成如图 3-6 所示电路。调节滑线变阻器,使微安表的指针偏转到某个位置,并作记录。取下表头,用电阻箱替代它接入电路,调节电阻箱,使微安表的指针偏转到相同位置,此时电阻箱的读数 R_0 即为 R_g 值。为减少误差,调节变阻器再重复几次,取平均值。

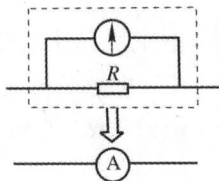

图 3-5

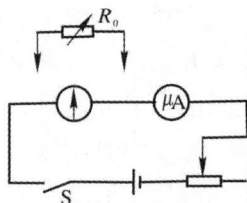

图 3-6

一定要注意,调节时不能使两电表指针超过最大刻度值,以免损坏电表。

2)改装电表先算出待接电阻 R 值,将电阻箱调节到该值后,再串联(或并联)到电表上。

3)改写表盘刻度并校正可在电表玻璃面上贴一张弧形白纸条,挡住原来的刻度数和符号(但刻线要露出),改写上新的刻度数和符号(V 或 A)。为检验改装的电表是否准确,用它和标准电表同时去测量某一电压(或电流),并将校核数据记录在表格中(见表 3-2)。

当改装表的满刻度值不准时,调节它的分压(或分流)电阻 R 来校准。如果另外的点仍不准,则是电表本身的线性不良造成的。

表 3-2

序次 项目	1	2	3	4	···
改装表					
标准表					

第三节 电功和电功率

当用电器有电流通过时,要消耗电流做功,电能便转换成其他形式的能量。例如电流通过电灯、电炉做功时会发热,电能转换成内能。又如电流通过电动机做功时,电动机转动起来,电能就转换成机械能。

一、电功和电热

1.电流的功

电路中电场力在促使自由电荷作定向移动时所做的功,称为电流的功或电功。实验表明,电流在一段电路上所做的功,与这段电路两端的电压、电路中的电流强度和通电时间成正比。其数学表达式为

$$W = UIt \tag{3-3}$$

在 SI 中,电功的单位是焦耳(J),电流的功可以用电能表来测量。

2.电热

电流通过导体时,会产生热量,这就是电流的热效应。英国物理学家焦耳由实验得出:电流通过导体时产生的热量 Q,跟电流强度 I 的二次方、导体的电阻 R 和通电时间 t 成正比。这就是焦耳定律。其数学表达式为

$$Q = I^2 Rt \tag{3-4}$$

在 SI 中,热量的单位是焦耳(J)。

二、纯电阻电路与非纯电阻电路

1.纯电阻电路

即电路中只含有电阻。在这种情况下,电能全部转化为热能,此时电功等于电热,由于 $U = IR$,因此

$$W = Q = UIt = I^2 Rt = \frac{U^2}{R} t$$

2.非纯电阻电路

如电路中有电动机、电解槽等,那么,电能除小部分转化为热能外,大部分转化为其他形式

的能,如机械能、化学能等。这时电功仍然为 UIt,电热仍为 I^2Rt,但电功已不再等于电热,而是大于电热。即

$$W > Q$$

三、电功率

为了表示电流通过某段电路做功的快慢程度,我们用比值定义一个新的物理量。我们把电流所做的功跟完成这些功所用的时间的比值叫作电功率,通常用 P 表示,即

$$P = \frac{W}{t} \tag{3-5}$$

将 $W = UIt$ 代入上式,可得

$$P = UI \tag{3-6}$$

可见,在一段电路上的电功率,与这段电路两端的电压和电路中的电流强度成正比。若这一段电路是纯电阻电路,则根据部分电路欧姆定律 $I = U/R$,可有 $P = I^2R = U^2/R$。

若这一段电路是非纯电阻电路,则不符合部分电路欧姆定律,电功率 P 只能是电压 U 和电流强度 I 的乘积。

在 SI 中电功率的单位是瓦特(W,瓦),常用单位有千瓦,它们的关系为

$$1kW = 10^3 W$$

通常用 $kW \cdot h$(千瓦时)作电功的单位。常用单位有"度",其中

$$1 度 = 1kW \cdot h = 3.6 \times 10^6 J$$

一般用电器上标明的电功率和电压是它的额定功率和额定电压,用电器只有在额定电压下工作时才能达到额定功率。如果用电器上的工作电压不等于额定电压,那么实际消耗的功率就不等于额定功率了。例如标有"220V 40W"的灯泡,接到 220V 的电路中能正常发光,它消耗的功率等于额定功率 40W。如果接到低于 220V 的电路中,它所消耗的功率就小于额定功率,灯泡发光不足。如果接到高于 220V 的电路中,那么它消耗的功率将大于额定功率,灯泡的灯丝可能被烧坏。所以,在把用电器接通电源之前,必须查清用电器的额定电压与电源电压是否一致。

例 3.3.1 有一个额定值为"1kW 220V"的电炉,正常工作时的工作电流是多大? 若把它接在 110V 的电压下,它消耗的功率将是多少?

解:已知 $P_{额} = 1kW$,$U_{额} = 220V$,$P_{实} = 110V$。

根据电功率公式,可得

$$I_{额} = \frac{P_{额}}{U_{额}} = \frac{1\,000}{220} \approx 4.55 \ (A)$$

由部分电路的欧姆定律,可知电炉的电阻为

$$R = \frac{U_{额}}{I_{额}} \approx 48.4 \ (\Omega)$$

当把电炉接在 110V 的电压上时,电炉的电阻不变,故

$$P_{实} = \frac{U_{实}^2}{R} \approx 250 \ (W)$$

答:电炉正常工作时的工作电流为 4.55A,把它接在 110V 电压下,它消耗的功率的 250W。

例 3.3.2 一台小型直流电动机在 12V 电压下工作时,通过的电流是 0.5A,电动机的内阻 $R = 2.0\Omega$。求:

(1)每秒钟电流做的功是多少?产生的电热是多少?

(2)电动机消耗的电功率是多少?消耗的热功率是多少?

(3)每秒钟有多少电能转化成机械能?

分析:题目中出现的小型直流电动机是非纯电阻用电器,所以这是一道关于非纯电阻电路的典型例题,不遵守欧姆定律,所以计算电功和电功率时我们不能随意地使用变形公式,而只能用电功和电功率的定义式进行计算。

解:已知 $U = 12V$,$I = 0.5A$,$R = 2.0\Omega$。

(1)根据电功和电热的定义式可得

$$W = UIt = 12 \times 0.5 \times 1 = 6.0(J)$$
$$Q = I^2Rt = 0.5^2 \times 2.0 \times 1 = 0.5(J)$$

(2)根据电功率和热功率的定义式可得

$$P_W = UI = 12 \times 0.5 = 6.0(W)$$
$$P_Q = I^2R = 0.5^2 \times 2.0 = 0.5(W)$$

(3)因为电能在此过程中除了转化成热能以外都转化成了机械能,故

$$E_{机} = W - Q = 6.0 - 0.5 = 5.5(J)$$

答:电动机每秒电流做功 6.0J,产生电热 0.5J;消耗电功率 6.0W,消耗热功率 0.5W;每秒有 5.5J 电能转化为机械能。

由计算结果可以看出,电动机这种非纯电阻用电器,电流所做的功远大于电流产生的热量,即大部分电能变成了机械能。

【阅读材料】

高压输电

我们在户外经常可以看到一根根排列整齐的电线杆,上面架设的高压线把远方的发电站生产的电能输送到千家万户,满足人们的各种用电需求。

为什么要采用高压输电呢?这要从输电线路上损耗的电功率谈起,当电流通过导线时,就会有一部分电能变为热量而损耗掉。根据焦耳定律,导线所产生的热量与电流的平方成正比,与导线的电阻成正比。所以,为了减少输电线路中的热损耗,有下面两种办法。

一种办法是减小输电线的电阻。根据电阻定律,在长度不能改变的前提下,要减小输电线的电阻,就必须把导线加粗,并采用电阻率小的材料(如铜)来制作导线。但这样做的结果也会使线路的建设成本成倍地增加。

另一种办法是减小输电电流。我们知道,在输送功率固定的前提下,电压与电流成反比,提高电压,即可减小电流。这样,既可以减少线路热损耗,又可以使输电线不必做得过粗,以减少建设成本。

根据输送距离的远近,可以采用不同的电压。从我国现在的电力情况来看,输送距离在 $200 \sim 300$ km 时,采用 220 kV 的电压输电;在 100 km 左右时,采用 110 kV;在 50 km 左右时,采用 35 kV;在 $15 \sim 20$ km 时,采用 10 kV 或者 6.6 kV。输电电压在 110 kV 以上的线路,称为超高压输电线路。在远距离送电时,我国还有 500 kV 的超高压输电线路。

高压输电能减少热损耗,但从发电方面来看,发电机却不能产生 220 kV 那样的高电压,因为发电机要产生那么高的电压,从它的用材、结构以及安全生产等方面都有几乎无法克服的困难,从用电方面看,绝大多数的用电设备也不能在高电压下运行。这就决定了从发电、输电到用电要用到一系列的变压器来升高或降低电压。

大型发电站的输电过程一般是这样的:从发电站发出的交流电,首先送到升压变电所,由输电变压器把电压升到 220 kV。然后输送到远处的一级降压变电所,在那里输电变压器把电压降为 110 kV;再送到二级降压变电所,在那里输电变压器再把电压降为 35 kV;然后输送给三级变电所,把电压降为 10 kV;再送至各用户的变电所,最后将电压变为 380 V 或 220 V,供给用电设备使用。

从大型发电站发出的电能,经过输电线路送到用户,中间要经过五次变压(一升、四降)。对于中、小型发电站来说,中间变换电压的次数就少一些,这要根据发电站发出的电压、输送线路的远近等具体情况来确定。

第四节　全电路欧姆定律

一、电源电动势

1.电源

要使导体中有电流持续通过,必须使导体的两端保持一定的电压。电路中的电源就是起这种作用的。干电池、蓄电池、发电机等都是电源。如图 3-7 所示的电路中,虚线框内的是电源,R 是用电器,ARB 电路因在电源之外而称为外电路,R 称为外电阻。电源内部的电路称为内电路,其电阻叫内电阻(r)。 内电路和外电路的交接处称为电源的极,其中电势较高的极叫正极,电势较低的极叫负极。

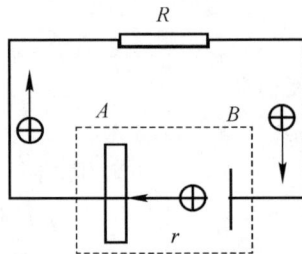

图 3-7　内电路和外电路

2.电源电动势

电路接通后,正电荷从电势高的正极经外电路向电势低的负极移动,到达负极后与负极上的负电荷中和,因此,正、负极上的正负电荷同时减少。如果不及时把正电荷从负极移到正极,电路两端的电压将逐渐变为零,电路中的电流将停止。电源的作用就是将到达负极的正电荷送回正极。然而这个任务不可能由静电力来完成。这里我们可以把电流与水流相类比,我们都知道从山顶上流下来的水不会凭借自身的重力再流到山顶。与此类似,在静电力的作用下,正电荷只能从高电势的正极向低电势的负极移动,而不能与此相反。所以,电源就必须能够提供某种与静电力本质上不同的非静电力(除静电力以外的其他种类的力),把正电荷从负极送到正极,维持正、负极间有一定的电压,从而维持电路中的电流。见图 3-8。

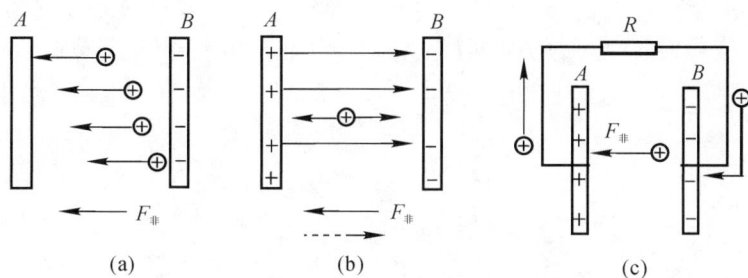

图 3-8 电源的工作原理

非静电力是由电源的种类决定的,不同种类的电源,形成非静电力的原因不同,如化学电池中的非静电力来源于化学作用,发电机的非静电力来自电磁作用。电源中非静电力将正电荷从电源负极经内电路移送到正极,实际上是将其他形式的能(如化学电池中的化学能,发电机中的机械能等)转化为电能的过程。因此,也可以说电源就是把其他形式的能转化为电能的装置。不同的电源将其他形式的能量转换成电能的本领是不同的。电源把一定量的正电荷从负极移到正极的过程中,非静电力做的功越多,转换得到的电能就越多,也就是把其他形式的能量转换成电能的本领越大。为了表示电源把其他形式的能转化为电能的本领大小,我们再利用比值定义法引入电源的电动势这一新的物理量。

非静电力把正电荷从电源负极经内电路移送到正极做的功 $W_{非}$ 与被移送的电荷量 q 的比值,称为电源的电动势,用 ε 表示,即

$$\varepsilon = \frac{W_{非}}{q} \qquad (3-7)$$

在 SI 中,电动势的单位与电压的单位相同,是伏特(V)。如果电源的非静电力移送 1C 电量所做的功是 1J,那么这个电源的电动势是 1V。不同类型的电源有不同的电动势。例如,干电池的电动势是 1.5V,蓄电池的电动势是 2V。

电动势是标量。为了讨论问题的方便,通常规定电动势的方向由负极经内电路指向正极。电动势和内阻均由电源本身的性质决定。

二、全电路欧姆定律

包含电源的闭合电路叫作全电路,全电路由外电路和内电路组成。如图 3-9,电路中有电流通过时,在内、外电路中的电流是相等的,在负载为纯电阻的全电路里,影响电路电流大小的因素有哪些呢?

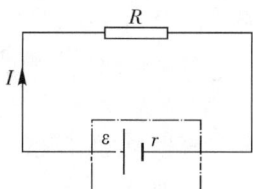

图 3-9 全电路

由 $I = \dfrac{q}{t}$ 可知 $q = It$，又根据 $\varepsilon = \dfrac{W_{非}}{q}$ 可知 $W_{非} = q\varepsilon$，消去 q 可得

$$W_{非} = \varepsilon I t$$

对于纯电阻电路而言，电流流过内、外电路所做的功，全部转化为内能 $W_{非} = Q_{内} + Q_{外}$，根据电热的计算式可得

$$\varepsilon I t = I^2 R t + I^2 r t$$

故

$$I = \frac{\varepsilon}{R + r} \tag{3-8}$$

在负载为纯电阻的全电路中的电流强度与电源电动势成正比，与电路内、外电阻之和成反比，这就是全电路欧姆定律。

例 3.4.1 在图 3-10 中，$R_1 = 14\Omega$，$R_2 = 9.0\Omega$，当开关 K 拨到位置 1 时，测得电流强度 $I_1 = 0.20$A；当开关 K 拨到位置 2 时，测得电流强度 $I_2 = 0.30$A。求电源的电动势和内电阻。

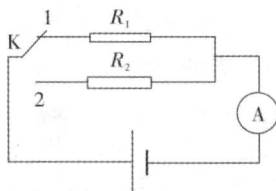

图 3-10

解： 由全电路欧姆定律列出方程组。

当开关拨到位置 1 时，有

$$\varepsilon = I_1 R_1 + I_1 r$$

当开关拨到位置 2 时，有

$$\varepsilon = I_2 R_2 + I_2 r$$

消去 ε，可得

$$I_1 R_1 + I_1 r = I_2 R_2 + I_2 r$$

则电源的内阻为

$$r = \frac{I_2 R_2 - I_1 R_1}{I_1 - I_2} = \frac{0.30 \times 9.0 - 0.2 \times 14}{0.2 - 0.3} = 1.0 \,(\Omega)$$

电源的电动势为

$$\varepsilon = I_1 R_1 + I_1 r = 0.2 \times 14 + 0.2 \times 1.0 = 3.0 \,(\text{V})$$

答：电源的电动势为 3.0V，内电阻为 1.0Ω。

本例介绍了一种测量电源电动势和内阻的方法。

三、路端电压

外电路两端的电压称为路端电压。根据全电路欧姆定律可得 $\varepsilon = IR + Ir$。由一段电路欧姆定律可知，路端电压 $U = IR$。则

$$\varepsilon = U + Ir$$

将 $I=\dfrac{\varepsilon}{R+r}$ 代入上式,可得

$$U=\varepsilon-Ir=\varepsilon(1-\frac{r}{R+r})\qquad\qquad(3-9)$$

对于某一电源来说,ε 和 r 是定值。上式表明,路端电压随外电阻的改变而改变。当外电阻增大时,路端电压也增大;当外电阻减小时,路端电压也减小。路端电压还有以下两种特殊情况:

(1)当外电路断开时,$R\to\infty$,$I=0$,$Ir=0$ 所以 $U=\varepsilon$。 即断路时路端电压等于电源的电动势。根据这个道理,可以使用内阻很大的电压表直接测量电动势。使电压表与电源构成一闭合回路,这时电流很小,Ir 接近于零,于是电压表的读数可近似看作电动势。

(2)当外电路短路时,$R=0$,所以 $U=IR=0$,显然,短路时的电流强度 $I=\varepsilon/r$(称为短路电流)。通常由于电源内阻很小,例如,铅蓄电池的内阻只有 $0.005\sim0.1\Omega$。所以发生短路时,短路电流很大。很大的短路电流不但会烧坏电源,还可能引起火灾。为了防止事故的发生,在电力线路中必须安装保险装置。平时绝不允许将一根导线或电流表直接接在电源的两极上。

例 3.4.2　已知电源电动势为 $1.5\mathrm{V}$,内电阻为 0.20Ω,外电阻为 2.8Ω。求:

(1)电路中的电流和端电压;

(2)电源的输出功率。

解:已知 $\varepsilon=1.5\mathrm{V}$,$r=0.20\Omega$,$R=2.8\Omega$。

(1)根据全电路欧姆定律,电路中的电流为

$$I=\frac{\varepsilon}{R+r}=\frac{1.5}{2.8+0.20}=0.50\,(\mathrm{A})$$

端电压为

$$U=\varepsilon-Ir=1.5-0.5\times0.20=1.4\,(\mathrm{V})$$

(2)电源的输出功率为

$$P_{出}=UI=0.50\times1.4=0.7\,(\mathrm{W})$$

答:电路中的电流 $0.50\mathrm{A}$,端电压 $1.4\mathrm{V}$;电源的输出功率 $0.7\mathrm{W}$。

【阅读材料】

物理学家欧姆

欧姆(1789—1854)出生于德国的埃尔兰根,他从小喜爱数学,就读于埃尔兰根大学,1811年取得博士学位,先在埃尔兰根教数学,后又去中学教书,后来他被聘为科隆的教会学院的数学、物理教师,那里有良好的实验设备,为他研究电学提供了方便条件。

在欧姆从事研究工作的时候,科学上还没有电动势、电流、电阻等的明确概念,更没有可以精确测量他们的仪器。因此,他遇到了很多的困难。欧姆并没有在困难面前屈服,而是经过艰辛的努力,把困难一个个地克服了。在研究中,他把电流跟热流、水流进行类比,看到电势差、温度差和高度差在形成电流、热流和水流过程中起着类似的作用。他从类比中受到启发,猜测电流跟电势差成正比,并且设计实验来检验自己的猜测。在欧姆的时代,还没有测量电流的方法和仪器。最初,欧姆试图用电流的热效应来测定电流,但是没有成功。后来,欧姆利用电流可以使悬挂着的磁针偏转的现象制成一只能精确地测量电流强弱的仪器。为了找到电路中电流强弱变化的规律。他不厌其烦地把许多粗细相同、长度不同的铜导线依次接入电路,认真的

测量电路中的电流,根据大量的实验数据,终于发现了著名的欧姆定律,于 1826 年发表在"化学与物理学杂志"上。

欧姆定律刚发现时,并没为人们所重视,欧姆非常失望,随着研究电路问题的进展,人们逐渐认识到欧姆定律的重要性,欧姆的声誉日增。1833 年他担任纽伦堡工艺学校物理教授,1841 年伦敦皇家学会授予他勋章,1849 年他当了慕尼黑大学教授,后人为了纪念他,就用他的名字作电阻的单位。

第五节　安全用电

只有懂得安全用电常识,才能主动灵活地驾驭电,避免用电事故的发生。

如果在生产和生活中不注意安全用电,会带来灾害。例如:触电可造成人身伤亡,设备漏电产生的电火花可能酿成火灾、爆炸,高频用电设备可产生电磁污染等。

一、电流对人体的作用

人体因触及高电压的带电体而承受过大的电流,以致引起死亡或局部受伤的现象叫作触电。触电对人体的伤害程度,与流过人体电流的频率、大小、通电时间的长短、电流流过人体的途径,以及触电者本人的情况有关。触电事故表明,频率为 $50\sim100Hz$ 的电流最危险,通过人体的电流超过 $50mA$(工频)时,人就会呼吸困难,肌肉痉挛,中枢神经遭受损害从而使心脏停止跳动以至死亡,电流流过大脑或心脏时,最容易造成死亡事故。

触电伤人的主要因素是电流,但电流值又决定于作用到人体上的电压和人体的电阻值。通常人体的电阻为 800Ω 至几万欧不等,当皮肤出汗,有导电液或导电尘埃时,人体电阻将降低。若人体电阻以 800Ω 计算,当触及 36V 电源时,通过人体的电流是 $45mA$。对人体安全不构成威胁,所以,规定 36V 以下的电压为安全电压。

触电的形式有直接接触带电体触电又称单相触电、间接接触带电体触电又称两相触电、跨步电压触电等几种形式。

高压线接触的地面附近,距高压线不同距离的点之间存在电压,人的两脚间存在足够大的电压时,就会发生跨步电压

图 3-11　跨步电压触电

触电(见图 3-11)。人或牲畜站在距离电线落地点 $8\sim10m$ 以内,就可能发生跨步电压触电事故。一个人当发觉跨步电压威胁时,应赶快把双脚并在一起,或尽快用一条腿跳着离开危险区。

二、电气火灾的防范

电气火灾和爆炸是危害性极大的灾难性事故。其特点是火势凶猛、蔓延迅速,既可造成人身伤亡,又可造成设备、线路及建筑物的重大破坏,还可造成大范围、长时间的停电,给人类带来很大的损失。同时,由于存在触电的危险,电气火灾和爆炸的扑救变得更加困难,所以必须做好电气防火与防爆工作。

电,可能引起火灾。电气设备引起火灾主要有下述 3 种原因。

（1）过载。因为大多数绝缘材料都是可燃材料,例如有机绝缘材料如油、纸、麻、丝和棉的纺织品、树脂、沥青、漆、塑料、橡胶等;只有少数无机材料是例外,例如陶瓷、石棉和云母等。因此,设备不适当的过载,导致电路中电流过大,温升过高,就有可能引起火灾。

（2）短路。短路电流会使电气设备导体严重发热,严重时甚至会使导体烧红、熔化,使绝缘损坏,使电气设备严重破坏,甚至起火燃烧。

（3）设计不良或使用不当的电热器具,可能烤燃它附近的可燃物体,这是大家所熟知的。例如用电炉烘烤衣服、用灯泡烘烤棉衣或棉絮、穿着用汽油擦洗过的工作服走近电热器等引起燃烧。

此外,电气火灾原因还有两个:一个是雷电火灾,另一个是近年来随着石油化工、塑料、橡胶、化纤等工业的飞速发展逐渐受到重视的静电火灾。

三、用电的安全措施

为防止发生触电事故,必须采取以下防护措施。

1. 正确安装用电设备

电气设备要根据说明和要求正确安装,不可马虎。带电部分必须有防护罩或放到不易接触到的高处,以防触电。开关必须安装在火线上以及合理选择导线与熔体(不可用铁丝或铜丝替代保险丝)。

2. 电气设备的保护接地或保护接零

把电气设备的金属外壳保护接地。电气设备采用保护接地以后,即使外壳因绝缘不好而带电,这时工作人员碰到机壳流过人体的电流也很微小,保证了人身安全。

保护接零就是把电气设备的金属外壳与零线连接起来。这时,如果电气设备的绝缘损坏而碰壳,由于零线的电阻很小,所以,短路电流很大,立即使电路中的熔体烧断,切断电源,从而消除触电危险。

在单相用电设备中,则应使用三脚插头和三眼插座,如图3-12所示。正确的接法应把用电器的外壳用导线接在中间那个插脚上,并通过插座与保护零线或保护接地线相连。

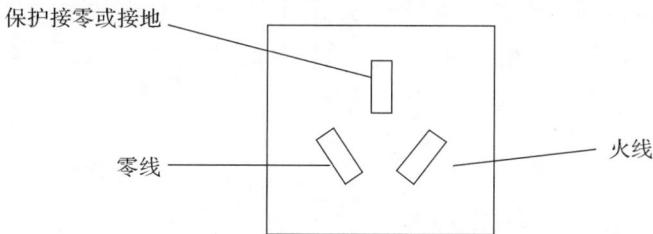

图3-12　三眼插座

3. 使用漏电保护装置

漏电保护装置的作用主要是防止由漏电引起的触电事故,其次是防止由漏电引起的火灾事故。如家庭电路在进入家庭用电器之前先接入闸刀开关和熔断器或接上自动空气开关和漏电保护器。

4. 良好的用电习惯

（1）不要购买"三无"的假冒伪劣家用电器产品。

（2）不靠近高压带电体（室外高压线、变压器旁），不接触低压带电体。

（3）禁止将接地线接到自来水、煤气管道上。

（4）不要用湿手接触带电设备，不要用湿布擦抹带电设备。

（5）不要私拉乱接电线，不要随便移动带电设备。

（6）检查和修理家用电器时，必须先断开电源。

（7）家用电器的电源线破损时，要立即更换或用绝缘布（不可用透明胶带替代）包扎好。

（8）家用电器或电线发生火灾时，应先断开电源再灭火。

【实验 3.1】　万用表的使用

一、实验目的

（1）了解万用电表的测量项目、量程和表盘刻度线的分布特点；

（2）练习使用万用电表测量电流、电压和电阻，初步掌握使用万用电表测电阻的操作方法和规则。

二、实验原理

万用电表又称多用表，它一般可以用来测量电流、电压、电阻等，较高级的多用表还可以用来测量电感、电容、功率及晶体管的放大系数等，并且每一种测量都有几个量程。由于多用表具有用途多、量程广、使用方便等优点，因此得到了广泛的使用。

万用表的型号很多，但使用的方法基本相同。下面以 J0411 型万用表为例来说明它的使用方法和注意事项。

1. 万用表的构造

J0411 型万用表的外形如图 3-13 所示，主要由刻度盘、选择旋扭、机械调零旋钮、Ω 调零旋钮和表笔插孔组成。另外附有红、黑表笔各一支，供测量时使用。

上半部是刻度盘（又称表头），表面有三条刻度。上面一条供测量电阻时读数，中间一条供测交、直流电压、直流电流时读数，下面一条仅供测交流电压 2.5V 档时读数。

下半部是选择旋钮，它的四周刻着各种测量项目和量程。应当注意：电流和电压又分为直流（用符号"－"表示）和交流（用符号"～"表示），要区分清楚，不能混淆。另外还有欧姆档的调零旋钮和测试笔插孔。

2. 万用表的使用方法

（1）测量前的准备工作。

测量前，应先检查刻度盘中的表针是否停在左端的"0"位置，如果没有停在零位置，要用小旋具轻轻地转动表盘下边中间的机械调零旋钮 4，使指针指零，然后把两根表笔短平的插头分别插入标有"＋""－"标记的测试笔插孔（红表笔插"＋"，黑表笔插"－"）。

（2）选择旋钮选择合适位置。

测量时，应根据测量对象及被测量的大致范围把选择旋钮旋到相应适当的测量项目和量程上，如测量电流应将转换开关转到相应的电流档，测量电压应转到相应的电压档。测量电压或电流时，最好使指针偏转能超过量程的 1/2，读数较为准确。

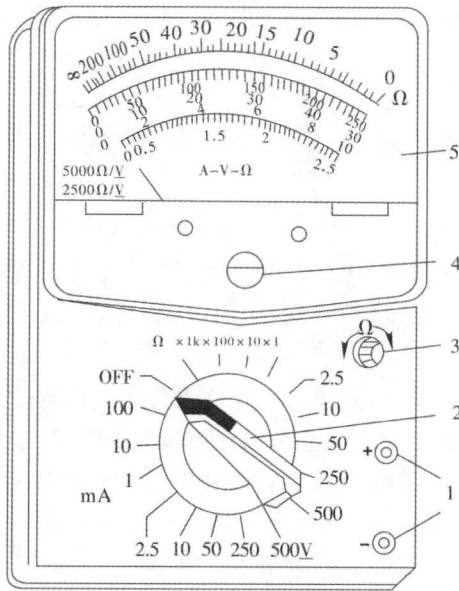

图 3 - 13　J0411 型万用表的外形

1—表笔插孔；　2—选择旋钮；　3—Ω 调零旋钮；

4—机械调零旋钮；　5—刻度盘

（3）准确读取数据。

在万用表的刻度盘上有很多标度尺,它们分别适用于不同的被测对象。例如,MF47 型万用表的刻度盘有六条刻度,第一条专供测电阻用,如图 3 - 14 所示;第二条供测交直流电压、直流电流用;第三、四、五、六条分别供测晶体管放大倍数、电容、电感及音频电频用。因此测量时,在对应的标度尺上读数的同时,应注意标度尺读数和量程档的配合,以避免差错。

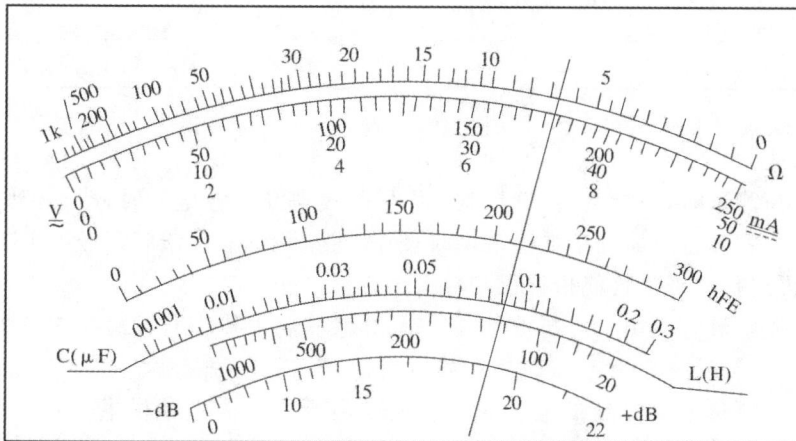

图 3 - 14　MF47 型万用表刻度盘

在测直流电流、交直流电压时,如果选量程为 10mA,50 mA,250 mA 或 10V,50 V, 250 V,可从标度尺上分别选 0～10,0～50,0～250 档直接读数;如果量程档选 500 mA 或 2.5V,则从标度尺上读数后乘以倍数或除以倍数。例如用 500 mA 档测量电流时,刻度盘指针如图 3 - 14 所示,我们用 0～250 标度尺计数时,将所得读数乘以 2,则指针读数为

178 mA ×2＝356 mA。我们用 2.5V 的量程测电压时,如果用 0～250 标度尺来读数,则所得读数除以 100。

三、实验器材

万用表,直流电源,电阻箱,导线等。

四、实验步骤

1. 用万用表测量电阻

测量电阻时,要把选择旋扭拨到欧姆档上,估计被测电阻的电阻值,选择合适的量程。量程的选择应尽可能使指针停留在标度尺的中间部分,此时,计数较准确。指针越向左偏,刻度间隔越小,读数的误差越大。

测量电阻之前,应将两极表笔相接触,转动"Ω 调零旋钮",使指针指在电阻刻度线的零位上(注意:电阻档的零位在刻度的右端),这一步称为欧姆调零。每换一次欧姆档,测量电阻之前都要进行调零,否则测量的电阻值不准确。如果指针不能调到零位,说明多用表的电池电压不足,需要更换电池。

把电阻箱作为被测电阻,选不同的电阻值进行测量。

2. 测量直流电压、电流

将电阻箱与直流电源、开关等连接成一个简单的电路,电源电压为 8～12V。然后选择几组被测电阻值(与上述被测电阻相同),然后再用多用表测量被测电阻的电压和电流。

五、记录与计算

将测量得到的结果填入表 3-3 中。

表 3-3

被测电阻 R／Ω	用表直接测量电阻 R_1／Ω	电压 U／V	电流 I／A	$R_2 = U/I$／Ω

六、注意事项

(1)万用表在测试时,不能旋转"选择旋扭",特别是高压和大电流时,严禁带电转换量程。

(2)当被测的物理量不能确定数值范围时,应先将量程选择旋钮旋到最大量程位置,然后,根据测量结果再选择适当量程使指针得到较大偏转。

(3)测量直流电流时万用表应与被测电流串联,禁止将万用表直接跨接在被测电路电源的两端。

(4)不能带电测量电阻。测量电阻的万用表是由万用表内电池供电,被测电阻绝不能带电,以免损坏表头。

(5)测量时,不要用手碰表笔的金属杆,以保证测量的准确。

(6)测电流和电压时,应使红表笔接触被测电路的正极,黑表笔接触被测电路的负极。

(7)测量完后,要把表笔从插孔拨出,不要把选择旋钮置于欧姆档,最好置于交流电压最高量程档,以防止电池漏电。

(8)在长期不用万用表时,应把电池取出。

【实验 3.2】 测电源电动势和内阻

一、实验目的

(1)掌握测量电源电动势和内电阻的方法。

(2)培养应用已知物理规律,解决实际问题的能力。

二、实验原理

根据全电路欧姆定律,闭合电路中的电流 I 与电源电动势、负载电阻 R 以及电源内电阻 r 的关系为

$$I = \frac{\varepsilon}{R+r}$$

IR 为端电压 U,Ir 为内电路上的电势降落。上式可变为

$$U = \varepsilon - Ir$$

电源的电动势及内电阻是不随外电路中负载电阻的变化而变化的。因此,当负载电阻 R 增大时,电路中的电流减小,内电路上的电势降落减小,端电压增大。若负载电阻 R 分别调节在 R_1,R_2,用电流表和电压表测出相应的电路中的电流 I_1,I_2,及端电压 U_1,U_2,就可列出如下二个方程式:

$$U_1 = \varepsilon - I_1 r$$
$$U_2 = \varepsilon - I_2 r$$

解此方程组,就可算出电源的内电阻 r 及电动势为

$$r = \frac{U_2 - U_1}{I_1 - I_2}$$

$$\varepsilon = U_1 + \frac{U_2 - U_1}{I_1 - I_2} I_1 \quad 或 \quad \varepsilon = U_2 + \frac{U_2 - U_1}{I_1 - I_2} I_2$$

三、实验器材

干电池 1 节,直流电流表 1 个,直流电压表 1 个,电阻箱 1 个,单刀开关 1 个,导线若干条。

四、实验步骤

(1)检查电源后,按照图 3-15 接好电路。

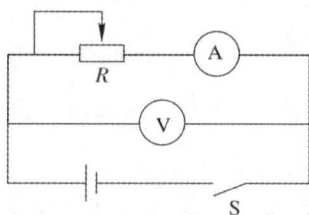

图 3-15

(2)将电阻箱的阻值调节到 R_1,闭合开关 S,读出直流电压表上的读数 U_1 和直流电流表上的读数 I_1 并计录下来。

(3)将电阻箱的阻值调节到 R_2,闭合开关 S,读出直流电压表上的读数 U_2 和直流电流表上的读数 I_2 并计录下来。

(4)算得出电源的电动势和内阻。

(5)可由同学们设计出其他的实验方法。

五、数据记录与处理(见表 3 - 4)

表　3 - 4

	电压 U / V	电流 I / A	电动势 ε / V	内电阻 r / Ω
1	$U_1 =$	$I_1 =$		
2	$U_2 =$	$I_2 =$		

习　题　三

一、填空题

1. 导体对电流的＿＿＿＿＿＿作用叫电阻,在温度不变时,导体的电阻跟它的＿＿＿＿＿成正比,跟它的＿＿＿＿＿＿成反比。

2. 串联电路的基本特征是,电路中各处的＿＿＿＿＿＿都相等,电阻两端电压等于各个电阻两端电压的＿＿＿＿＿＿。

3. 并联电路的基本特征是,电路中各支路两端的＿＿＿＿＿＿＿＿相等,电路中总电流等于各支路电流的＿＿＿＿＿＿。

二、选择题

1. 一根均匀的铜导线,其电阻为 2Ω,当加在它两端上的电压增加了一倍时,它的电阻为(　　)。

　　A. 4Ω　　　　　　B. 1Ω　　　　　　C. 2Ω　　　　　　D. 0.5Ω

2. 把阻值为 5Ω,5Ω,10Ω 的三个电阻任意连接,得到的等效电阻的阻值是(　　)。

　　A. 在 5Ω 到 10Ω 之间　　　　　B. 在 2Ω 到 20Ω 之间

　　C. 小于 2Ω　　　　　　　　　　D. 大于 20Ω

3. 如图 3 - 16 所示,三个电阻的阻值之比是 $R_1 : R_2 : R_3 = 1 : 2 : 7$,两端加上电压,则通过三个电阻的电流之比 $I_1 : I_2 : I_3$ 等于(　　)。

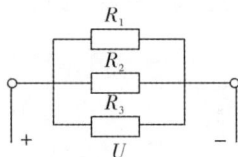

　　A. 14 : 7 : 2

　　B. 2 : 7 : 14

　　C. 7 : 2 : 1

　　D. 1 : 2 : 7

图　3 - 16

4. 分别标有"220V,40W"和"220V,100W"的两个灯泡,串联后接在 220V 电源上,它们实际消耗的功率 P_1 和 P_2 的关系是(　　)。

　　A. $P_1 = P_2$　　　　　　　　　　B. $P_1 > P_2$

　　C. $P_1 < P_2$　　　　　　　　　　D. 无法判断

三、简答题

1. 在长距离输电过程中,导线的电阻越大,电能的损耗就越大,那么根据电阻定律我们可以采取什么措施,尽可能地降低这种能量损耗呢?

2. 区别图 3 - 17 中,下列用电器哪些是纯电阻用电器? 哪些是非纯电阻用电器?

图　3－17

四、计算题

1.有一条铜导线,长 300m,横截面是 12.7mm^2,如果导线两端的电压为 8.0V,则这条铜导线的电阻值和通过它的电流分别是多大?

2.有两个电阻串联,其中 $R_1=10\Omega$, $R_2=40\Omega$。已知 R_1 两端的电压 $U_1=20V$,求 R_2 两端的电压 U_2 和整个串联电路两端的电压。

3.有两个电阻并联,其中 $R_1=100\Omega$,通过 R_1 的电流强度 $I_1=0.10A$,通过整个并联电路总电流强度 $I=0.50A$,求 R_2 和通过 R_2 的电路强度 I_2。

4.求下列电路图(图 3－18)中所标的 I,U,R 的数值。

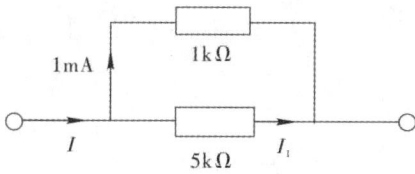

（a）

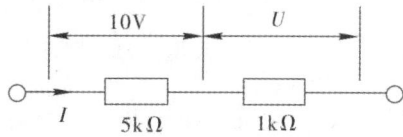

（b）

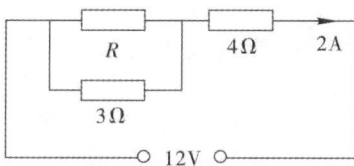

（c）

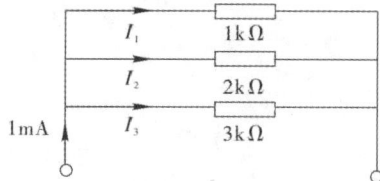

（d）

图　3－18

5.在图 3－19 中,$R=9.0\Omega$,当开关 S 打开时,电压表的示数是 2.0V,当合上开关 S 时,电压表的示数是 1.8V。求电源的内电阻。

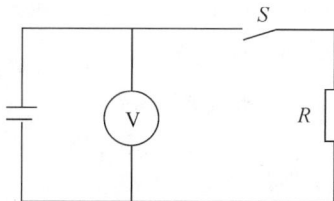

图　3－19

6.额定电压是 220V,电阻是 24.2Ω 的一台电热水器,当正常工作时,它的电功率有多大?

工作 0.5h 产生的热量是多少?

7.电源的电动势是 1.5V,内电阻 r 为 0.10Ω,外电路的电阻 $R=1.4\Omega$。求电路中的电流 I 和端电压 U。

8.电阻 R_1 和 R_2 串联后接入电源电动势为 2V、内电阻为 0.1Ω 的电路中。已知 $R_1=4\Omega$,它的两端的电压 $U_1=0.8V$。求 R_2 的阻值和它两端的电压 U_2。

9.电源内阻是 0.10Ω,外电路两端的电压是 1.8V,电路里的电流是 1.0A。求电源电动势。

第四章　静电场的应用

第一节　电场　电场强度

一、库仑定律

自然界中存在两种电荷——正电荷和负电荷,同种电荷相斥,异种电荷相吸。实验表明:带电小球在带电体 M 周围各个位置上都受到力的作用,带电体 M 所带电荷量不同,与带电小球距离不同,带电小球所受的力也不同,根据丝线偏离角度,可以比较带电小球在不同位置时受力大小,如图 4-1 所示。

法国物理学家库仑(Charles-Augustin de Coulomb 1736—1806),法国工程师、物理学家。如图 4-2 所示,通过实验总结出点电荷之间相互作用力的规律:真空中两个静止的点电荷之间的相互作用力,与它们的电荷量的乘积(q_1q_2)成正比,与它们的距离的二次方(r^2)成反比,作用力的方向在它们的连线上。这一规律被称为库仑定律。

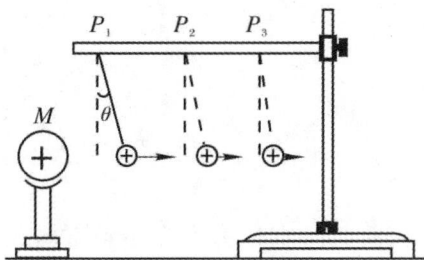

图　4-1

图　4-2

库仑定律的数学表达式为

$$F = k\frac{q_1q_2}{r^2} \tag{4-1}$$

其中,$k = 9.0 \times 10^9 \text{N} \cdot \text{m}^2/\text{C}^2$ 称为静电力常量。

用该公式计算时,不要把电荷的正负符号代入公式中,计算过程可用绝对值计算,可根据同种电荷相斥,异种电荷相吸来判断力的方向。

例 4.1.1　在真空中有两个相距 0.3m 的点电荷,它们的电荷量分别为 $q_1 = -2 \times 10^{-8}$ C,$q_2 = +3 \times 10^{-8}$ C。求电荷之间的静电力。如果两电荷之间的距离增大到原来的 2 倍,它们之间的静电力又是多大？

解：由真空中的库仑定律,得

$$F = k\frac{q_1 q_2}{r^2} = 9.0 \times 10^9 \times \frac{2 \times 10^{-8} \times 3 \times 10^{-8}}{0.3^2} = 6 \times 10^{-5}(\text{N})$$

由于两电荷是异种电荷,所以它们之间的静电力是引力,方向沿两电荷的连线,互指对方。因为 F 与 r^2 成反比,所以当 $r' = 2r$ 时,有

$$F' = \frac{1}{4}F = \frac{1}{4} \times 6 \times 10^{-5}\text{N} = 1.5 \times 10^{-5}(\text{N})$$

答：电荷之间的静电力为 $6 \times 10^{-15}\,\text{N}$,如果距离增大到 2 倍,则静电力为 $1.5 \times 10^{-5}\,\text{N}$。

如果存在两个以上点电荷,那么每个点电荷都要受到不止一个点电荷的作用力。实验证明,两个点电荷之间的作用力不因第三个点电荷的存在而有所改变。因此,两个或两个以上点电荷对某一点电荷的作用力,等于各点电荷单独对这个电荷的作用力的矢量和。

二、电场

电荷之间的相互作用是怎样发生的？经过长期研究,人们认识到,电荷之间的相互作用是通过电场传递的。只要有电荷存在,电荷就在其周围存在电场,静止的电荷产生的电场叫静电场。电场的基本性质就是它对处于其中的电荷有力的作用。比如,在某个空间同时存在两个带电体 A 和 B,A 和 B 各自有一个电场,彼此又都处在对方的电场中,A 对 B 的作用力是通过 A 的电场将力作用在 B 上,同样,B 对 A 的作用力是通过 B 的电场将力作用在 A 上的。如图 4-3 所示,电场之间的相互作用力称为电场力。下面我们从电荷受到电场力角度来研究电场的有关性质。

图 4-3　电荷之间的相互作用是通过电场发生的

三、电场强度

要研究某个电场,就必须在其中放入电荷。由这个电荷所受的电场力就可以间接了解电场的情况了,这个电荷叫检验电荷。

实验表明,检验电荷在电场中的位置不同,受到的电场力的大小和方向往往不同,如图 4-4所示。这说明,电场既有强弱的不同,也有方向的差别。检验电荷受到的电场力越大,说明那点的电场越强;反之,则说明那点的电场越弱。

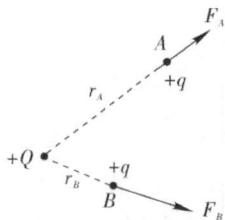

图 4-4　检验电荷在电场中受电场力

为了描述电场强弱这一属性,我们引入电场强度的概念。放入电场中某一点的电荷受到的电场力跟它的电量的比值,叫作该点的电场强度,简称场强,用 E 表示。即

$$E = \frac{F}{q} \tag{4-2}$$

在 SI 中,电场强度的单位是牛顿/库仑(N/C),它在数值上等于单位电量的电荷所受的电场力。

电场强度是一个矢量,它的大小由上式决定。我们规定正电荷在某点的受力方向就是那一点的场强方向。显然,负电荷受力方向和场强方向相反。

由式(4-2)可知,如果已知电场中某点场强为 E,那么电量为 q 的电荷在该点受到的电场力可由下式计算:

$$F = Eq \tag{4-3}$$

由前面的叙述不难得到真空中点电荷的场强计算式为

$$E = k\frac{Q}{r^2} \tag{4-4}$$

应该注意,公式 $E = \dfrac{F}{q}$ 和 $E = k\dfrac{Q}{r^2}$ 都表示电场中某点的场强,但它们的意义是不同的,前式是场的定义,对任何电场都适用,而后式适用于真空中点电荷场强的计算。

如果有几个点电荷同时存在,它们的电场就会相叠加形成合电场。这时,某点的场强就等于各个点电荷在该点产生的场强的矢量和。

例 4.1.2　把电量为 2.0×10^{-9} C 的正电荷,放在某电场中的 A 点,受到的电场力为 1.0×10^{-4} N。

(1)求 A 点场强的值;

(2)把 $q' = 1.0 \times 10^{-9}$ C 的负电荷放在 A 点,它受到的电场力是多大?

解:由场强的定义式可求得 A 点的场强为

$$E_A = \frac{F}{q} = \frac{1.0 \times 10^{-4}}{2.0 \times 10^{-9}} = 5.0 \times 10^4 \, (\text{N/C})$$

由式(4-3)可求得, q' 在 A 点所受的电场力为

$$F = E_A q' = 5.0 \times 10^4 \times 1.0 \times 10^{-9} = 5.0 \times 10^{-5} \, (\text{N})$$

答: A 点场强的值为 5.0×10^4 N/C,它受到的电场力 5.0×10^{-5} N。

四、电场线

为了形象地描述电场中各点电场强度的分布情况,英国物理学家法拉第首先提出可以在电场中用从正电荷出发到负电荷终止的一系列曲线把各处的电场表示出来。规定曲线上每一点的切线方向都跟该点的场强方向一致,这些曲线叫作电场线,如图 4-5 所示。图 4-6 是几种典型电场线分布。

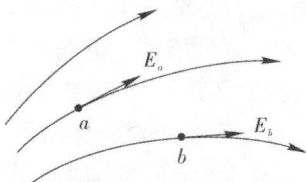

图 4-5　电场线

（a）正点电荷的电场线　　　　　　　　（b）负点电荷的电场线

（c）等量异种点电荷　　　　　　　　　（d）等量同种点电荷

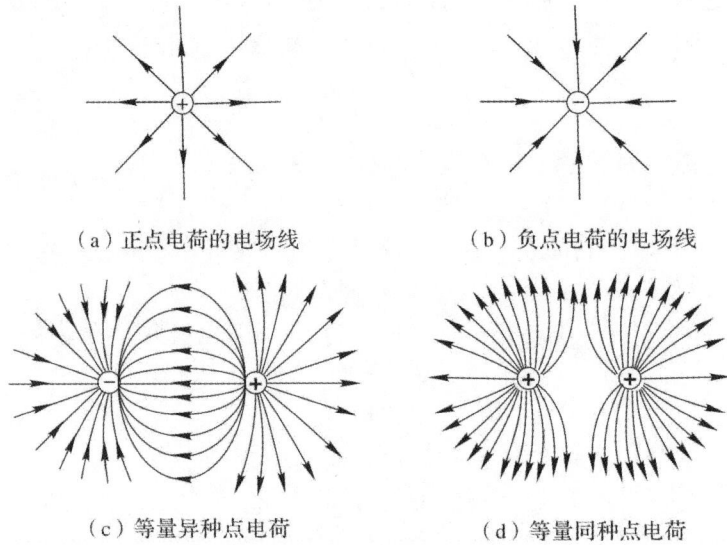

图 4-6　几种点电荷的电场线

从图中可以看出，在场强越大的地方，电场线越密。所以，用电场线不但可以形象地表示电场强度的方向，还可以表示电场强度的大小：场强越大的地方电场线越密，场强越小的地方，电场线越稀。

在电场的某一区域里，如果各点的场强的大小和方向都相同，这个区域的电场就叫作匀强电场。显然，匀强电场的电场线是一系列疏密均匀，方向相同的平行直线。

两块靠近的、相互正对的平行金属板，在分别带有等量异种电荷时，它们之间的电场，除边缘附近外，均是匀强电场，如图 4-7 所示。

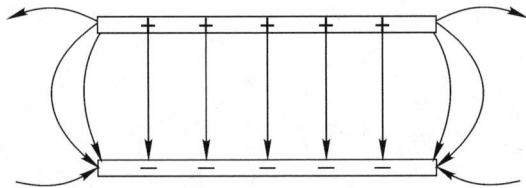

图 4-7　带有异种电荷的平行金属板间的匀强电场

第二节　电势能　电势　电势差

一、电势能

我们知道，物体在重力场中具有重力势能。重力势能是与重力做功密切相关的。同样，电荷在电场中也具有势能，叫作电势能。电势能是与电场力做功密切相关的。

物体下落时，重力对物体做正功，物体的重力势能减少；物体上升时，重力对物体做负功，重力势能增加。重力势能的变化量总等于重力对物体做的功，与此相似，在电场中移动电荷时电场力对电荷做正功，电荷的电势能就减少；电场力对电荷做负功，电荷的电势能增加。电势能的变化量总等于电场力对电荷做的功。如果把电荷从 a 点移到 b 点,电场力做的功用 W_{ab} 表示,电荷在 a,b 两点的电势能分别用 E_{pa},E_{pb} 表示,则电场力做功与电势能的关系可表示为

$$W_{ab} = E_{pa} - E_{pb} \tag{4-5}$$

同重力势能一样,电势能也是一相对的量,只有先选定零电势能的位置后,才能确定电荷在电场中其他位置的电势能的值。零电势能的位置的选择是任意的,在点电荷的电场中,理论上常取无限远处为零电势能处。即电荷在该点的电势能为零。在式(4-5)中,若选 b 为零电势能处,则有

$$E_{pb} = 0 \tag{4-6}$$
$$E_{pa} = W_{ab}$$

可见,电荷在电场中的电势能,在数值上等于把它从该点移到零电势能处时电场力对它做的功。在 SI 中电势能的单位是焦耳(J)。

与重力做功相比,电场力做功更复杂。因为重力仅为引力,而电场力既可以是引力,也可以是斥力。所以,电势能也比重力势能更复杂。在分析电势能或电势能的变化量时,可以利用式(4-5),式(4-6)来研究。

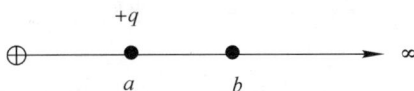

图　4-8

图 4-8 是正电荷 Q 的电场,把正电荷 q 从 a 点移到 b 点,电场力方向和电荷移动方向相同,电场力对电荷 q 做正功,即 $W_{ab} > 0$,所以 $E_{pa} > E_{pb}$。也就是说,顺着电场线方向移动正电荷,电势能减小,由于无穷远处为零电势能处,所以,正电荷 q 在正的场电荷的电场中的电势能为正值。由类似的分析可知,负电荷顺着电场线方向移动,电场力做负功,电势能增加,负电荷在正的场电荷的电场力中的电势能为负值。总之,不论场电荷是正还是负,只要电场中的电荷与场电荷同号,则该电荷具有的电势能就是正值;反之,则为负值。

应该注意,电势能是标量,没有方向,其正负是相对于零电势能处而言的。

二、电势

电势能的正负和电荷的种类有关。设在图 4-8 所示的电场中,正电荷 q 在 a 点的电势能为 E_{pa},它在数值上等于把 q 从 a 点移到无限远处的电场力做的功。如果 q 的电量变为原来的几倍,则在把它移至无限远处的过程中,所受的电场力处处为原来的几倍,电场力做的功也为原来的几倍,因而电势能就是原来的几倍,但是电荷在该点具有的电势能与电荷的电量比值是恒定的。因此,两者的比值就是一个只决定于电场本身,而和电荷无关的恒量,显然,电场中每个点处都有一个这样的比值,不同点处的比值一般不同。这个比值越大,表示同样的正电荷在该点的电势能也越大。所以,这个比值客观地反映了电场能量属性,我们就把它定义为电势。

电荷在电场中的某点具有的电势能与它所带电量的比值叫作电场中该点的电势,用 φ 表示,即

$$\varphi = \frac{E_p}{q} \tag{4-7}$$

电势是标量,在 SI 中电势的单位是伏特(V)。电量为 1 库的电荷在某点的电势能是 1 焦,

该点的电势就是 1 伏,即 1 伏＝1 焦/库。

电势也是相对的量,只有当零电势位置明确后,电场中各点的电势才有确定的值。零电势位置的选择是任意的。但是,在同一问题中,零电势位置的选取应该和零电势能位置的选取一致。

在点电荷的电场中,取无限远处的电势为零时,利用式(4-7)不难证明:正电荷 Q 的电场,各点的电势都是正值,而且越靠近正电荷的地方,电势越高;负电荷 Q 的电场中,各点的电势都是负值,而且越靠近负电荷的地方,电势越低。在实际应用中,常取地球的电势为零,即接地为零。

三、电势差

电场中任意两点的电势之差,称为电势差,也就是电压,用 U 表示。设 a,b 两点的电势分别为 V_a 和 V_b,则 a 和 b 间的电势差为

$$U_{ab} = \varphi_a - \varphi_b \tag{4-8}$$

电势差的单位也是伏特。应该注意的是,电势与零电势位置的选择有关,但是电势差与零电势位置无关。所以,电势是相对的量,而电势差是绝对的量。在实际应用中,人们更关心的是电势差。

由式(4-5)~(4-7)可以得到另一个计算电场力做功的公式为

$$W_{ab} = qU_{ab} \tag{4-9}$$

此式说明,电荷在电场中移动时,电场力做的功,等于电荷的电量与这两点间电势差的乘积。需要注意的是,公式中的 W_{ab} 是指电场力的功。运用时,还应注意 q,U_{ab},W_{ab} 的正负号,即正电荷的电量取正值,负电荷的电量取负值,$\varphi_a > \varphi_b$ 时 U_{ab} 为正值,$V_a < V_b$ 时 U_{ab} 为负值。电场力做正功时,W_{ab} 为正值,反之,W_{ab} 就是负值。

在研究微观粒子时,常用电子伏(eV)作为功或能量的单位。1eV 就是一个元电荷在电势差为 1 伏的两点间移动时,电场力所做的功为

$$1eV = 1.6 \times 10^{-19} \text{ C} \times 1\text{V} = 1.6 \times 10^{-19} \text{ J}$$

例 4.2.1　电荷量分别为 $q_1 = 1.6 \times 10^{-19}$ C 和 $q_2 = -1.6 \times 10^{-19}$C 的两个点电荷,分别处在电场中 A,B 两点,它们的电势能分别为 4.8×10^{-18} J 和 -1.2×10^{-16}J。问 A,B 两点电势差 U_{AB} 是多少?

解:根据式 $\varphi = \dfrac{E_p}{q}$ 可知 A,B 两点的电势分别为

$$\varphi_A = \frac{E_{pA}}{q_1} = \frac{4.8 \times 10^{-18}}{1.6 \times 10^{-19}} = 30(\text{V})$$

$$\varphi_B = \frac{E_{pB}}{q_2} = \frac{-1.2 \times 10^{-16}}{1.6 \times 10^{-19}} = 750(\text{V})$$

因此　　　　　　　　$U_{AB} = \varphi_A - \varphi_B = 30 - 750 = -720(\text{V})$

答:A,B 两点电势差 U_{AB} 是 -720V。

第三节　电容器　电容

一、电容器

电容器是储存电荷及电能的一种容器,它是电气设备中的一种重要元件,打开电子设备的外壳,线路板里面有各种各样的电子元件,其中就有电容器。如图 4-9,图 4-10 所示。

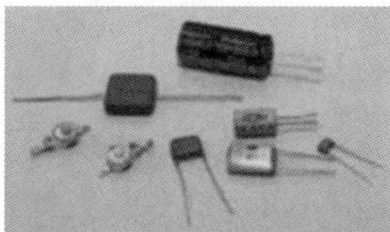

图 4-9　各种电容器

图 4-10　可变电容器

两个正对的平行金属板中间夹上一层绝缘物质,就形成一个简单的电容器,叫作平行板电容器(见图 4-11)。电容器的符号如图 4-12 所示。中间的绝缘物质叫电介质,两个金属板是电容器的两个极板。把一个纸介质电容器拆开后就会看到,它是由绝缘纸和金属箔叠在一起卷成的(见图 4-13)。实际上,两个彼此绝缘而又相互靠近的导体,都可以组成一个电容器。

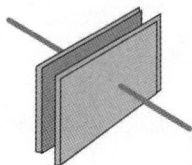

图 4-11　平行板电容器

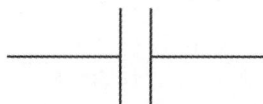

图 4-12　电容器符号

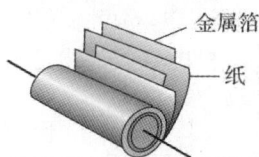

金属箔
纸

图 4-13　纸介质电容器结构

把电容器的一个极板与电池组的正极相连,另一极板与电池组的负极相连,就能使两个极板分别带上等量异种电荷。这个过程叫作电容器的充电。每个极板所带的电量的绝对值,叫作电容器所带的电量。显然,被充电的电容器两极板之间有电压,其值等于电源电压,并且电容器内部建立了一个电场,因而也就储存了一定的能量,如图 4-14 所示。

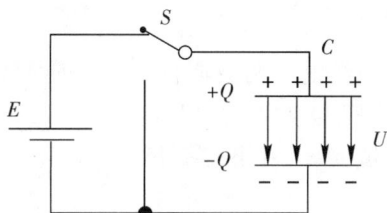

图 4-14　电容器储存电荷(示意图)

用一根导线把电容器的两极接通,两极上的电荷互相中和,电容器就不再带电。这个过程称为电容器的放电。

二、电容

电容器带电的时候，它的两极之间产生电势差。实验表明，对于任何一个电容器来说，两极间的电势差都随所带电荷量的增加而增加，且电荷量与电势差成正比，它们的比值是一个恒量。不同的电容器，这个比值一般是不同的。可见，这个比值表征了电容器的特性。于是，我们把电容器所带的电荷量 Q 跟它的两极间的电势差 U 的比值叫作电容器的电容。通常用 C 来表示电容，则有

$$C = \frac{Q}{U} \qquad\qquad (4-10)$$

电容器的电容只决定于电容器本身的结构，它的大小和所带的 Q 无关。正如水杯的容量决定于水杯本身的结构而与盛水的多少无关。如：真空中（一般情况下，空气可以近似当真空对待）的平行板电容器，它的电容的大小取决于两板间距离 d 和两板正对面积 S，则有

$$C = \frac{S}{4\pi k d} \qquad\qquad (4-11)$$

其中，k 为静电力常量。

在 SI 中，电容的单位是法拉（F），法拉的单位太大，实际上常用的是较小的电容单位：微法（μF）和皮法（pF），它们的关系为

$$1F = 10^{6} \mu F = 10^{12} \, pF$$

例 4.3.1 空气平行板电容器的两极板正对面积是 $0.03m^2$，两板距离 $0.50cm$，所带电量是 $1.0 \times 10^{-8}C$。求两板间的电势差是多少？

解：已知 $S = 0.03m^2$，$d = 0.50cm$，$Q = 1.0 \times 10^{-8}C$。

空气平行板电容器的电容的大小由其结构决定，则

$$C = \frac{S}{4\pi k d} = \frac{0.03}{4 \times 3.14 \times 9.0 \times 10^{9} \times 0.5 \times 10^{-2}} = 2.65 \times 10^{-10} (F)$$

两板间电势差由电容器所带电量及其电容决定，由于

$$U = \frac{Q}{C} = \frac{1.0 \times 10^{-8}}{2.65 \times 10^{-10}} = 38 (V)$$

答：两板间的电势差是 38V。

习　题　四

一、填空题

一平行板电容器，两极板与稳压电源两极连接。如果使两极板间的距离稍微增大，那么，该电容器的电容将＿＿＿＿＿＿，两极板间的电压将＿＿＿＿＿＿，所带电量将＿＿＿＿＿＿，两极板间的电场强度＿＿＿＿＿＿（填变大、变小或不变）。

二、选择题

1. 对于库仑定律，下列说法正确的是（　　　）。

A. 只要是计算真空中两个点电荷间的相互作用力，就可使用公式 $F = k\dfrac{Q_1 Q_2}{r^2}$

B. 两个带电小球即使相距非常近，也能用库仑定律计算库仑力

C.相互作用的两个静止的点电荷,不论电荷量是否相同,受到的库仑力大小一定相等

D.库仑定律中的静电力常量 k 只是一个比例常数,只有数值,没有单位

2. A,B 两个点电荷之间的距离恒定,当其他电荷移到 A,B 附近时,A,B 之间的库仑力将（　　）。

A.可能变大　　　　B.可能变小　　　　C.一定不变　　　　D.不能确定

3.带电量分别为 $+4Q$ 和 $-6Q$ 的两个相同的金属小球,相距一定距离时,相互作用力的大小为 F。 若把它们接触一下后,再放回原处,它们的相互作用力的大小变为（　　）。

A. $F/24$　　　　B. $F/16$　　　　C. $F/8$　　　　D. $F/4$

4.下列说法正确的是（　　）。

A.靠近负点电荷,电场线越密,电场强度越小

B.沿电场方向电场强度越来越小

C.在电场中没画电场线的地方场强为零

D.电场线虽然是假想的一簇曲线或直线,但可以用实验方法模拟出来

5.如图 $4-15$ 所示,空间有一电场,电场中有两个点 a 和 b。 下列表述正确的是（　　）。

A.该电场是匀强电场　　　　B. a 点的电场强度比 b 点的大

C. b 点的电场强度比 a 点的大　　　　D.正电荷在 a,b 两点受力方向相同

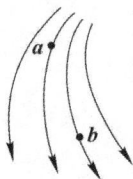

图　$4-15$

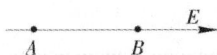

图 $4-16$　电容器储存电荷(示意图)

6. 由如图 $4-16$ 所示的电场线可判定（　　）。

A.该电场一定是匀强电场

B. A 点的电势一定低于 B 点的电势

C.负电荷放在 B 点的电势能比放在 A 点的电势能大

D.负电荷放在 B 点所受电场力方向向右

7.对电容 $C=\dfrac{Q}{U}$,以下说法正确的是（　　）。

A.电容器所充电荷量越大,电容增加越大

B.电容器的电容跟它两极板所加电压成反比

C.电容器的电容越大,所带电荷量就越多

D.对于确定的电容器,它所充的电荷量跟它两极板间所加电压的比值保持不变

三、计算题

1.在真空中,有一个点电荷 Q,它的电量是 -4.0×10^{-9} C,求距离它 10cm 处某点的场强大小和方向。 若将电量为 -2.0×10^{-9} C 的点电荷 q 放在该点,它受到的电场力是多大? 方向如何?

2.电荷量分别为 $q_1=1.6\times10^{-19}$ C 和 $q_2=-0.8\times10^{-19}$ C 的两个点电荷,分别处在电场中

a,b 两点,它们的电势能分别为 3.2×10^{-16}J 和 -1.6×10^{-16}J。求 a,b 两点电势 U_{ab} 是多少？

3. 一电量为 2.0×10^{-9}C 的正电荷,在某电场中从 A 点移到 B 点,电场力做功为 -4.0×10^{-5}J。A,B 两点的电势差是多少？若以 A 点为零电势点,则 V_B 是多少？

4. 一个电容器,电容是 $1.15 \times 10^{-4} \mu$F,把它的两极接到 100V 的电源上,则该电容器所带电量是多少？

第五章　磁场及应用

早在两千多年前，人们就发现了电现象和磁现象。历史上，人们对电现象和磁现象的研究是独立进行的，并且在很长的一段时间里认为电现象和磁现象是完全无关的两种现象。直到19世纪，人们才逐步认识到磁现象和电现象的本质联系，电磁学理论也因此得以迅速发展，并极大地推动了科学技术和生产技术的进步。在现代生活和生产中，磁的应用十分广泛，录音、录像、电话、电视、计算机都离不开磁，发电机、电动机、各种电气仪表也都跟磁有关。

下面我们在学习磁场知识的基础上，进一步介绍电现象和磁现象之间的联系，阐述磁场的基本性质，讨论磁力作用的基本规律。

第一节　磁场　磁感应强度

一、磁场

我们知道，两个磁体互相接近时，它们之间就有相互作用：同名磁极相互排斥，异名磁极相互吸引。

磁极之间的相互作用是怎样发生的呢？正如电荷之间通过电场发生相互作用一样，在磁体的周围也有磁场。即：存在于磁体周围，能传递磁体之间相互作用的场叫作磁场，磁场对磁体的作用力叫作磁场力。磁场也是一种特殊物质。

二、磁场的方向　磁感线

如果把一些小磁针放在条形磁铁的周围，可以看到，这些小磁针在静止的时候，不再指向南北，并且，处于不同位置的小磁针，北极所指的方向一般是不同的，如图 5－1 所示。可见，磁场是有一定方向的。我们把小磁针静止时北极所指的方向，规定为该点的磁场方向。

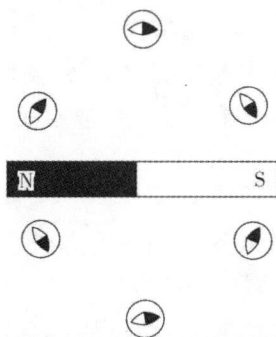

图　5－1

与用电场线可以形象地描述电场一样,用磁感线可以形象地描述磁场。所谓磁感线,就是在磁场中画出的一些有方向的曲线,在这些曲线上,每一点的切线方向,都跟该点的磁场方向一致,如图5-2所示。

磁感线的形状可以从实验中看出来。在磁体的上方放一块硬纸板,上面均匀地撒一层铁屑,然后轻轻敲动硬纸板,被磁化的铁屑在磁场的作用下便会有规律地排列起来,显示出磁感线的形状。图5-3(a)和图5-3(b)分别是条形磁铁和蹄形磁铁周围磁感线的分布情况。

与电场线不同的是磁感线是闭合的曲线。在磁体的外部,磁感线从磁体的北极出来再进入磁体的南极。从图5-3(a)和图5-3(b)中可以看出磁性强的地方,磁感线密;磁性弱的地方,磁感线稀。

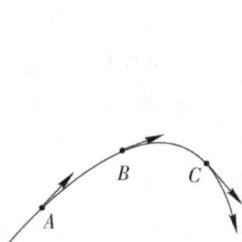

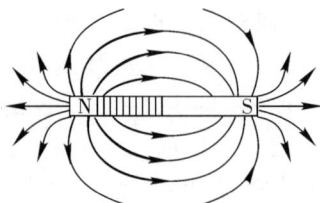

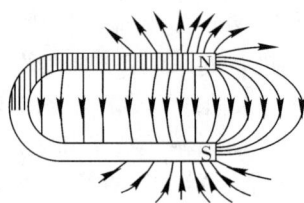

图5-2 磁感线

(a)条线磁铁的磁场   (b)蹄行磁铁的磁场

图 5-3

三、磁感应强度

1. 磁感应强度

磁场不仅有方向,而且还有强弱的不同。同一个磁体,它两极附近的磁场就比其他地方强得多。

电场的基本性质是它对处于其中的电荷有力的作用,根据电荷所受电场力的大小可以认识电场的强弱。与此相似,磁场的基本性质是对处于其中的电流有力的作用,因此根据电流所受磁场力的大小可以认识磁场的强弱。这样,在研究磁场时,把一小段直导线放入到磁场中,并通入一定强度的电流,从这段通电直导线所受的力就可以间接地了解到磁场的情况了。实验表明,在相同的条件下,同一段通电直导线在磁场中不同的位置受到的磁场力的大小和方向往往不一样,这说明磁场既有强弱之分,又有方向之别。为了描述磁场的这一性质,我们引入一个新的物理量——磁感应强度:描述磁场强弱和方向的物理量,用符号 B 表示,在 SI 中,单位是特斯拉(T)。

在物理学中,磁场的强弱是用磁感应强度来表示的。磁感应强度大的地方,磁场强;磁感应强度小的地方,磁场弱。

地球是一个大磁体,地理上的南极是地磁场的 N 极,而地理上的北极是地磁场的 S 极。地面附近的磁感应强度大约只有 0.5×10^{-4} T。一般永久磁铁的磁极附近的磁感应强度大约是 $0.4 \sim 0.8$ T。电磁铁附近的磁感应强度可达到 2T。

2. 磁感应强度的大小和方向

磁感应强度是一个矢量,不仅有大小,而且还有方向。磁场中某点的磁感应强度方向就是该点的磁场方向,即通过该点的磁感线的切线方向。

磁感线可以形象地反映磁感应强度的方向,那么,怎样用磁感线反映磁感应强度的大小呢？

在画磁感线时,我们做了以下规定:在垂直于磁场方向的单位面积上,磁感线的数量跟那里的磁感应强度的数值相等。比如,磁场中 A 区域内各点的磁感应强度都是 50T,B 区域内各点的磁感应强度都是 100T。那么,在垂直于磁场方向的单位面积上,就分别画出 50 根和 100 根磁感线。这样,磁感线的疏密程度就客观地反映了磁感应强度的大小了。

四、匀强磁场

在磁场的某一区域内,如果各点的磁感应强度的大小和方向都相同,那么,这一区域的磁场就叫作匀强磁场。显然,匀强磁场的磁感线是一些疏密均匀、互相平行、方向相同的有向直线。

在两个彼此平行又相互靠近的异名磁极之间中间区域的磁场,就是匀强磁场,如图 5-4 所示。匀强磁场虽然比较简单,但是却十分重要,在电磁仪器和科学实验中常常要用到它。

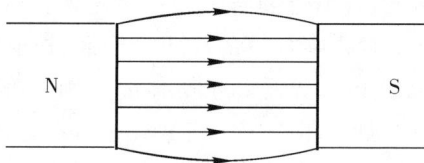

图 5-4　匀强磁场中的磁感线分布

五、磁通量

在研究电磁现象时,有时要考虑磁场中某一面积上磁场的分布情况。在物理学中,除用磁感线的疏密程度表示磁场的磁感应强度的大小外,还把穿过磁场中某一个面的磁感线的总条数,叫作穿过这个面的磁通量。磁通量简称磁通,符号是 Φ。

如图 5-5 所示,由于穿过垂直于磁场方向的单位面积磁感应线的条数,在数值上等于磁感应强度 B,所以在匀强磁场中,穿过垂直于磁场方向的面积为 S 的磁通量为

$$\Phi = BS \tag{5-1}$$

在 SI 中,磁通量的单位是韦伯(Wb)。

$$1\text{Wb} = 1\text{T} \times 1\text{m}^2$$

磁通量是标量,但有正负之分。磁通量的正负不代表大小,只反映磁通量是怎么穿过某一平面的,若规定向右穿过某一平面的磁通量为正,则向左为负。在计算磁通量变化时应多加注意。

例 5.1.1　把矩形线圈 abcd 放在匀强磁场中,线圈的面积为 $8.0 \times 10^{-2}\,\text{m}^2$,磁感应强度为 $1.5 \times 10^{-2}\,\text{T}$,如图 5-6 所示。求:

(1)当线圈平面与磁场方向垂直时,穿过线圈的磁通量为多少?

(2)转动线圈平面,使其与磁场方向平行,穿过线圈的磁通量又是多少?

解:(1) $\Phi = BS = 1.5 \times 10^{-2} \times 8.0 \times 10^{-2} = 1.2 \times 10^{-3}$(Wb)

(2) $\Phi = 0$。因为磁感应线没有穿过该平面,所以磁通量为零。

答:当线圈平面与磁场方向垂直时,穿过线圈的磁通量为 $1.2 \times 10^{-3}\,\text{Wb}$,而当平行时,则为 0。

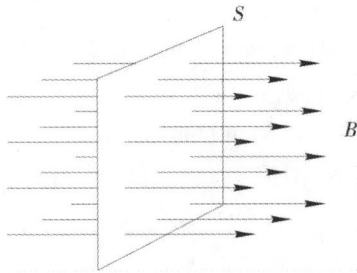

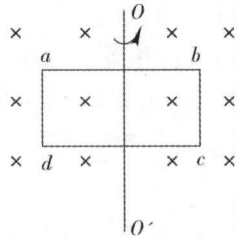

图 5-5 磁场 B 与平面 S 垂直　　　　　图 5-6

六、安培定则

1.电流的磁效应

不光是磁体周围存在磁场,而且电流的周围也存在磁场,这是 1820 年丹麦物理学家奥斯特通过实验发现的。奥斯特把一根水平放置的导线沿南北方向平行地放在小磁针上方,当他给导线通电时,磁针发生偏转,就像磁针受到了磁体的作用一样。小磁针静止时指向东西方向,如图 5-7 所示。这个实验表明,电流对磁针有作用力,在通电导线周围也存在着磁场,所以电流能够激发磁场,我们把这种现象叫作电流的磁效应。

2.安培定则

电流周围的磁场也可以用磁感线来描述。图 5-8(a)是直线电流周围的磁场。直线电流周围的磁感线是一些以导线上各点为圆心的同心圆,这些同心圆都在跟导线垂直的平面上。实验表明,改变电流的方向,磁感线的绕向也随之改变。直线电流方向和磁感线方向之间的关系可用安培定则(也叫右手螺线则)来判定:用右手握住导线,让伸直的大拇指

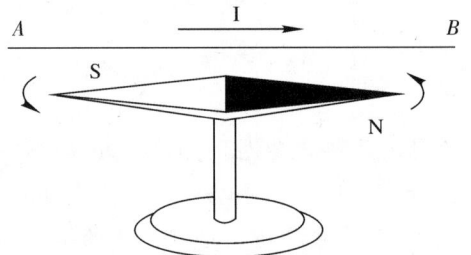

图 5-7

的方向跟电流的方向一致,那么弯曲四指所指方向就是磁感线的环绕方向,如图 5-8(b)所示。

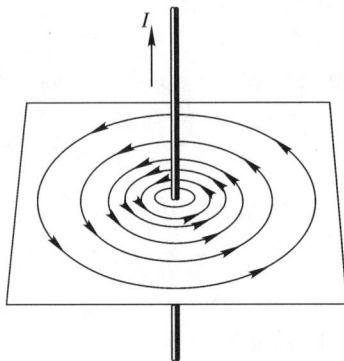

(a)磁感线分布

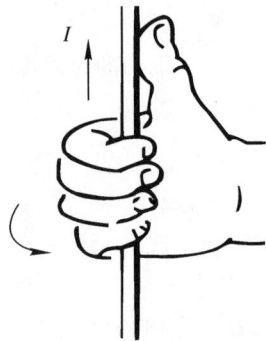

(b)安培定则

图 5-8 直线电流的磁场

图 5 - 9 是环形电流磁场的磁感线,是一些围绕环形导线的闭合曲线。在环形导线的中心轴线上,磁感线和环形导线所在平面垂直。环形电流的磁感线方向跟电流方向之间的关系,也可以用安培定则来判定:让右手弯曲的四指与环形电流的绕向一致,那么伸直的大拇指所指的方向就是环形导线中心轴线上磁感线的方向。

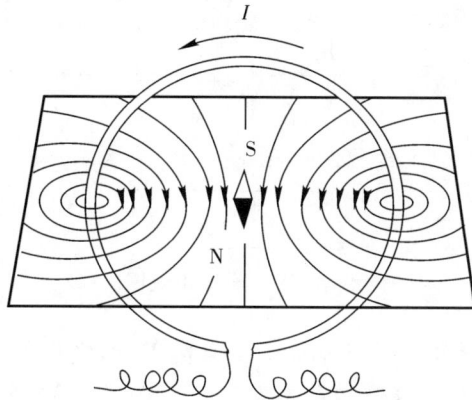

图 5 - 9　环形电流的磁场

图 5 - 10 是通电螺线管的磁场。由图可见,通电螺线管的磁场与条形磁铁的磁场非常相似,它的一端相当于条形磁铁的南极,另一端相当于条形磁铁的北极。改变电流的方向,它的南极和北极的位置对调。在通电螺线管外部,磁感线从北极出来进入南极;在其内部,磁感线跟螺线管的轴线平行,从南极指向北极,并同外部磁感线相连接,形成一些闭合曲线,如图 5 - 10(b) 所示。通电螺线管的磁极和电流方向之间的关系,也可以用安培定则来判定:用右手握住螺线管,让弯曲的四指所指方向与电流绕向一致,那么伸直的大拇指所指的方向就是螺线管内部磁感线的方向,也就是说,大拇指指向通电螺线管的北极,如图 5 - 10(a) 所示。

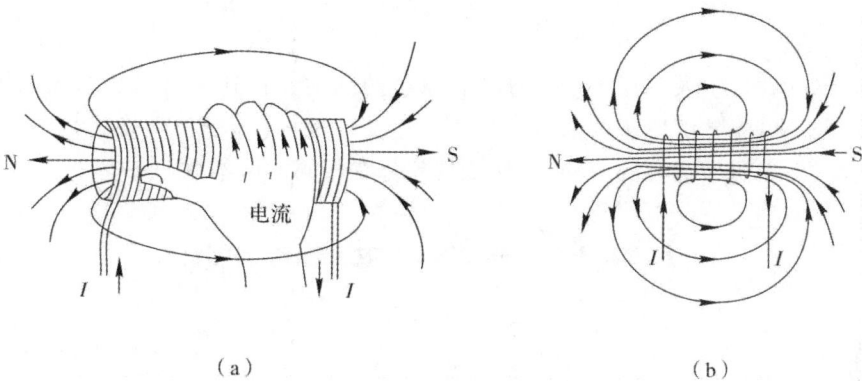

（a）　　　　　　　　　　　　　　　（b）

5 - 10　通电螺线管的磁场

七、磁现象的电本质

我们知道,磁体和电流都能在其周围产生磁场。静止的电荷周围只有电场,当电荷运动形成电流时,在其周围便出现了磁场,那么自然会想到这磁场可能是运动电荷产生的。这一猜想,于 1876 年被美国物理学家罗兰用实验所证实。

那么,磁体的磁场又是如何产生的呢?法国物理学家安培认为,磁体的磁场也是由运动电荷产生的,并于1820年提出了著名的分子电流假说:在原子、分子等物质微粒内部,存在着一种环形电流——分子电流,分子电流使每一个物质微粒都成为一个微小的磁体,它的两侧相当于两个磁极,如图5-11所示。

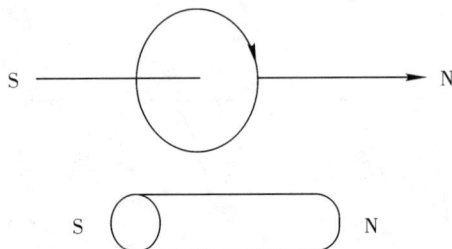

图5-11 分子电流图

在通常情况下,这些磁体由于热运动而显得杂乱无章,它们的磁场相互抵消,整个物体对外不显示磁性,见图5-12(a)。当这些磁体放在磁场中时,在磁场力的作用下,原来不显磁性的物体内部的小磁体取向趋于大体一致,因而磁性相互加强,对外显示出磁性,也就是产生了磁场,见图5-12(b)。

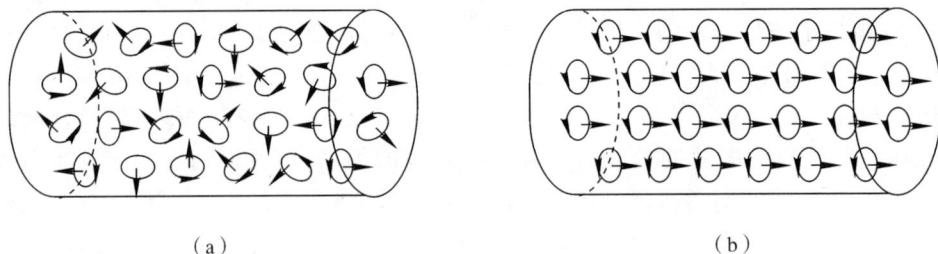

（a）   （b）

图 5-12

在安培所处的时代,人们还不了解分子和原子的结构。直到20世纪初,人们了解了原子结构,才知道分子电流是由原子内部电子的绕核运动形成的。因而,可以这么说:磁体的磁场和电流的磁场,都来源于电荷的运动,一切磁现象都有相同的电本质。

第二节 磁场对电流的作用

一、安培力

我们知道,磁体和电流的周围都有磁场存在,并且磁场对处于其中的电流有力的作用。在物理学中,把磁场对电流的作用力称为安培力。

实验证明,安培力的大小不仅与磁场的磁感应强度 B 有关,而且还与处于磁场中的通电导线有关。在匀强磁场中,通电直导线与磁场方向垂直时受到的安培力最大;通电直导线与磁场方向平行时受到的安培力最小,为零;当通电直导线与磁场方向成某一角度时,所受的安培力介于最大值和最小值之间(见图5-13)。

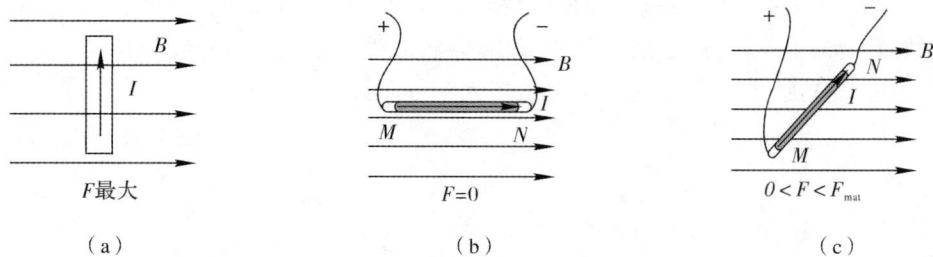

（a）　　　　　　　　　（b）　　　　　　　　　（c）

图 5 - 13

实验的结果还告诉我们，当通电直导线垂直地放入到磁场中时，如图所示，安培力 F 的大小仅与磁感应强度 B、导线长度 l 及导线中电流强度 I 的大小有关。若保持导线长度 l 和电流强度 I 不变，则磁感应强度 B 变为原来的几倍，安培力 F 也变为原来的几倍，即安培力 F 与磁感应强度 B 成正比；若保持 B 和 l 不变，电流强度 I 变为原来的几倍，安培力也变为原来的几倍，即安培力 F 与电流强度 I 成正比；同样可以得到，在电流强度 I 和磁感应强度 B 不变的前提下，安培力 F 与导线长度 l 成正比。

综上所述，磁感应强度 B、导线长度 l 和电流强度 I，这三者的乘积变为原来的几倍，安培力 F 亦相应地变为原来的几倍，即 $F \propto BIl$ 。在 SI 中，有

$$F = BIl \tag{5-2}$$

式（5-2）只适用于电流方向和磁场方向垂直时的情形。

二、安培力的方向

安培力不仅有大小，而且还有方向。下面，我们用图 5 - 14 所示的实验来研究安培力的方向。把一根直导线水平地放置在一个蹄形磁铁的磁场里，磁场方向竖直向下。当给导线通电时，导线就运动起来，这说明通电导线受到了安培力。若改变电流的方向，导线运动方向就随着改变；若调换磁铁两极的位置，导线运动的方向也随着改变。可见安培力的方向与导线中电流方向和磁场方向都有关系。这三个量方向之间的关系，可以用左手定则确定：伸开左手，使大拇指与其余四指垂直，并且都跟手掌在一个平面内，把手放入磁场里，让磁感线垂直穿入手心，并使四指指向电流的方向，那么，大拇指所指的方向就是通电直导线在磁场中所受安培力的方向。如图 5 - 15 所示。

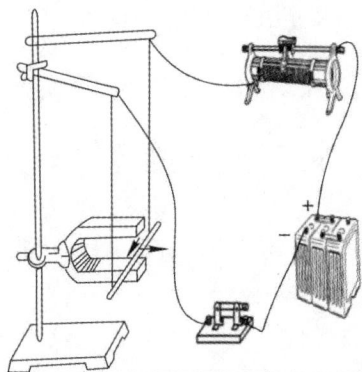

图 5 - 14　安培力实验

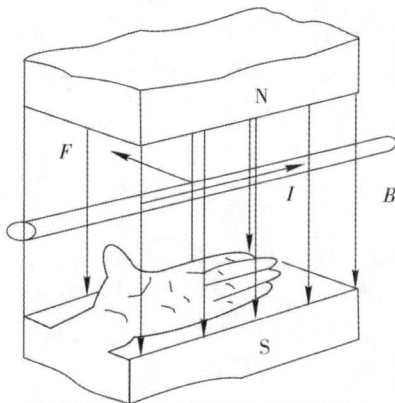

图　5 - 15

例如,在图 5-13(a)中,通电导线所受安培力方向就是垂直于纸面向里的。

例 5.2.1 如图 5-16 所示的匀强磁场中,磁感应强度是 0.2T,导线的长度是 0.3m,导线中电流强度是 10A,该导线所受的安培力是多大? 方向如何?

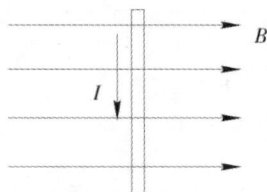

图 5-16

解: 根据式(5-2),通电直导线所受安培力为

$$F = BIl = 0.2 \times 10 \times 0.3 = 0.6(\text{N})$$

由左手定则可知,安培力方向垂直于纸面向外。

答:该导线受安培力为 0.6W,方向为垂直纸面向外。

【选学内容】

直流电动机的工作原理

安培力应用很广,如直流电动机、磁电式电表、电磁炮等。下面以直流电动机为例,介绍安培力的应用。

图 5-17 是一个放在磁场中的矩形通电线圈受力运动情况,图中 bc,ad 边与磁感线平行,不受磁场力的作用。根据左手定则,在磁场力的作用下,ab,cd 两边的运动方向相反。ab 边转向左边,cd 边转向右边。线圈在磁场中转过 90° 位置后,ab,cd 边受力在同一直线上,线圈就会在这一位置停止,这个位置叫做平衡位置。

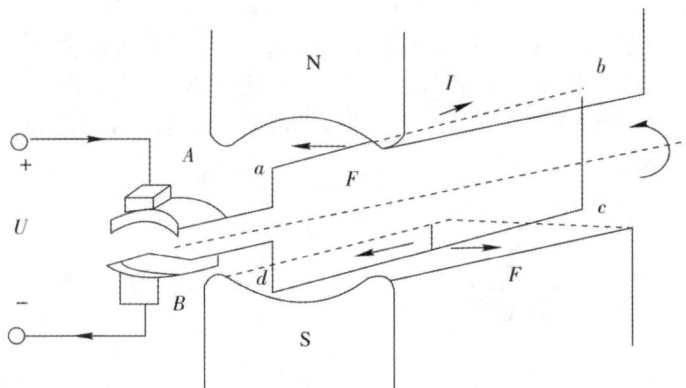

图 5-17 磁场中的矩形通电线圈

为使线圈能够连续转动,必须在线圈刚转过平衡位置的瞬间,立刻改变线圈中电流的方向。能够起这个作用的装置叫做换向器,如图 5-17 所示中的 A,B。

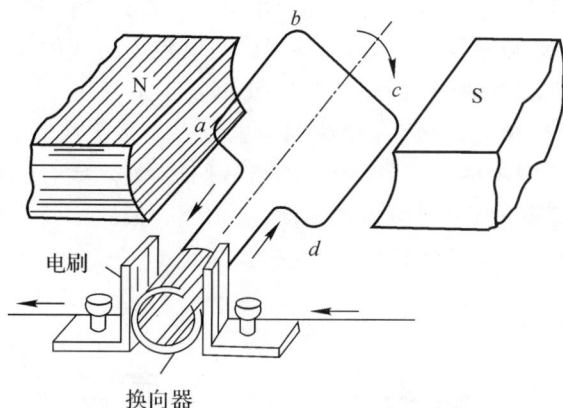

图 5-18　直流电动机工作原理

图 5-18 是直流电动机工作原理的模型。转动部分叫转子,由电枢绕组(线圈)、换向器(两个铜半环)和转轴组成。固定部分叫定子,主要是提供磁场的磁体。装在底座上的两个电刷跟换向器保持接触,使电流由直流电源经电刷、换向器流入线圈,使线圈 ab 边和 cd 边受到一个转动力矩,从而使线圈沿顺时针转动起来。应注意的是线圈平面处在跟磁感线平面垂直的时候, ab 边和 cd 边所受力的作用线都通过转轴,这时两边受力大小相等、方向相反,线圈处在平衡位置,这时线圈靠惯性转过平衡位置。要让线圈转过平衡位置后继续沿着顺时针转动,就必须设法使线圈一转动到平衡位置时就能自动地改变线圈里的电流方向,这一工作可以由换向器来完成。改变 ab 边和 cd 边中的电流方向,即可以改变它们的受力方向,进而保证线圈能继续沿着顺时针方向转动下去。

要想使直流电动机能带动做功机械平稳地运转,需要线圈有许多匝,并均匀地绕在圆柱形铁心的槽里。换向器是由互相绝缘的许多铜片组成,定子的磁场是由电磁铁产生,使电动机产生很大的转动力矩,输出很大的功率。直流电动机优点很多,起动和停止都比较方便灵活、构造简单、制造容易、占地面积小、效率较高,因此,广泛应用在电车、电力机车、轧钢机等方面。

第三节　电磁感应现象

一、电磁感应现象

1820 年奥斯特发现了电流的磁效应,揭示了电和磁之间的联系。受这一发现的启发,人们开始思考这样的问题:既然电流能够产生磁场,是否磁场也能产生电流呢?一些科学家进行了这方面的探索,但在相当长的时间里都没能利用磁场产生出电流来。英国物理学家法拉第经过 10 年不懈的努力,于 1831 年 10 月 17 日利用磁场产生了电流。法拉第的发现,进一步揭示了电与磁之间的密切联系,导致了发电机的发明,为人类进入电气化时代奠定了基础。

利用磁场产生电流的条件是什么?我们来分析下面的实验现象。

【实验 5.1】　如图 5-19 所示,将悬挂在磁场中的导线 AB 与电流表连接构成闭合电路。当导线 AB 在磁场中向左、向右运动切割磁感线时,电流表显示闭合回路中有电流;当导线 AB 静止或上下运动不切割磁感线时,电流表显示闭合回路中没有电流。可见,闭合回路的一部分导线在磁场中做切割磁感线运动时,回路中就产生电流。在这个实验中,磁场的磁感应强度 B 没有变化,而在直导线切割磁感线运动时,导线 AB 与电流表构成的闭合回路在磁场中所包围的面积 S 发生了变化,即穿过该闭合回路的磁通量 Φ 发生了变化。

【实验 5.2】 如图 5-20 所示,将一个线圈与电流表连接构成闭合回路,当把条形磁铁插入线圈或把条形磁铁从线圈中抽出时,电流表的指针偏转,显示闭合回路中有电流。而当条形磁铁与线圈之间无相对运动时,电流表指针不动,显示闭合回路中没有电流。当磁铁相对线圈运动时,穿过线圈的磁感线条数,即穿过线圈的磁通量发生了变化。可见,穿过闭合回路的磁通量发生变化时,回路中就产生电流。

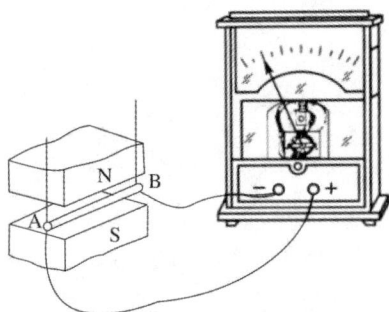

图 5-19 导线切割磁感线   图 5-20 磁体相对线圈运动

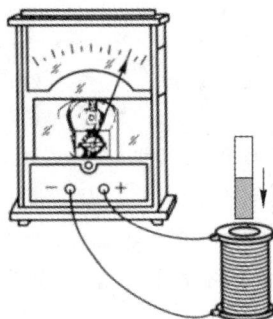

【实验 5.3】 如图 5-21 所示,线圈 A 与电源、开关和滑动变阻器连接组成闭合回路。线圈 B 与电流表连接构成闭合回路。将线圈 A 插在线圈 B 里。当开关接通、切断或移动滑动变阻器的触点时,线圈 A 中电流发生变化,电流的磁场也随之变化,穿过线圈 B 的磁通量发生变化,电流表指针偏转,显示闭合回路中有电流。当线圈 A 中电流不变时,电流表指针不动,显示闭合回路没有电流。可见,磁场源不管是磁体还是电流,只要穿过闭合回路的磁通量发生变化,闭合回路中就产生电流。

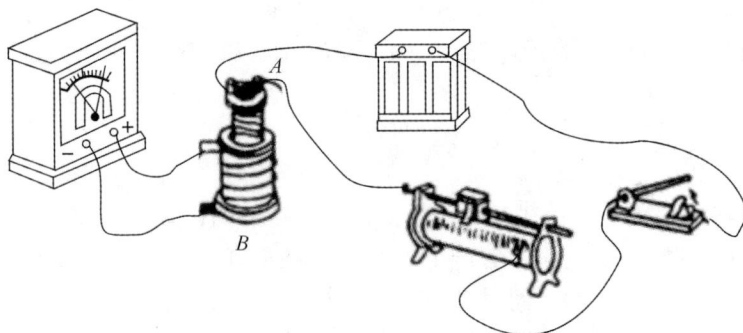

图 5-21 线圈 A 中电流发生变化

综合以上实验现象可以看出,不论是穿过闭合回路的磁场发生变化,或是闭合回路所包围的磁场面积发生变化,只要穿过闭合回路的磁通量发生变化,闭合回路中就有电流产生。这种现象称为电磁感应现象,所产生的电流称为感应电流。

二、右手定则

对于闭合回路的一段导线切割磁感线所产生的感应电流的方向,可用右手定则来判定。右手定则的内容是:右手平伸,大拇指与其余四指垂直,让磁感线垂直穿入手心,使大拇指指向导线运动方向,那么,四指所指方向就是运动导线里感应电流的方向。如图 5 - 22 所示。

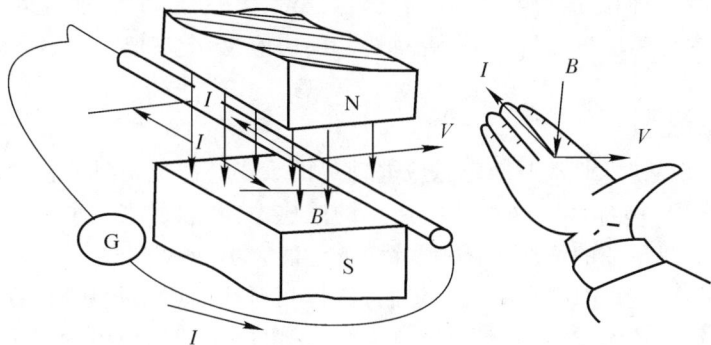

图 5 - 22　右手定则

例 5.3.1　如图 5 - 23 所示,一有限范围的匀强磁场,宽度为 d,将一边长为 l 的正方形导线框以速度 v 匀速地通过磁场区域。试判断正方形导线框进入和离开该磁场区域时,其中感应电流的方向。

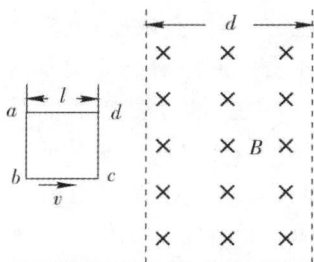

图　5 - 23

解:根据右手定则分析判断。

正方形导线框进入该磁场区域时,其中感应电流沿着导线框的逆时针方向;正方形导线框离开该磁场区域时,其中感应电流沿着导线框的顺时针方向。

答:进入时感应电流是逆时针方向,离开时感应电流是顺时针方向。

三、感应电动势

1.感应电动势

我们知道,当一段导体中有电流时,这段导体两端必定有电势差;当闭合回路中有电流时,这个闭合回路中必定有电源,因为电流是由电源电动势引起的。电磁感应现象中,感应电流之所以能够在闭合回路中形成,就是因为回路中产生了电动势,这个电动势称为感应电动势。产生感应电动势的那部分导体就相当于电源。

在电源内部,电流从低电势的负极流向高电势的正极,与电源电动势的方向一致。因此,产生感应电动势的那部分导体,感应电动势的方向与感应电流的方向相同,其方向可用右手定则判断。

当回路不闭合时,如果穿过回路区域的磁通量发生变化,回路中无感应电流,那么,感应电动势是否存在呢?实验证明,在这种情况下,回路一旦闭合,感应电流同时形成,可见,该回路的感应电动势是存在的。此外,闭合回路中感应电流的大小随回路电阻大小的变化而变化。而感应电动势的大小与回路闭合与否、回路电阻大小是无关的。这说明,感应电动势才是电磁感应的直接结果,它比感应电流更本质、更重要。确切地说,应该把产生感应电动势的现象,叫作电磁感应现象。

2.感应电动势的大小

研究电磁感应现象时,通常要确定感应电动势的大小。感应电动势的大小与哪些因素有关呢?在电路的电阻一定时,闭合电路中产生的感应电流越大,表明电路中的感应电动势越大。所以,在电路组成不变的情况下,根据感应电流的大小,就可以知道感应电动势的大小。

在图5-20实验中,线圈的电阻是一定的,磁体相对线圈运动得快时,穿过线圈的磁通量变化快,电流表指针偏转大,产生的感应电流大,表示电路中的感应电动势大;运动得慢时,穿过线圈的磁通量变化慢,电流表指针偏转小,产生的感应电流小,表示电路中的感应电动势小。在图5-19的实验中,导线切割磁感线运动得越快,闭合电路中磁通量的改变就越快,产生的感应电流和感应电动势就越大。这说明,感应电动势的大小与磁通量变化的快慢有关。

四、自感现象

我们知道,电路中有电流时,电流的周围有磁场;电流变化时,其周围的磁场也变化。实验表明,这个变化的磁场也会在电路本身引起电磁感应现象,产生感应电动势。这种由于导体中的电流变化而在导体自身中产生的电磁感应现象,叫作自感现象。在自感现象中产生的感应电动势,叫作自感电动势。自感现象可以通过实验来验证。

【实验5.4】 在图5-24中,A,B是两个相同的灯泡,合上开关K后,通过调节变阻器R,使灯泡A,B的发光亮度相同。再调节变阻器R_1,使A,B达到正常发光,断开开关K。再次闭合开关K时,我们看到,与变阻器R串联的灯泡B立即达到了正常亮度,而与有铁芯的线圈L串联的灯泡A却略迟一会儿才亮起来。这是因为在接通电路的瞬间,通过线圈L的电流增大,穿过线圈L的磁通量增加,线圈L中产生了自感电动势。该电动势要阻碍磁通量的增加,即阻碍线圈中电流的增大,所以灯泡A中的电流只能缓慢增加,亮得较慢。

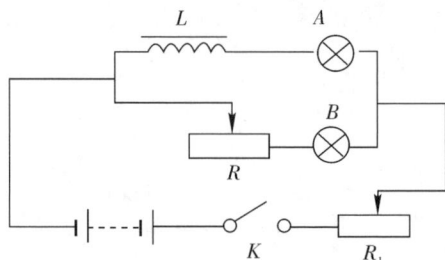

图5-24 自感现象实验一

【实验5.5】 如图5-25所示,灯泡A和带铁芯的线圈L并联在电路中。接通电路待灯

泡 A 正常发光后,切断电源,这时我们看到,灯泡 A 没有马上熄灭,并且还闪了一下,比原来发出更亮的光。这是由于电路断开的瞬间,通过线圈 L 的电流突然减小,穿过线圈的磁通量迅速减小,在线圈 L 中产生一个阻碍电流减小的自感电动势,使线圈 L 和灯泡 A 构成的闭合回路中有感应电流通过,因此灯泡 A 并不立即熄灭。而且该自感电动势往往比较大,所以灯泡比原来更亮。

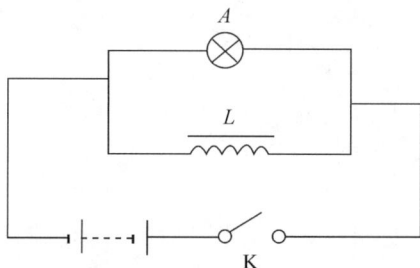

图 5-25　自感现象实验二

　　实验表明,自感现象确实存在。当导体中电流变化时,就会产生自感电动势阻碍导体自身电流的变化。若电流增大,则自感电动势与原电流方向相反,阻碍导体自身电流的增大;若电流减小,则自感电动势与原电流方向相同,阻碍导体自身电流的减小。

　　自感现象在各种电工设备及无线电技术中有着许多应用。如日光灯电路中的镇流器就利用了自感现象,在电路中起着点亮、限流作用。

　　自感现象也有不利的一面,应尽量采取措施防止自感带来的危害。在一些电流很强的电路(如大型电动机电路)中,在切断电源的瞬间,由于电流变化很快,产生很大的自感电动势,会在开关两端出现瞬时高电压,引起火花放电或弧光放电,这不仅对设备有损坏作用,甚至危及工作人员的安全,还可能造成火灾。为了防止事故的发生,需要在这些电路的开关处安装灭弧装置,或把开关浸泡在绝缘油中,以保障安全。

【知识链接】

日光灯的工作原理

　　图 5-26 是日光灯的电路构成图。其中,镇流器就是一个带铁芯的线圈。启动器的构造如图 5-27 所示。日光灯管两端如果直接接上 220V 交流电,由于电压不够高,难以使灯管内气体导电而发光。按图 5-26 所示电路要求组成日光灯电路,再接上 220V 交流电后,日光灯就可以正常发光。这是因为当开关闭合后,由于灯管未导电,电源电压直接加在图 5-27 所示的启动器的两极上,使启动器玻璃泡内的氖气放电而发出辉光,放电产生的热使由双金属片制成的 U 形动触片膨胀伸长,跟静触片接触而把电路接通,于是镇流器的线圈和灯管两端的灯丝中就有电流通过。电路接通后,启动器中的氖气因触片连通,无电压作用而停止放电,U 形动触片冷却收缩,两个触片迅速分离,电路就自动断开。在电路迅速断开的瞬间,由于镇流器线圈的自感现象,在其两端产生一个很高的瞬时电压,这个电压和 220V 交流电一起加在日光灯管两端,使灯管中汞蒸气因获得足够高的电压而导电发光。灯管内气体导电后,电阻下降,电流会迅速增大。为防止电流过大烧坏灯管,再利用镇流器的自感作用限制电流增大,以保证日光灯的正常发光。日光灯正常发光时,灯管两端电压较低,此时,启动器玻璃泡内的氖气

不会产生辉光放电而停止工作。

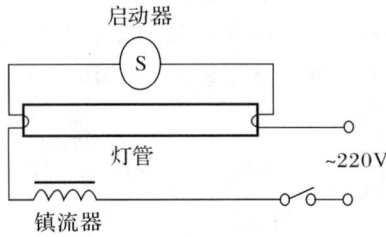

图 5-26　日光灯电路

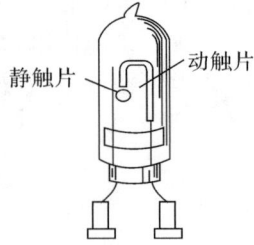

图 5-27　启动器

五、互感现象

如图 5-28 所示，L_1 和 L_2 是相互靠近的两个线圈。当线圈 L_1 中有变化的电流时，其中磁场随着电流变化，而引起穿过邻近线圈 L_2 的磁通量变化，在线圈 L_2 中就会产生感应电动势和感应电流。反之，线圈 L_2 中电流的变化，也会产生变化的磁场，引起穿过邻近线圈 L_1 的磁通量变化，在线圈 L_1 中同样也会产生感应电动势。

对于两个邻近回路来说，由于一个回路中电流的变化，而使另一个回路中产生感应电动势的现象，叫作互感现象。

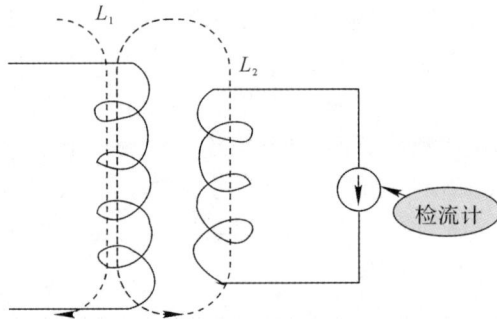

图　5-28

互感现象在电工和无线电技术中有着广泛的应用，如变压器、感应圈等。但在某些情况下，互感现象是要避免的。例如，输电线和通信线路靠在一起或离得很近时，由于互感会对通信线路产生交流干扰；在电子仪器中，互感会影响仪器各部分的正常工作，所以要合理布置线路，减小其影响。

【知识链接】

"烹饪之神"——电磁灶

磁现象和电现象有着本质的联系，在物理学中，人们把研究电和磁之间本质联系及其规律和应用的学科，称之为电磁学。电磁学在人们生活、生产中应用广泛，电磁灶就是其应用之一。

电磁灶作为厨具市场的一种新型灶具，采用了磁场感应电流的加热原理，打破了传统的明火烹调方式，能完成家庭绝大多数烹饪任务。电磁灶在工作过程中，其内部由电子线路等构成的主板部分产生交变磁场，当用含铁质锅具底部放置灶面时，锅具即切割交变磁感线而在锅底部金属部分产生交变的旋涡状电流（又叫涡流），涡流使锅具本身高速发热，用来加热和烹饪食物,从而达到煮食的目的。因为电磁灶加热食物的热源来自于锅具底部,而不是电磁灶本身发热传导给锅具,所以它热效率高、升温快,还具有无明火、无烟尘、无有害气体等优点,被人们誉之为"烹饪之神"。

【选学内容】

电磁污染与防护

电磁污染是指天然的和人为的电磁波干扰和对人有害的电磁辐射。在日常生活中,无线电广播、电视、移动通信、雷达、高频感应加热、微波加热、医用理疗等科技成果已成为生产生活的一部分。这些成果都利用频率在 $1 \times 10^5 \sim 3 \times 10^{11}$ Hz 的射频电磁波(无线电波中的短波、微波段)工作的。电磁波是变化的电场和磁场相互激发形成的,电磁波将能量向周围传播开来叫电磁辐射。电磁辐射的安全标准用波强表示,即在垂直于波传播方向的单位面积,单位时间内通过的能量,单位为 W/m^2。电磁波入射到物体表面时会发生反射、吸收、透射。当高频电子设备的工作信号在传输过程中,受到外来电信号的扰乱或淹没使设备的工作紊乱或失灵,设备性能下降或失效的现象称电磁干扰。这种干扰就是电磁污染。

电磁污染源分为以下两类:

(1)天然污染源。雷电、地震、火山爆发、太阳黑子活动引起磁暴都会产生电磁干扰,对短波通讯干扰严重。

(2)人为电磁干扰。各种高频大功率的用电设备、某些放电现象及工频电气设备工作时也会产生电磁干扰。如电焊机,高压水银灯的辉光放电;电机、变压器周围形成电磁场;无线电发射机、雷达、高频加热产生的辐射等。

电磁污染的危害包括:

(1)引燃。可能使金属器件打火,引起可燃气体和液体燃烧。

(2)工业干扰。电磁干扰使设备性能下降,对信号的干扰破坏最大,如使自动装置出现故障,使飞机、卫星失灵。

(3)对人体健康带来危害。射频电磁辐射的能量被人吸收产生热效应和非热效应,作用时间长、频率高时危害愈大。电磁辐射是心血管疾病、糖尿病、癌突变的主要诱因;对人体生殖系统、神经系统和免疫系统造成直接伤害;是造成流产、不育、畸胎等病变的诱发因素;过量的电磁辐射直接影响大脑组织发育、骨髓发育、视力下降;肝病,造血功能下降,严重者可导致视网膜脱落;电磁辐射可使男性雄性激素下降,女性内分泌紊乱,月经失调。

1988 年我国制定了《电磁辐射防护规定》。如,城市一级区为绝对安全区,电磁辐射的标准是 $10\mu W/cm^2$,要求基本上不设置任何电磁辐射设备;城市二级区为轻度污染区,电磁辐射的标准是 $40\mu W/cm^2$ 以内,只允许小功率辐射设备存在;人员 24h 接受电磁辐射的标准是 $14\mu W/cm^2$;微波炉的安全标准是,炉门外 5cm 处泄漏的微波能不得超过 $1\mu W/cm^2$。电磁污染的技术防护包括辐射源控制、传播途径控制、个人防护三方面。由于电脑的普及只是近几年的事情,所以有关的医学研究还处于滞后阶段。现在,专家们所能提出的建议只能是:日常操作电脑时,人体与电脑屏幕保持不少于70cm 的距离,与电脑后部及两侧保持不少于120cm 的距离。经常长时间操作计算机的人员最好穿着屏蔽服装。在手机对人体的危害还没有定论的情况下,在手机上装个免持听筒对话器是一个比较安全的选择。当然,最好的做法还是建议您在非紧急情况下尽量不要使用手机。

习 题 五

一、选择题

1. 磁场中某点磁感应强度的方向是( )。

    A. 正电荷在该点的受力方向

    B. 运动电荷在该点的受力方向

    C. 静止小磁针 N 极在该点的受力方向

    D. 一小段通电直导线在该点的受力方向

2. 关于磁感应强度和磁感线,下列说法中错误的是( )。

    A. 磁感线上某点的切线方向就是该点的磁感应强度的方向

    B. 磁感线的疏密表示磁感应强度的大小

    C. 匀强磁场的磁感线间隔相等、互相平行

    D. 磁感应强度是只有大小、没有方向的标量

3. 关于磁感应强度和磁感线,下列说法中错误的是( )。

    A. 磁感线上某点的切线方向就是该点的磁感应强度的方向

    B. 磁感线的疏密表示磁感应强度的大小

    C. 匀强磁场的磁感线间隔相等、互相平行

    D. 磁感应强度是只有大小、没有方向的标量

4. 关于磁感应强度,下列说法中错误的是( )。

    A. 由 $F=BIl$ 可知,B 与 F 成正比,与 Il 成反比

    B. 由 $F=BIl$ 可知,一小段通电导体在某处不受磁场力,说明此处一定无磁场

    C. 通电导线在磁场中受力越大,说明磁场越强

    D. 磁感应强度的方向就是该处电流受力方向

5. 关于磁现象的电本质,下列说法正确的是( )。

    A. 一切磁现象都源于电流或运动电荷

    B. 有磁必有电,有电必有磁

    C. 一切磁场都是由运动电荷或电流产生的

    D. 在外磁场作用下物体内分子电流取向大致相同时物体就被磁化

6. 关于电磁感应,以下说法正确的是( )。

    A. 只要闭合回路在磁场中运动,回路中就会产生感应电流

    B. 只要闭合回路中的一部分做切割磁感线运动,回路中就会产生感应电流

    C. 闭合回路的磁通量只要不为零,就会产生感应电流

    D. 闭合回路的磁通量较大者产生的感应电流较大

7. 首先发现电流磁效应的科学家是( )。

    A. 安培   B. 奥斯特   C. 库仑   D. 伏特

8. 关于电磁感应,以下说法正确的是( )。

    A. 只要闭合回路在磁场中运动,回路中就会产生感应电流

    B. 只要闭合回路中的一部分做切割磁感线运动,回路中就会产生感应电流

C.闭合回路的磁通量只要不为零,就会产生感应电流

D.闭合回路的磁通量较大者产生的感应电流较大

9.关于感应电动势,以下说法正确的是(　　　)。

　　A.只要有感应电流,就一定有感应电动势

　　B.只要有感应电动势,就一定有感应电流

　　C.自感电动势的方向,总是和线圈中的电流方向相反

　　D.当线圈中电流减小时,自感电动势随之减小

10.自感线圈中通入变化规律如图 5-29 所示的电流,以下说法正确的是(　　　)。

　　A.在 0 至 2s 的时间内,线圈中有自感电动势

　　B.在 2s 至 4s 的时间内,线圈中有自感电动势

　　C.在 4s 至 5s 的时间内,线圈中无自感电动势

　　D.在 0 至 5s 的时间内,线圈中都有自感电动势

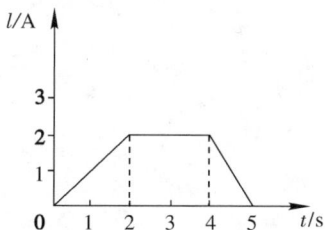

图　5-29

二、简答题

1.图 5-30 所示为放在磁场中的小磁针,磁场方向如图中箭头所示。该小磁针将怎样转动,停止在哪个方向?

2.在 5-31 图中,当电流通过导线 AB 时,导线下面小磁针北极转向读者。试判断导线中电流的方向。

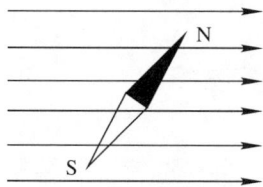

图　5-30

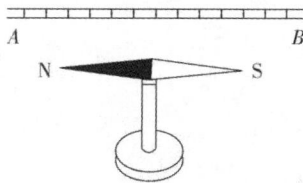

图　5-31

3.在图 5-32 中,当电流通过环形导线时,小磁针的南极指向读者。试确定环中电流方向。

4.给螺线管通电时,在它一端的小磁针静止时的指向如图 5-33 所示。试确定电源的正极和负极。

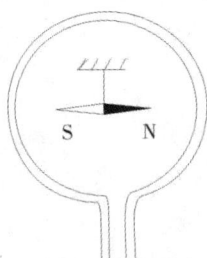

图　5-32

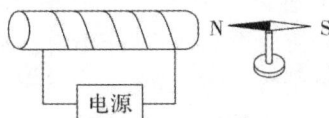

图　5-33

5.如图5-34所示,在哪种情况下,通电导线不受安培力? 并判断其余几种情形安培力的方向。

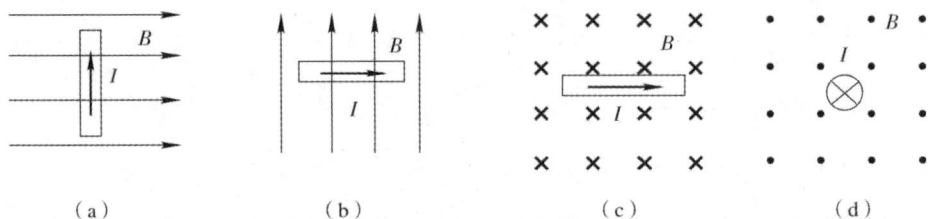

（a）　　　　　　　（b）　　　　　　　（c）　　　　　　　（d）

图　5-34

6.如图5-35所示,一通电直导线置于匀强磁场中,图中已标出电流、磁感应强度和安培力这三个量中的两个量的方向,试判断第三个量的方向。

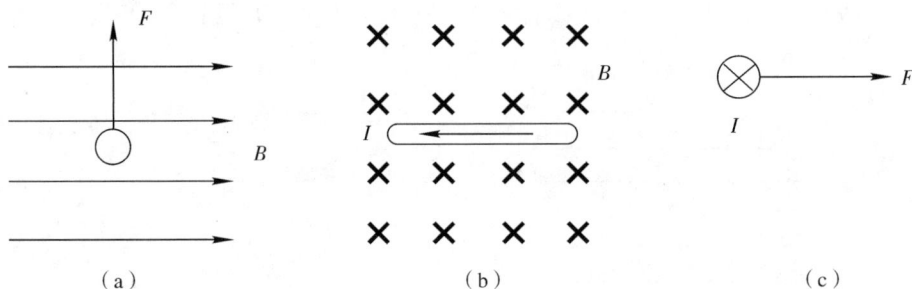

（a）　　　　　　　　　　（b）　　　　　　　　　　（c）

图　5-35

7.试列举自感和互感现象在技术领域和日常生活中的应用。

三、计算题

1.面积是 $0.5m^2$ 的导线环,处于磁感应强度为 $2.0\times10^{-2}T$ 的匀强磁场中,环面与磁场方向垂直。试求穿过导线环的磁通量。

2.如图5-36所示,在 $B=2.0\times10^{-2}T$ 的匀强磁场中,有一个与磁感线垂直的圆环,其半径 $R=0.40m$,求环面中的磁通量。如果环面与磁感线平行,环面中的磁通量又是多少?

3. 在磁感应强度为 0.50T 的匀强磁场中，有一长为 10cm 的通电直导线(见图 5-37)所受磁场力的大小为 0.030N，方向垂直纸面向里，求导线中电流的大小和方向。

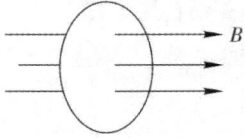

图　5-36

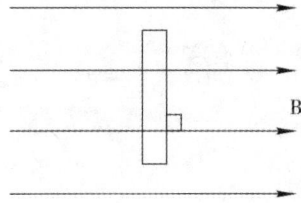

图　5-37

第六章　光现象及其应用

光现象跟人类生活和生产密切相关。光学也是一门发展较早的科学。光学所研究的就是关于光的发生、传播、光的本性以及光与其他物质相互作用的规律的科学。它既是一门基础科学，又是和现代科学以及现代工程有着紧密联系的应用科学，已发展成许多应用光学分支。

第一节　光的直线传播

科学表明，光是地球生命的来源之一；光是人类生活的重要依据；光是人类认识外部世界的工具；光是信息的理想载体和传播媒质。那么，光到底是什么呢？

狭义上，光是一种人类眼睛可以见到的电磁波，我们称之为可见光谱。广义上，光是指所有的电磁波谱。简单来说，光是由一种称为光子的基本粒子组成的，具有粒子性与波动性。

光的世界是奇妙而有趣的，它可以在真空、空气和水等一切透明的媒质中传播。我们把像阳光、白炽灯、荧光灯、激光、萤火虫等能够发光的物体叫作光源。能够自然发光的物体，叫"天然光源"；由人类制造的发光物体，叫"人造光源"。

将手电筒打开，可以看到手电筒发出的光束是直的；在有雾的天气，可以看到透过树丛的阳光是直的；电影放映机射向银幕的光也是直的，这些现象说明，光在空气中沿直线传播。

实验表明，光在同种均匀透明介质（例如水、玻璃等）中，沿直线传播。

正是因为光的直线传播，所以我们才会见到影子。人们利用这一原理，就可以根据建筑物的影子来计算建筑物的高度了；木匠用刨子削木头时，总会闭上一只眼，这也是根据光的直线传播原理；人们为枪械设计了准星，也是光的直线传播的一个实例；排队的时候，教练会从前面或后面看队伍是否站齐了，很显然，这也是运用了光的直线传播原理。

为了表示光的传播情况，我们通常用一条带箭头的直线表示光的径迹，这样的直线叫作光线。

真空中的光速是宇宙中最快的速度，约为 $c = 3.0 \times 10^8 \, \mathrm{m/s}$。光在其他各种介质中的速度都比在真空中的小。如，光在水中的速度约为真空中光速的 3/4；光在玻璃中的速度约为真空中光速的 2/3。

【做一做】

把一支削得尖且细的铅笔，在一张硬纸片的中心部分扎一个小孔圆圈。小孔的直径约 3mm，设法把它直立在桌子上，然后拉上窗帘，使室内的光线变暗。

点上一支蜡烛，放在靠近小孔的地方。拿一张白纸，把它放在小孔的另一面。这样，你就会在白纸上看到一个倒立的烛焰。我们称它是蜡烛的像。前后移动白纸,瞧瞧烛焰的像有什么变化。当白纸距离小孔比较近的时候,像小而明亮;当白纸慢慢远离小孔的时候,像慢慢变大,亮度变暗。

改变小孔的大小,我们再来观察蜡烛的像有哪些变化。

你可以在硬纸片上,扎几个大小不等、形状不同的孔,孔和孔之间相距几厘米。这时候在白纸上,就出现了好几个和小孔相对应的倒像。它们的大小都一样,但是清晰程度不同,孔越大,像越不清楚。孔只要够小,它的形状不论是方的、圆的、扁圆的,对像的清晰程度和像的形状都没有影响。

【阅读材料】

神奇的激光

激光与普通的光有什么不同? 要说明这个问题,我们首先要了解原子的微观结构和性质。

我们知道,组成物质的原子是由原子核和核外运动着的电子组成。原子的能量是不连续,是按一定的原子能级分布的。一般情况下,大多数原子都处于基态低能级,当外界给予原子一定的能量时,就有可能把电子送到较外层的轨道上去(越外层的电子运动越快),这时原子也就相应地从低能级跃迁到高能级。

原子处于高能态时是不稳定的,它有返回低能态的趋势,当原子自发的从高能态跳回到低能态值,就将多余的能量以光子的形式辐射出来,这叫作自发辐射。如果处在高能态的原子,在外部光能"刺激"下跳回到低能态,就需要外来的入射电子的能量。严格地说,等于两能级之间的能量差。

实现这种跃迁时所辐射出的光子性质与外来光子的性质一模一样,这样就一个变两个,使光子成倍地增加,这就是受激辐射。普通光是物质自发辐射产生的,而激光是由物质受激辐射产生的。

激光与普通光就其本质来说,都是电磁波,它们的传播速度都是每秒30万千米,但激光还有着自己独特的物理性质:

1)单色性极好。波长非常一致,一束光中的波长的差别只有千万分之一埃甚至更小。

2)亮度极高。它可以比太阳表面的亮度高100亿倍。

3)方向性极好。方向性,就是指光的集中程度。激光器发出的激光照射到远离地球38万千米的月球上,它的光斑的直径也只有2~3km,光束的发散角是探照灯的几千分之一。

由于上述的物理特性,激光可以在千分之几秒甚至更短的时间里,使一切难以熔化的物质熔解以至气化;也可在百分之几毫米的范围内产生几百万摄氏度的高温、几百万个大气压、每厘米几千万伏的强电场。

由于激光的特性,它在很多领域得到了广泛的应用。

(1)激光加工。

激光加工是指将激光作为热源进行的热加工。由于激光具有极好的方向性和极高的功率密度,所以近年来,它在打孔、切割、焊接、光刻等许多方面得到广泛的应用。

使用激光可以切割木材、布匹、塑料、玻璃、陶瓷、各种金属或合金材料。使用激光切割材料,精度可高达百分之几毫米,而且不变形,一般不需后续加工。用激光切割一种特硬陶瓷材料,速度是金刚石刀具的10倍,并且能方便地进行曲线切割。使用激光可焊接多种金属和非金属材料,并使生产率比传统的焊接办法提高几倍到十几倍。采用激光技术提高光刻的分辨率对于制造大规模集成电路具有重要意义。

(2)激光通信。

光通信是通信家族中资格最老的一个成员。例如,我国古代建造的烽火台,就是利用烽火传递信息。

激光通信一般分为两种,一种与普通的有线电通信类似,由光纤传播信号,也就是光纤通信。另一种与无线电通信类似,信号直接在大气中传播,这就是激光大气通信。水下激光通信也是大气激光通信的一种,这种通信手段在水下目标检测和水下工程监视等方面可以发挥重要的作用。

(3)激光在医学上的应用。

自从 20 世纪 60 年代初世界上第一台激光器诞生后,很快就在医学上得到了应用。

激光从发生器内产生经过聚焦后,从特制的刀头内射出可以产生巨大的能量,这就是许多外科医生所钟爱的激光刀。使用激光手术刀,可以使肿瘤组织迅速气化,避免了肿瘤转移,出血自然也十分少。医生不仅可以通过光导纤维看到人体内的肿瘤,而且可以把内窥镜的尖端紧密地靠在肿瘤旁,然后通过这条通道把能量富集的激光波发射到肿瘤体上,使肿瘤全部被摧毁。用同样的办法,还可以粉碎膀胱、尿道等处的结石,而使患者无任何痛苦。

(4)激光武器。

激光武器也称“死光”武器,与其他武器,如枪、炮相比,不管目标是否运动都不必考虑提前量。例如,用炮打飞机时,若瞄准飞机射击,炮弹必然落在飞机的后面,若要击中飞机,则必须根据飞机速度及炮弹飞行速度进行计算,对着飞机前面某一点发射才行。而且炮弹发射后会产生后坐力,影响命中率;每次变换射击方向必须移动整个炮身。而激光由于准确性好,速度极快,功率密度大,所以激光武器既不要考虑提前量,又无后坐力,而且还可以迅速灵活地变换射击方向。它可以装备在舰艇、飞机甚至卫星上,还可以引爆氢弹、中子弹等。激光武器在军事观察、侦察、通讯、监控设备中也广为使用。

第二节 光的反射现象

当光投射在物体上的时候,光会被反射、吸收或者透过。许多物体既能反射光,又能吸收光。能够反射或者吸收投向它的所有光的物质是不透明物质。生活中多数物体之所以看上去是不透明的,就是因为它们不能透过光。例如木头、金属等。

如果光投射到透明物体上,光就会穿透它,这样你就能够看到放在此透明物体的内部以及放在物体另一面的东西。玻璃、水和空气都是透明的物质。

还有一些物质允许部分光透过,这类物质就是半透明的。当光投射到半透明物质时,就发生光的散射。一般来说,你可以知道半透明物体后面有些什么东西,但你难于看清这些东西的细节。结了霜的玻璃和蜡纸等物体就是半透明的。

光遇到水面、玻璃以及其他许多物体的表面都会发生反射。

一、反射的类型

当你看某些物体时,例如,光滑的金属表面或一面镜子。你能在这些物体的表面看到你自己。但当你看其他一些物体时。例如一本书,木桌、铅笔,你只能看到这些物体的外表。你能够看到物体是因为它们能反射光。当你看一个物体时,你所看到的内容取决于该物体怎样反射光线。

1. 镜面反射

当一组平行光线射向光滑表面时,发生镜面反射。所有光线以相同角度被反射回来。例如,如果你看一张非常光滑的桌面,你能看到你自身的像,因为来自你的光线到达光滑表面后被规则地反射。如图 6-1 所示。

2. 漫反射

当一组平行光线射向凹凸不平的表面时,就发生漫反射。漫反射时光线同样遵守反射定律,但因为每束光线是从不同角度射向物体表面的。因此,反射的光线也射向各个方向。漫反射能使你在任何位置都能看到物体。如图 6-2 所示。

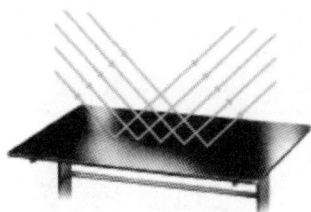

图 6-1

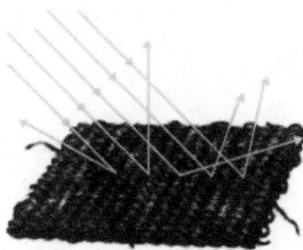

图 6-2

多数物体对光线漫反射,就是因为多数物体没有光滑的表面。即使是看上去光滑的表面,例如刚粉刷的墙壁,表面也是不平整的,因而仍对光线漫反射。如果你用放大镜看墙壁,你会发现其表面并不光滑。

二、几种镜面发射

1. 镜子

每天,我们都要在镜子前梳头或刷牙。镜子是其中一面涂有光滑银质膜涂层的一块玻璃。如果光线照射到镜子上,光线透过玻璃后又被背面的涂层有规律的反射,结果你看到了一个像。像是物体发出的光经反射或折射后形成的复制品。

镜子可以是平面的,也可以是曲面的。表面的形状决定镜子可以成哪种类型的像。像既可能和物品一样大,也可能比物品大或小。

2. 平面镜

表面平整的镜子称为平面镜。你照平面镜时,会看到镜子中有一幅与你同样大小的像。如同你在镜子前面看像一样,你的像好像也在镜子后面的同样距离上注视着

图 6-3

你。一面平面镜产生一幅与被反射物体同样大小的正像。如图6-3所示。

从平面镜中看到的像是虚像。虚像是正立的。"虚"的意思是说,你可以看到某个东西,但这个东西并不真正存在,因为镜子后面根本没有你的像。

为什么你会看见一个虚像? 平面镜是如何形成人的虚像的? 从人身上反射的光线向各个方向传播。这些光线照射到镜子时又被反射到人的眼睛里。由于大脑感觉到的是以直线传播的光线,因此,尽管到达大脑的光线是由镜面反射来的。但大脑仍然觉得光线是从镜子背后发出的。

3.凹面镜

表面向内弯曲,像碗的内表面那样的镜子就是凹面镜。一束平行光照到凹面镜时,其镜面不仅能反射所有平行光线,而且反射光线均汇聚于一点。光线汇聚的点叫作焦点,如图6-4所示。

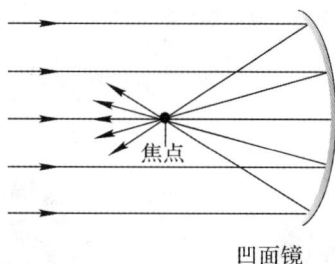

凹面镜

图 6-4

凹面镜既能形成虚像,也能形成实像。这取决于物体相对于焦点的位置。如果物体与镜面的距离大于焦点与镜面的距离,则反射光形成实像。实像的意思是,反射光线确实在一点相遇了。实像是倒立的。实像既可能比物体大,也可能比物体小。如果物体处在焦点与凹面镜之间,则所成的像看起来好像在凹面镜后面,因此是虚像,这种像是正立的。如图6-5所示。

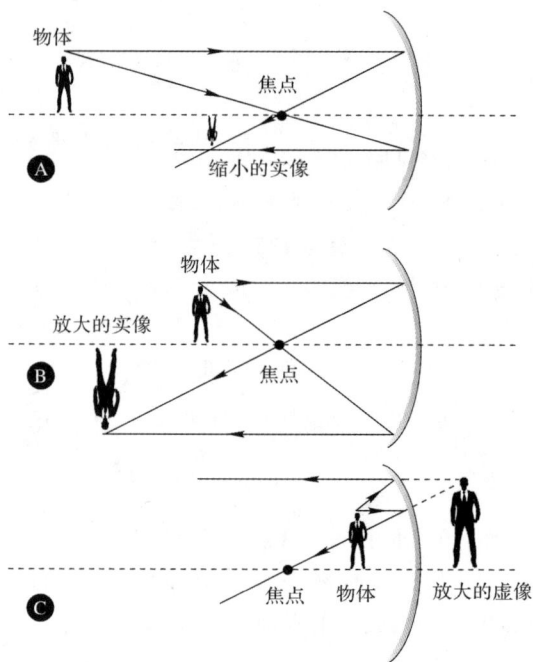

图 6-5

4.凸面镜

表面向外弯曲的镜面叫凸面镜。图 6-6 所示反映了凸面镜是如何反射平行光线的。人们看到的反射光线好像是从镜子后面的焦点上发出的。由于反射光线并未相遇,因此凸面镜形成的总是虚像,如图 6-7 所示。

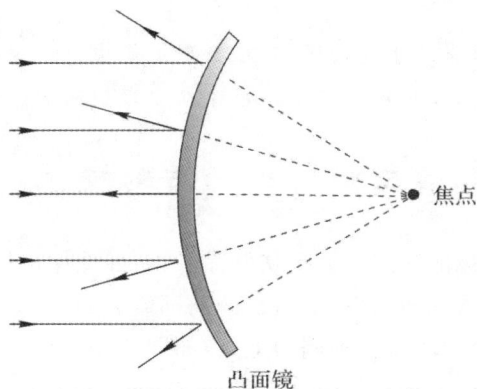

图　6-6

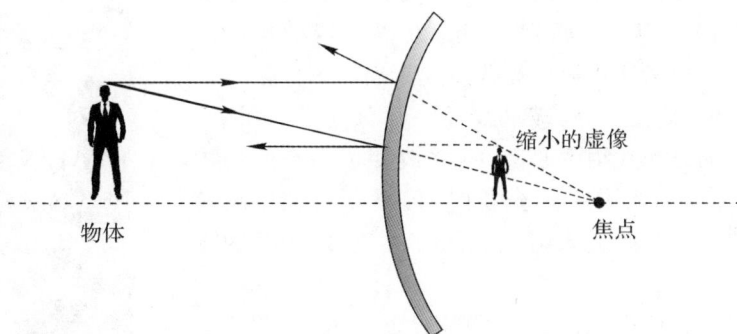

图　6-7

【阅读材料】

实像和虚像

实像,由物点发出的光线经透镜折射,所有折射线均可会聚于一点,该点叫作物点的实像点,所有实像点的集合叫作物体的像。实像的特点是:实际光线的会聚,倒立,异侧,可成在屏上。

虚像,由物点发出的光线,经透镜折射,其反射线反向延长线的交点叫作该物点的虚像点,其集合叫作物体的虚像。虚像的特点是:不是实际光线的会聚,正立,同侧,不能成在屏上。

实像与虚像有下述区别:

(1)成像原理不同。

物体射出的光线经光学元件反射或折射后,重新会聚所成的像叫作实像,它是实际光线的交点。在凸透镜成像中,所成实像都是倒立的。如果物体发出的光经光学元件反射或折射后发散,则它们反向延长后相交所成的像叫作虚像。

(2)承接方式不同。

虚像能用眼睛直接观看,但不能用光屏承接;实像既可以用光屏承接,也可以用眼睛直接观看。人看虚像时,仍有光线进入人眼,但光线并不是来自虚像,而是被光学元件反射或折射的光线,只是人们有"光沿直线传播"的经验,以为它们是从虚像发出的。虚像可能因反射形成,也可能因折射形成,如平面镜成等大的虚像,凸透镜成放大的虚像。

（3）成像位置不同。

实像在反射成像中,物、像处于镜面同侧,在折射成像中,物、像处于透镜异侧;虚像在反射成像中,物、像处于镜面异侧,在折射成像中,物、像处于透镜同侧。

第三节　光的折射现象

你知道吗,鱼缸能欺骗你的眼睛。如果从侧面看,鱼好像比你从上面看离你更近。如果从交界处看,你可以看到有两条相同的鱼:在鱼缸的前面看到鱼的一个像,在鱼缸的侧面看到同一条鱼的另一个像。这两个像出现在不同的地点,如图6-8所示。

1.光的折射

当你看鱼缸时,你看到的是在3种不同的介质中发生折射的光线。这三种介质分别是水、玻璃和空气。光从一种介质进入另一种介质时,都会发生折射。当光线以一定的角度进入一种新介质时,因光速变化而使光线发生折射。

光从空气斜射到玻璃上,在玻璃表面一部分光发生反射,回到空气中;另一部分光线射入玻璃中,并改变了原来的传播方向。光从一种介质射入另一种介质时,传播方向发生改变的现象,叫作光的折射。改变入射光线的方向,折射光线的方向也随着改变。

那么,折射现象有什么规律呢? 我们不妨用图6-9所示的光具盘来研究。

将半圆形玻璃砖放在光具盘中央,让玻璃砖的直边处于水平,它们的圆心重合在O点。先使光源S发出的光垂直射入玻璃砖,此时并不发生折射,如果改变光源S的位置,让光线沿AO射入,就发生折射,光线沿OB射出。垂直于界面的直线ON叫法线,沿AO射入的光线叫入射光线,沿OB射出的光线叫折射光线。折射光线与法线的夹角叫折射角,用γ表示。如图6-10所示。

图　6-8

从该实验我们可以看到,折射光线在入射光线和法线所决定的平面内,折射光线和入射光线分别位于法线的两侧。

实验中,沿着圆盘改变光源S的位置,也就是改变入射角α的大小,这时折射角γ大小随之改变。可以看到,除垂直入射以外,$\alpha \neq \gamma$。记下每次的入射角和相应的折射角,计算表明,入射角和折射角不是简单的正比关系。人们在相当长的时间里没有找到入射角与折射角之间的关系,直到1621年才由荷兰科学家斯涅耳(1580-1626)发现,对于给定的两种均匀介质,入射角的正弦跟折射角的正弦之比是常数。于是,就得到光的折射定律:折射光线在入射光线和法线所决定的平面内;折射光线和入射光线分别位于法线的两侧;入射角的正弦跟折射角的正

弦之比为一常数。即

$$\frac{\sin\alpha}{\sin\gamma}=常数$$

在上述实验中,如果让光线沿着 BO 方向从玻璃射向空气,光线将沿 OA 方向传播。可见,在折射现象中,光路也是可逆的。

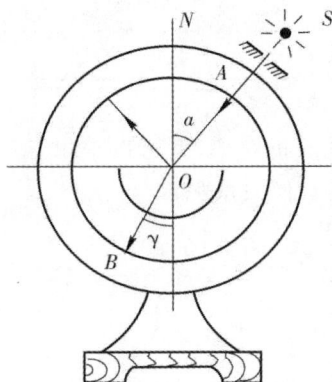

图 6-9

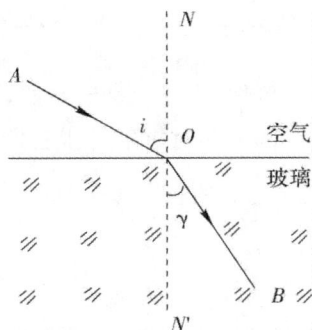

图 6-10

2.折射率

光从一种介质射入另一种介质时,虽然 $\sin\alpha/\sin\gamma$ 是常数,但对于不同的介质来说,这个常数是不同的。例如,实验测得,光从空气射入玻璃时,这个常数值为 1.50;光从空气射入水时,这个常数值为 1.33。当光线由介质 1 射入介质 2 时,入射角的正弦与折射角的正弦之比称为介质 2 对介质 1 的相对折射率,用 n_{21} 表示。即

$$\frac{\sin\alpha}{\sin\gamma}=n_{21} \tag{6-1}$$

进一步研究可以得出:对于任意两种介质来说,介质 2 对介质 1 的相对折射率 n_{21},等于光在介质 1 中的速度 v_1 和光在介质 2 中的速度 v_2 之比。即

$$n_{21}=\frac{v_1}{v_2} \tag{6-2}$$

同理,介质 1 对介质 2 的相对折射率应为

$$n_{12}=\frac{v_2}{v_1}$$

所以

$$n_{12}=\frac{1}{n_{21}} \tag{6-3}$$

当光线由真空进入某种介质时,介质对真空的相对折射率称为该种介质的绝对折射率,简称折射率,用 n 表示。

由式(6-2)可得

$$n=\frac{c}{v} \tag{6-4}$$

上式中的 v 表示介质中的光速。由于真空中光速总是大于介质中光速,所以任何介质的折射率都大于 1。由于光在空气中的速度跟光在真空中速度相差无几,所以在折射问题中,空气可近似当作真空处理。表 6-1 列出了几种介质的折射率。

表 6-1　几种介质的折射率

介　质	折射率	介　质	折射率	介　质	折射率
金刚石	2.42	玻璃	1.5～1.9	水	1.33
重火石玻璃	1.74	萤石	1.43	冰	1.31
二硫化碳	1.63	酒精	1.36	盐酸	1.25
水晶	1.54	乙醚	1.35	空气	1.000 3

从式(6-4)可知,由于 c 是已知的,只要测出介质的折射率,就可以求出某种介质中的光速。两种介质之间的相对折射率跟它们各自的折射率有何关系呢?

设介质1、介质2的折射率分别为 $n_1 = \dfrac{c}{v_1}$, $n_2 = \dfrac{c}{v_2}$。 将式(6-2)变形得

$$n_{21} = \frac{v_1}{v_2} = \frac{c/v_2}{c/v_1}$$

则有
$$n_{21} = \frac{n_2}{n_1} \tag{6-5}$$

根据上式可将折射定律改写为

$$n_1 \sin\alpha = n_2 \sin\gamma \tag{6-6}$$

折射率反映了光通过两种介质界面时的偏折程度。折射率越大,光偏折程度越大。

3.光疏介质　光密介质

不同介质的折射率不同,我们把折射率小的介质叫作光疏介质,折射率大的介质叫作光密介质。光疏介质和光密介质是相对的,例如水、水晶和金刚石3种物质相比较,水晶对水来说是光密介质,对金刚石来说是光疏介质。光由光疏介质射入光密介质时(例如由空气射入玻璃),折射角小于入射角;光线由光密介质射入光疏介质时(例如由玻璃射入空气),折射角大于入射角。

折射率是物质的一个重要物理性质。在矿井中,用测定折射率的方法可以迅速地检查出一氧化碳的含量,以保护工人的生命安全。金刚石具有特别大的折射率,鉴定金刚石的最好方法就是检验它的折射率。

4.全反射现象

光从一种介质射入另一种介质时,一般是同时发生反射和折射的,但不是在任何情况下都这样。当光从光密介质射入光疏介质时,在某种条件下,只有反射而无折射。这种现象是如何发生的呢?

如图 6-11 所示,让光线以一定的角度射到空气和玻璃的分界面上,可看到一部分光线从直边界面反射回玻璃砖,一部分光线折射入空气,折射角大于入射角。

逐渐增大入射角,折射角随之增大,折射光线逐渐偏离法线向直边界面靠近,而且越来越弱,反射光线越来越强。当入射角增大到某一角度时,折射角达到 90°,折射光线微弱地沿直边界面射出。如果再增大入射角,就会看到,折射光完全消失,光线全部反射回玻璃砖。这种现象被称为全反射,如图 6-12 所示。

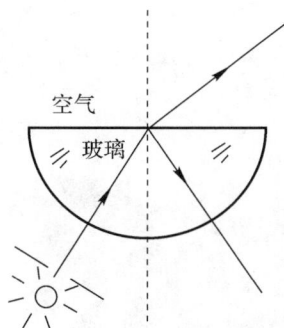

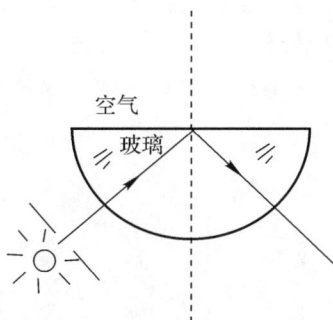

图 6-11   图 6-12

折射角等于 90°时的入射角称为临界角。所以发生全反射的条件是:

1)光线从光密介质射入光疏介质。

2)入射角大于临界角。

根据折射定律很容易求出临界角。例如,如图 6-12 所示,设光线从某种介质射入空气时的临界角为 α,n 为该种介质的折射率,根据式(6-1)有

$$\frac{\sin\alpha}{\sin90°} = \frac{1}{n}$$

所以 $$\sin\alpha = \frac{1}{n} \tag{6-7}$$

式(6-7)可用来计算光从某种介质射入空气(或真空)时的临界角。常用的介质对空气的临界角见表 6-2。

表 6-2   常用的介质对空气的临界角

介 质	临界角	介 质	临界角	介 质	临界角
金刚石	24.4°	各种玻璃	30°～42°	酒精	47.3°
二硫化碳	38°	甘油	43°	水	48.5°

全反射现象在自然界中是常见的。水中或玻璃中的气泡看起来特别明亮,就是由于一部分光从水或玻璃射到气泡界面时发生全反射。钻石的临界角很小,进入钻石的光较易在钻石与空气的界面上多次发生全反射,所以它总是显得晶莹剔透。

【阅读材料】

光 学 纤 维

光学纤维是利用全反射规律使光在透明纤维中传播的一种光学器件。光学纤维由玻璃、石英或塑料等透明材料制成核芯,外面有低折射率的透明包皮,直径通常在几微米到几十微米之间(见图 6-13)。

入射光从光学纤维一端射入,那些入射角较小的光线在纤维的核心——包皮界面上的入射角大于全反射的临界角。因而光线在纤维内做连续的全反射,使光以最低的损耗从纤维一端传输到另一端。

纤维的有限弯曲不会影响全反射条件,故传输效率不受影响。

成千上万条光学纤维捆扎起来可有效地传输光能,常用作特殊照明。只以传输光能为目的的光学纤维可混乱排列。若将光学纤维排成有序的阵列,输入端与输出端一一对应,就可直接用来传输图像。

图 6-13

现在利用光学纤维已经制成了用于检查胃、食管、十二指肠甚至心脏的内窥镜。并且可以直接拍摄内脏的彩色影片,供医生诊断之用。医生还可以通过光学纤维导入大功率的激光,切除内脏上的小型肿瘤。

光学纤维还可以代替电话线,用来传递消息。光学纤维传递消息,甚至比金属制成的电话线更优越。一对金属电话线至多只能同时传送1000多路电话。而理论上,一对细若蛛丝的玻璃纤维可以同时通100亿路电话。

光纤通信使用的材料来源广泛,1千克超纯玻璃就可以代替几十吨到几百吨铜。光纤通信还具有保密性好,不受干扰等优点。当然,光纤通信在技术上还有很多问题需要解决,但是不久的将来一定会出现一个全新的"光纤通信"时代。

【选学内容】

光污染与控制

光污染是指影响自然环境,对人类正常生活、工作、休息和娱乐带来不利影响、损害人们观察物体的能力以及引起人体不适和损害人体健康的各种光。国际上一般把光污染分为三类,即白亮污染、彩光污染、人工白昼。

1. 白亮污染

阳光照射强烈时,城市里建筑物的玻璃幕墙、釉面砖墙、磨光大理石和各种涂料等装饰反射光线引起白亮污染。波长10nm～1mm的光辐射(紫外辐射、可见光和红外辐射),在不同的条件下都有可能成为白亮污染源。过量的红外辐射和紫外辐射,会造成眼睛的光照性结膜炎、温热性光化学视网膜损伤和皮肤的红斑与灼伤。严重者会导致白内障(在此环境下人体的白内障发病率高达45%)、视网膜变性及皮肤的加速老化和皮肤癌。当波长大于1400nm时,几乎全部入射辐射被角膜和房水吸收,造成眼的内部损伤(这种损伤在很长时间内难以恢复)。如果长期被照射,人会流鼻血、牙齿脱落,甚至会导致白血病和其他癌变。特别光滑的墙壁、玻璃幕墙和洁白的书籍纸张的光反射系数高达90%(比草地、森林或毛面装饰物的光反射系数高10倍左右),前两者的反射光能使室内温度升高;反射光的汇聚还容易引发火灾和车祸。长期接触者会使人的视力急剧下降,并可能引发类似精神衰弱的症状,视觉环境是形成近视的主要原因。据统计,我国高中生近视率达60%以上,居世界第二位,这无不跟白亮污染的影响有关。

2.彩光污染

由激光灯、彩光灯构成的光污染称为彩光污染。家装中普遍采用的照明灯、户外闪烁的各色霓虹灯、广告灯和娱乐场所的各种彩色光源、电视、电脑等带屏幕的家用电器是彩光污染的主要污染源。彩光辐射带来的不协调的光辐射会影响人类大脑中枢神经并使其受损,还会严重影响人的心理健康。

3.人工白昼

由人为形成的大面积照亮光源导致的光污染,即为人工白昼。各种灯具的灯光汇集是人工白昼的主要污染源。国际上对商业或混合居住区的建筑墙面照度一般规定为50勒克司,灯具的光强度为2500Cd。居住区的照度为$10\sim20$Lx,灯具的光强度为$500\sim1000$Cd。人类采用的各种光源中,不仅发出可见光,而且其中很多光源还含有较多的红外辐射等,这种光污染使人昼夜不分,打乱了生物正常的生物节律,最易使人产生疲劳综合征。另外,人工白昼还严重影响了正常的卫星探测和天文观测。

现在我国城市普遍存在着灯光过多、过亮的问题,这样不仅产生光污染,也造成资源浪费和更为严重的光污染。我国的照明耗电量为$1433.25\sim1719.9$亿度。其中2/3为火力发电。火力发电中,又有3/4要使用燃煤,按每生产一度电产生的污染物二氧化碳为1100g,二氧化硫为9g计算:每年要排放7000万$\sim$9000万吨二氧化碳和60万$\sim$70万吨二氧化硫。如此多的大气污染物还是酸雨和光化学烟雾的主要产生源。我国部分省市已经出台有关光污染的防治条例。

防治光污染主要有以下几个方面措施:

1)加强城市规划和管理,改善工厂照明条件等,以减少光污染的来源。

2)对有红外线和紫外线污染的场所采取必要的安全防护措施。

3)采用个人防护措施,主要是佩戴防护眼镜和防护面罩。光污染的防护镜有反射型防护镜、吸收型防护镜、反射吸收型防护镜、爆炸型防护镜、光化学反应型防护镜、光电型防护镜、变色微晶玻璃型防护镜等类型。

光对环境的污染是实际存在的,但由于缺少相应的污染标准与立法,因而不能形成较完整的环境质量要求与防范措施。防治光污染,是一项社会系统工程,需要有关部门制订必要的法律和规定,采取相应的防护措施。对于个人来说要增加环保意识,注意个人保健。采用个人防护措施,把光污染的危害消除在萌芽状态。已出现症状的应定期去医院做检查,及时发现病情,做到以防为主,防治结合。

习 题 六

一、填空题

1.婷婷同学站在平面镜前2m处,她在平面镜中的像距她_____m;她走近平面镜时,她在镜中像的大小将_____(选填"变大""不变"或"变小")。

2.平静湖面的上空,一只鸟正冲向水面捕食,它在湖水中的像是 像(选填"虚"或"实"),鸟在向下俯冲的过程中,像的大小_____(选填"逐渐变大""逐渐变小"或"不变")。

3.图6-14所示的是一条光线由空气斜射入水面时,在水面处发生光的反射、折射现象,指出图中的入射点是 ____,入射光线是_____,法线是_____,反射光线是_____,折射光线是_____,入射角是_____度,反射角是_____度,折射角是_____度。

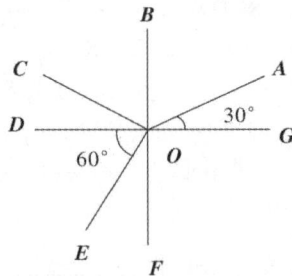

图 6-14

二、选择题

1.照镜子时,你会在镜里看到另外一个"你",镜里的这个"你"就是你的像。下列关于这个像的说法正确的是( )。

　　A.镜里的像是虚像　　　　　　　　B.像的大小与镜的大小有关
　　C.镜里的像是光的折射形成的　　　D.人向镜靠近0.2m,像将远离镜0.2m

2.雨后的晚上,天刚放晴,地面虽已干,但仍留有不少积水,为了不致踩到地上的积水,下面正确的是( )。

　　A.迎着月光走地上发亮处是积水,背着月光走地上暗处是积水
　　B.迎着月光走地上暗处是积水,背着月光走地上发亮处是积水
　　C.迎着月光或背着月光走,都是地上发亮处是积水
　　D.迎着月光或背着月光走,都是地上暗处是积水

3.如图6-15所示,水平桌面上斜放着一个平面镜,桌面上有一个小球向右滚去。要使平面镜中小球的像沿竖直方向下落,则镜面与桌面间的夹角α应为( )。

　　A.30°　　　　　　B.45°　　　　　　C.60°　　　　　　D.90°

4.甲、乙两人在灯光下照同一面镜子,甲在镜中能看到乙的眼睛,那么以下说法正确的是( )。

　　A.乙也一定能看到甲的眼睛　　　　B.乙只能看到甲的眼睛
　　C.乙不可能看到甲的眼睛　　　　　D.乙不可能看到甲的全身

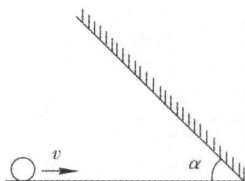

图 6-15

5. 如图 6-16 所示的 4 种现象中,属于光的折射现象的是( )。

| 叶子经露珠成放大的像 | 荷花在水中形成的合影 | 笔直的光线射入树林中 | 日全食现象 |
| A | B | C | D |

图 6-16

6. 在海上或沙漠上,有时会看到高楼大厦,热闹市场,实际大海、沙漠上并没有这些楼市,这种现象叫"海市蜃楼",出现"海市蜃楼"的原因是( )。

    A. 光在海面上反射的缘故   B. 光在云层上反射的缘故

    C. 光沿直线传播的缘故   D. 光在不均匀的大气层中折射的缘故

7. 下列现象中,属于光的折射现象的是( )。

    A. 看到游泳池中水的深度比实际浅   B. 教室里的同学能看到黑板上的字

    C. 湖面上映出白云的"倒影"   D. 从平面镜中看到自己的像

8. 下列哪个现象为折射的结果:①筷子水中部分是曲折的;②清澈的水底看起来比实际浅;③太阳未出地平线,人已看到太阳;④在平面镜中看到自己的像. 正确的是( )。

    A. ①③④   B. ③④   C. ①②③   D. ②③④

9. 一束光从空气斜射入水中,如果入射角逐渐增大,折射角将( )。

    A. 逐渐增大,且总大于入射角   B. 逐渐减小,且总大于入射角

    C. 逐渐增大,且总小于入射角   D. 逐渐减小,且总小于入射角

10. 一束光线入射到界面上,入射角为 $30°$,反射光线与折射光线的夹角为 $85°$,则折射角为( )。

    A. $30°$ B. $25°$ C. $60°$ D. $65°$

三、简答题

1. 根据平面镜成像特点,在图 6-17 中画出物体 AB 在平面镜 MN 中所成的像。

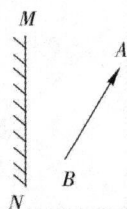

图 6 - 17

2.如图 6 - 18 所示,请画出光从空气射入玻璃再从玻璃到空气的光路图。

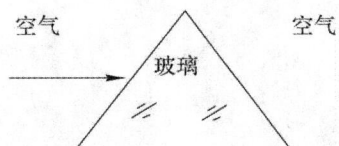

图 6 - 18

3.如图 6 - 19 所示,A 表示从空气斜射向玻璃砖上表面的一束光,并穿过玻璃砖。请大致画出这束光进入玻璃和离开玻璃后的光线(注意标出法线)。

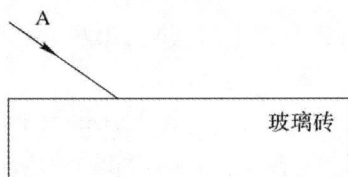

图 6 - 19

化学篇

第七章　化学基础知识

丰富多彩的物质世界是由 100 多种元素组成的,不同的元素具有不同的化学性质,而元素的化学性质是与它们的物质结构密切相关的。本章重点复习和巩固初中的一些基本概念、化学符号、酸碱盐基础,学习原子结构、元素周期律和物质的量的基本知识。

第一节　化学基本概念

一、分子

1. 分子

我们知道,把蔗糖放到水里,一会儿就不见了,而水却有了甜味;在汽车加油站,即使你站得远远的,也能闻到一股汽油味。这些现象说明物质是由肉眼看不见的微观粒子构成的。蔗糖在水中溶解,同时水有了甜味,是因为蔗糖的微粒扩散到水的微粒中间去了。人能闻到汽油味,是因为汽油的微粒扩散到空气中,接触到人的嗅觉细胞,从而使人闻到汽油味。

化学家们经过研究发现,许多物质都是由各自的分子微粒构成。如蔗糖是由许许多多蔗糖分子构成,汽油、水、酒精、氧气等也都是由它们各自的分子构成。

我们也知道,蔗糖溶于水中,蔗糖分子和水分子都没有变,没有其他物质生成,属于物理变化。但是蔗糖受强热分解成碳和水等物质时,它就不再具有蔗糖分子,没有甜味了。由此可知,由分子构成的物质在发生物理变化时,物质的分子本身没有变化;在发生化学变化时,它的分子起了变化,变成了另一种物质的分子。

所以,分子是保持物质的化学性质的一种微粒。同种物质的分子,性质相同;不同种物质的分子,性质不同。

那么,分子具有哪些特征呢?

(1)分子的体积很小。分子的直径在 $10^{-10} \sim 10^{-9}$ m 的范围内,我们用肉眼直接看是看不见的,如一滴水里大约有 1.67×10^{21} 个水分子。

(2)分子的质量很小。如一个水分子的质量大约为 3×10^{-26} kg。

(3)分子总是在不断地运动。分子的运动与温度有关,温度高,分子运动快;温度低,分子运动慢。

【实验 7.1】　在两只烧杯中分别装入半杯热水和冷水,各放入一小粒品红,观察发生的现象。可以看到,品红在热水里比冷水里扩散速度快。

(4)分子之间有一定的间隔。气态物质的分子间隔很大,而液态和固态物质的分子间的间隔都很小。一般物体有热胀冷缩的现象,就是由于物质分子间的间隔受热时增大,遇冷时减小的缘故。

【实验7.2】 把1体积(100mL)水和1体积(100mL)酒精充分混合,观察两种液体混合后的体积变化。100mL酒精和100mL水混合在一起,体积小于200mL,这是因为酒精分子和水分子相互填充了空隙的缘故。

2.混合物和纯净物

有的物质是由多种成分组成的。例如:空气是由氧气、氮气、稀有气体、二氧化碳等多种成分组成。有的物质是由单一成分组成,例如:氧气是由许多氧分子构成的,水是由许多水分子构成的。

由两种或两种以上成分混合而形成的物质叫混合物,单纯由一种成分组成的物质叫作纯净物。

混合物中各成分之间不发生化学反应,它们都各自保持原来的性质。用有关分子的知识还可以帮助我们比较深入地理解混合物和纯净物的概念。如果是由不同种分子构成的物质就是混合物,如蔗糖的水溶液、空气等,由同种分子构成的物质就是纯净物,例如:氮气、水等都是纯净物。

混合物和纯净物的比较,见表7-1。

表7-1 混合物和纯净物的比较

混合物	纯净物
含有两种以上成分(由不同种分子构成)	只含有一种成分(由同种分子构成)
没有一定的组成	有固定不变的组成
没有固定的物理性质和化学性质(各成分都保持各自的性质)	有固定的物理性质和化学性质

研究任何一种物质的性质,都必须取用纯净物。因为一种物质里如果含有杂质,就会影响这种物质固有的某些性质。实际上,完全纯净的物质是没有的,通常所讲的纯净物指的是含杂质很少的具有一定纯度的物质。用哲学的观点来看不纯是绝对的,纯只是相对的。如半导体材料的硅是高纯硅,纯度达99.999 999 999%。

二、原子

碱式碳酸铜分子经过加热,能够变成氧化铜、水和二氧化碳分子,其反应的化学方程式为

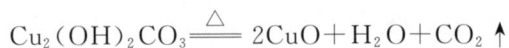

$$Cu_2(OH)_2CO_3 \xrightarrow{\triangle} 2CuO + H_2O + CO_2 \uparrow$$

可见,分子尽管很小,但还是可以再分的。

在化学反应中分子发生了变化,生成了新的分子,而原子仍然是原来的原子。因此,原子是化学变化中的最小粒子。原子的质量和体积都很小,它和分子一样,也在不断地运动。

有些物质是由分子构成的,如水、酒精等;还有些物质是由原子直接构成的,如稀有气体、汞等。

分子与原子的比较见表7-2。

表 7-2　分子与原子的比较

	分　子	原　子	备　注
定　义	是保持物质化学性质的一种粒子	是化学变化中的最小粒子	
相似点	质量、体积都非常小,处于永恒的运动之中,同种物质分子性质相同,不同种物质分子性质各异,物质内分子与分子之间有间隙	质量、体积都非常小,处于永恒的运动之中,同种原子性质相同,不同种原子性质各异。物质内原子与原子之间有间隙	分子与构成这种分子的原子相比,原子更小,但并不是说原子就一定比分子小。单原子分子就是原子
不同点	在化学反应中可以再分。分子是直接构成物质的一种粒子	在化学反应中不可再分。原子是构成分子的粒子,也可直接构成物质	

【知识链接】

基　本　粒　子

在历史上,基本粒子指构成物质的最基本的单元。但在夸克理论提出后,人们认识到基本粒子也有复杂的结构,故现在一般不提"基本粒子"这一说法。根据作用力的不同,粒子分为强子、轻子和传播子三大类。

强子就是所有参与强力作用的粒子的总称。它们由夸克组成,已发现的夸克有 5 种。理论预言还有第六种夸克存在,但目前尚未发现。现有粒子中绝大部分是强子,质子、中子、π 介子等都属于强子。另外还发现反物质,有著名的反夸克,正在研究中。

轻子就是只参与弱力、电磁力和引力作用,而不参与强相互作用的粒子的总称。轻子共有 6 种,包括电子,电子中微子,μ 子,μ 子中微子,τ 子,τ 子中微子。

传播子也属于基本粒子。传递强作用的胶子共有 8 种,传递弱作用的中间玻色子有 W± 和 Z0。

三、元素

1. 元素

氧分子是由氧原子构成的,水分子是由氢原子和氧原子构成的,五氧化二磷分子是由磷原子和氧原子构成的。以上 3 种物质中所含氧原子的核电荷数都是 8,即核内都有 8 个质子,凡是核电荷数是 8 的原子都归为同一类原子。

同类原子具有相同的核电荷数,因此,元素是具有相同核电荷数(即核内质子数)的一类原子的总称。每一类原子核内质子数相同,而中子数可能不同。如氢原子有 3 种:氢无中子,重氢有一个中子,超重氢有 2 个中子,而这 3 种氢原子的质子数都是 1,为同一类,统称氢元素。元素是以核电荷数为标准而对原子进行分类的一种方法,也就是说原子的核电荷数决定着元素的种类。

元素和原子是两个不同的概念,两者既有区别又有联系,见表 7-3。

表 7-3 元素和原子的比较

	元 素	原 子
区别	定义:是具有相同核电荷数的同一类原子的总称	定义:是化学变化中的最小粒子
	宏观概念。只讲"种类",不讲"数量""质量""大小"	微观概念。既讲"种类",又讲"数量""质量""大小"
	元素是组成物质的成分,如:水是由氢元素和氧元素组成的	原子是构成物质的一种粒子,如:一个水分子由 2 个氢原子和 1 个氧原子构成
联系	元素的概念是建立在原子概念的基础上的,是一类原子的总称;原子的核电荷数(质子数)决定元素的种类,原子是构成元素的基本单元	

迄今为止已发现的物质的种类已超过 3000 多万种。但是,组成这些物质的元素并不多。到目前为止,已经发现的元素约有 100 余种。这 3000 多万种物质都是由这 100 余种元素所组成的。

在纯净物中,有的是由同种元素组成的,例如:氧气是由氧元素组成的,铝是由铝元素组成的。像这种由同种元素组成的纯净物叫作单质。有的单质由分子构成,如氧气、氢气、氮气等;有的单质由原子构成,如碳、铁、铜等。根据单质性质的不同,一般可分为非金属、金属和稀有气体。

有些物质的组成比较复杂,例如:氧化镁是由氧和镁两种不同元素组成的,碳酸氢铵是由碳、氢、氧、氮 4 种不同元素组成的。像这种由不同元素组成的纯净物叫作化合物。化合物一般可分为无机化合物和有机化合物。

在由两种元素组成的化合物中,如果其中一种元素是氧元素,这种化合物叫作氧化物。由金属元素和氧元素组成的氧化物叫作金属氧化物,如氧化镁、氧化钙、氧化铝等。由非金属元素和氧元素组成的氧化物叫作非金属氧化物,如二氧化碳、五氧化二磷等。

电解质电离时所生成的阳离子全部是氢离子的化合物叫作酸,如盐酸、磷酸、硫酸等。电解质电离时所生成的阴离子全部都是氢氧根离子的化合物叫作碱,如氢氧化钠、氢氧化钙、氨水等。由金属离子和酸根离子(或铵离子)组成的化合物叫作盐,如氯化钠、碳酸氢铵、碱式碳酸铜等。

物质的分类可以简单概括如图 7-1 所示。

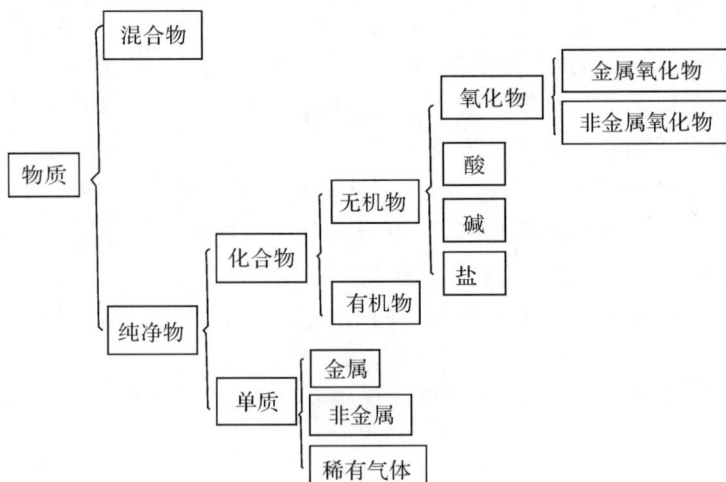

图 7-1 物质的分类

地壳主要由氧、硅、铝、铁、钙、钠、钾、镁、氢(按含量高低顺序)等元素组成。其中约含氧48.60％,含硅26.30％。

我们人体含有70多种元素。这70多种元素在人体里的含量差别很大,含量最多的氧元素,占身体总重量的65％,含量少的钴(Co)元素还不到十亿分之一。人体中含量较高的元素共有11种,它们是氧、碳、氢、氮、钙、磷、钾、硫、钠、氯、镁等。

2.元素符号

在国际上,现在统一采用元素的拉丁文名称的第一个大写字母来表示元素。如果几种元素名称的第一个字母相同时,可再附加一个小写字母来区别。例如,用C表示碳元素,Co表示钴元素,Ca表示钙元素,F表示氟元素,Fe表示铁元素,这种符号叫作元素符号。

如果元素符号必须用两个字母来表示,则第二个字母必须小写,以免混淆。例如,Co表示钴元素,如果写成CO就表示化合物一氧化碳了。

由于元素符号与汉字不是同一文字,我国习惯上写出化学元素符号后,读音是直读元素的汉语名称。例如写出氧的元素符号"O"这个字母后,读时常直读为氧,而不能读字母的发音。

元素符号具有三点含义:表示一种元素;表示这种元素的一个原子;表示这种元素的相对原子质量。

常见元素的名称和元素符号要求会读会写,尤其是1～20号元素。

第二节　化　学　式

一、化学式

用元素符号来表示物质组成的式子叫化学式。例如,可以分别用O_2,H_2O,NaCl,$KClO_3$来表示氧气、水、氯化钠、氯酸钾的组成。各种物质的化学式不是凭空写出来的,而是前人经多次精密实验,测定其组成后推算出来的。因此,一种物质只对应一个化学式。

化学式明确表示了该物质的组成元素以及各元素间的质量比和原子个数比。如,从二氧化碳的化学式CO_2,我们可以知道,二氧化碳是由碳元素和氧元素组成,在二氧化碳分子中:

$$碳原子数：氧原子数＝1：2$$
$$碳的质量：氧的质量＝12：16×2＝3：8$$

由分子构成的物质,化学式不仅能表示这种物质的组成,同时也能表示这种分子的构成,这种化学式也叫分子式,但现在一般通用化学式来表示物质的组成,不再区分哪些化学式是分子式。

1.单质化学式的书写

单质是由同种元素组成的,其化学式的书写可参照以下方法。

(1)所有金属单质、除碘之外的固态非金属单质和稀有气体习惯上直接用元素符号表示它们的化学式。例如:铜单质用Cu表示,钾单质用K表示,硫单质用S表示,碳单质用C表示,氦气和氖气分别用He和Ne来表示。

(2)双原子分子其单质的化学式可表示为X_2。X代表是元素符号,右下角的小数字表示这种单质1个分子里所含的原子数。气态非金属单质(如氢气、氧气、氮气等)、液态非金属单质(如溴)和固态非金属单质(如碘)都是双原子分子,因而它们的化学式分别用H_2,O_2,N_2,

Br_2 和 I_2 表示。

2. 化合物化学式的书写

化合物是由不同种元素组成的。在写一个化合物的化学式时,首先必须知道这种化合物是由哪几种元素组成的,然后还要知道各组成元素的原子个数比,先按规定写出组成这种化合物的各元素的元素符号,然后在每种元素符号的右下角用阿拉伯小数字标明各元素的原子个数比("1"字一般不标),可用化学式中各元素正负化合价的代数和为零来确定各元素的原子个数比。

(1)氧化物的化学式,一般要把氧的元素符号写在右边,另一种元素符号写在左边。例如,水的化学式是 H_2O,氧化汞的化学式是 HgO。

(2)酸的化学式,氢的元素符号写在左边,酸根的元素符号写在右边。例如,硫酸的化学式是 H_2SO_4,盐酸的化学式是 HCl。

(3)碱和盐的化学式,一般把金属的元素符号写在左边,氢氧根或酸根的元素符号写在右边。例如,氢氧化钠的化学式是 $NaOH$,硫化钠的化学式是 Na_2S,氯酸钾的化学式是 $KClO_3$。应该注意,元素符号前面的数字和右下角的数字意义是完全不同的。例如,O_2 表示一个氧分子由 2 个氧原子构成,$2O$ 表示 2 个氧原子,$3O_2$ 表示 3 个氧分子。

二、化学式的命名

对于物质的化学式,该如何正确命名呢?根据化合物的组成和性质,这里主要介绍酸、碱、盐三类物质。

1. 酸的命名

酸分为含氧酸和无氧酸两类。含氧酸一般根据它的分子里氢氧两种元素以外的另一种元素的名称而命名为"某酸"。例如,H_2SO_4 叫硫酸,H_3PO_4 叫磷酸。无氧酸的命名是在氢字的后面加上另一种元素的名称,叫作"氢某酸"。例如 HCl 叫氢氯酸,H_2S 叫氢硫酸。

2. 碱的命名

碱的命名可以根据它的组成——氢氧根离子和金属离子的名称,叫作"氢氧化某"。如 $Mg(OH)_2$ 叫氢氧化镁,KOH 叫氢氧化钾。如果某种金属元素能形成带不同电荷的离子时,那么,把具有高价金属离子的碱叫作"氢氧化某",把具有低价金属离子的碱叫作"氢氧化亚某"。例如,$Fe(OH)_3$ 叫作氢氧化铁,$Fe(OH)_2$ 叫作氢氧化亚铁。

3. 盐的命名

盐类根据组成不同,分为正盐、酸式盐和碱式盐。

(1)正盐。

正盐是酸和碱完全中和的产物。如 $NaCl$,Na_2CO_3,$CuSO_4$,其中无氧酸盐的命名是在非金属元素和金属元素名称中间加一"化"字,叫作"某化某"。如 $NaCl$ 叫氯化钠,K_2S 叫硫化钾。含氧酸盐的命名是在酸的名称后面加上金属的名称,叫"某酸某",如 K_2SO_4 叫硫酸钾,$CaCO_3$ 叫作碳酸钙。

如果一种金属元素具有多种化合价,对于含低化合价金属元素的盐的命名,可以在金属名称的前面加个"亚"字,对含有高化合价金属元素的盐,可仍按原来方法命名。例如 $Fe_2(SO_4)_3$ 叫硫酸铁,$FeSO_4$ 叫硫酸亚铁,$CuCl_2$ 叫氯化铜,$CuCl$ 叫氯化亚铜。

(2)酸式盐。

　　酸式盐是酸中的氢部分被中和的产物。如 $NaHCO_3$，$KHSO_4$。酸式盐的命名是在酸名称的后面加个"氢"字，然后再读金属的名称，例如，$NaHCO_3$ 叫碳酸氢钠（也叫酸式碳酸钠）。电离生成的 HCO_3^- 叫碳酸氢根离子。

　　如果酸式盐中含有两个可电离的氢原子，命名时可标明数字，例如 NaH_2PO_4 叫磷酸二氢钠，$Ca(H_2PO_4)_2$ 叫磷酸二氢钙。

　　（3）碱式盐。

　　碱式盐是碱中的氢氧根离子部分被中和的产物。如 $Cu_2(OH)_2CO_3$，命名是在正盐的名称前边加"碱式"二字，叫作碱式碳酸铜。

　　总之，化合物的化学式的读写的原则可概括为：先读的后写，后读的先写。

第三节　化学方程式

　　化学反应遵守质量守恒定律，即参加反应的各物质的质量总和，等于反应后生成的各物质的质量总和。根据该定律，可利用物质的化学式来表示具体的化学反应。这种用化学式来表示化学反应的式子，叫作化学方程式。如氢气在氧气中燃烧生成水，该反应的化学方程式为

$$2H_2 + O_2 \xrightarrow{\text{点燃}} 2H_2O$$

　　这个式子不仅表明了该反应所需要的外界条件，还明确了哪些物质参加了反应（反应物），生成了什么物质（生成物），同时还通过其相对分子质量表示了各物质之间的质量关系，即各物质之间的质量比。

　　书写化学方程式要遵守两个原则：一是要以客观事实为基础，不能臆造事实上不存在的物质和化学反应，不能任意编造物质的化学式；二是要遵守质量守恒定律，化学方程式中各化学式前的系数，必须准确反映各物质发生化学反应前后的定量关系，"等号"两边各种原子的种类和数目必须相等。

　　现在以氯酸钾分解生成氯化钾和氧气为例，说明书写化学方程式的具体步骤。

　　（1）根据实验事实写出反应物和生成物的化学式。

　　反应物的化学式写在左边，生成物的化学式写在右边，若反应物或生成物不止一种，就分别用"加号"把它们连接起来，反应物和生成物之间要画一条短线，即

$$KClO_3 \text{——} KCl + O_2$$

　　（2）配平化学方程式。

　　书写化学方程式必须遵守质量守恒定律。因此，方程式中各物质的化学式前面要配上适当的系数，使得式子两边各种原子的种类和数目相等，这个过程叫化学方程式的配平。配平化学方程式的方法很多，较简单、常用的是观察法和最小公倍数法。

　　上面的式子里，左边的氧原子数是 3，右边的氧原子数是 2，两边的最小公倍数是 6，因此，在 O_2 前面配上系数 3，在 $KClO_3$ 前面配上系数 2，即

$$2KClO_3 \text{——} KCl + 3O_2$$

　　再给 KCl 配上系数 2，使反应前后氯和钾的原子数相等。配平后，把短线改成"等号"，即

$$2KClO_3 \text{====} 2KCl + 3O_2$$

　　（3）注明化学反应发生的条件。

化学反应只有在一定条件下才能发生,因此,需要在化学方程式中注明反应发生的基本条件。如把点燃、加热(常用"△"号表示)、高温、加压、催化剂、通电等写在"等号"的上方。如果有两种以上的反应条件,一般把加热符号写在"等号"下边。如果生成物中有气体,在气体物质的化学式右边要注"↑"号(若反应物有气态物质,生成的气态物质不标"↑");如果生成物有固体,在固体物质的化学式右边要注"↓"号(若反应物有固态物质,生成的固态物质不标"↓"):

$$2KClO_3 \xrightarrow[\triangle]{MnO_2} 2KCl + 3O_3 \uparrow$$

$$2C_2H_2 + 5O_2 \xrightarrow{点燃} 4CO_2 + 2H_2O$$

$$HCl + AgNO_3 =\!=\!= HNO_3 + AgCl \downarrow$$

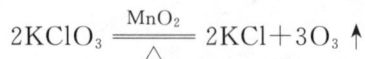

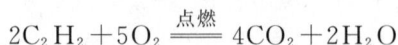

化学方程式所表示的意义和读法,以氢气在氧气中点燃生成水为例说明,有

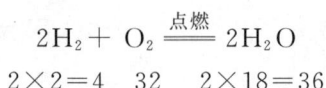

$$2H_2 + O_2 \xrightarrow{点燃} 2H_2O$$
$$2 \times 2 = 4 \quad 32 \quad 2 \times 18 = 36$$

如果说明质的变化,宏观上可以读作"在点燃条件下,氢气和氧气反应生成水",微观上可以读作"在点燃条件下,氢分子和氧分子反应生成了水分子";如果说明量的变化,微观上可以读作"在点燃条件下,每2个氢分子与1个氧分子反应生成2个水分子",宏观上可以读成"在点燃条件下4g氢气和32g氧气反应生成36g水"。根据物质之间量的变化,可以进行有关的计算。

第四节　酸碱盐的基本知识

一、酸

酸溶于水后都能解离出相同的阳离子——氢离子(H^+),阴离子为酸根离子。如:硫酸(H_2SO_4)、盐酸(HCl)、硝酸(HNO_3)、碳酸(H_2CO_3)等。

酸具有下述性质:

(1)与酸碱指示剂反应。酸可以使紫色石蕊试液显红色,甲基橙显红色,无色酚酞试液不变色。

(2)与活泼金属反应生成盐和氢气。金属必须是在金属性活动顺序表中排在氢前面的金属,即活泼金属。例如:

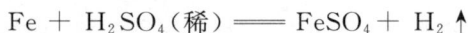

$$Fe + H_2SO_4(稀) =\!=\!= FeSO_4 + H_2 \uparrow$$
$$2Al + 6HCl =\!=\!= 2AlCl_3 + 3H_2 \uparrow$$

(3)与碱性氧化物反应生成盐和水。例如:

$$Fe_2O_3 + 6HCl =\!=\!= 2FeCl_3 + 3H_2O$$
$$CuO + H_2SO_4 =\!=\!= CuSO_4 + H_2O$$

(4)与碱发生中和反应生成盐和水。例如:

$$NaOH + HCl =\!=\!= NaCl + H_2O$$
$$2NaOH + H_2SO_4 =\!=\!= Na_2SO_4 + 2H_2O$$

(5)与盐反应生成新酸和新盐。此反应为复分解反应,酸碱盐之间并不是都可以发生复分

解反应,只有当两种化合物之间交换成分,生成物中有沉淀、气体或水生成,才可以进行。例如:

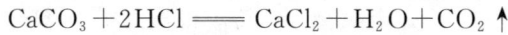

$$CaCO_3 + 2HCl \Longrightarrow CaCl_2 + H_2O + CO_2 \uparrow$$

$$FeS + 2HCl \Longrightarrow FeCl_2 + H_2S \uparrow$$

$$AgNO_3 + HCl \Longrightarrow AgCl \downarrow + HNO_3$$

$$BaCl_2 + H_2SO_4 \Longrightarrow BaSO_4 \downarrow + 2HCl$$

(6)分解反应。一般含氧酸加热分解成酸酐(酸酐一般看成是由酸脱水而成的氧化物,许多能再与水作用而成原来的酸)和水。例如:

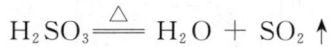

$$H_2SO_3 \xrightarrow{\triangle} H_2O + SO_2 \uparrow$$

$$H_2SiO_3 \xrightarrow{\triangle} H_2O + SiO_2$$

二、碱

碱溶于水后都能解离出相同的阴离子——氢氧根离子(OH^-),阳离子为金属离子(或铵根离子)。如:氢氧化钠($NaOH$)、氢氧化钙($Ca(OH)_2$)、氨水($NH_3 \cdot H_2O$)等。

碱具有下述性质:

(1)与酸碱指示剂反应。碱可以使紫色石蕊试液显蓝色,甲基橙显黄色,无色酚酞试液显红色。

【做一做】

捉 迷 藏

用玻璃棒或毛笔蘸取酚酞试液在滤纸上画一只小猫(或其他图像),把滤纸放在盛有浓氨水的瓶口上方,滤纸上很快出现一只红色小猫;再把滤纸放在盛有浓盐酸的瓶口上方,小猫渐渐消失。可反复操作。

(2)与酸性氧化物反应生成盐和水。碱必须是可溶或微溶性的碱。例如:

$$CO_2 + Ca(OH)_2 \Longrightarrow CaCO_3 \downarrow + H_2O$$

$$SO_2 + 2NaOH \Longrightarrow Na_2SO_3 + H_2O$$

(3)与酸发生中和反应生成盐和水。例如:

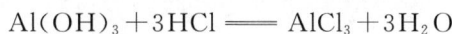

$$NaOH + HCl \Longrightarrow NaCl + H_2O$$

$$Al(OH)_3 + 3HCl \Longrightarrow AlCl_3 + 3H_2O$$

(4)与盐反应生成新碱和新盐。例如:

$$Na_2CO_3 + Ca(OH)_2 \Longrightarrow CaCO_3 \downarrow + 2NaOH$$

$$CuSO_4 + 2NaOH \Longrightarrow Cu(OH)_2 \downarrow + Na_2SO_4$$

$$2NH_4Cl + Ca(OH)_2 \xrightarrow{\triangle} CaCl_2 + 2H_2O + 2NH_3 \uparrow$$

(5)分解反应生成碱性氧化物和水。一般为不溶性碱和氨水。例如:

$$2Fe(OH)_3 \xrightarrow{\triangle} Fe_2O_3 + 3H_2O$$

$$NH_3 \cdot H_2O \xrightarrow{\triangle} NH_3 + H_2O$$

三、盐

盐溶于水后解离出的阳离子为金属离子（或铵根离子），阴离子为氢氧根离子（OH^-）。如：氯化钠（$NaCl$）、碳酸钠（Na_2CO_3）、硫酸钡（$BaSO_4$）等。

盐具有下述性质：

（1）与活泼金属反应生成盐和另一种金属。在金属性活动顺序表中排在前面的金属可以把排在后面的金属从它的盐溶液中置换出来。例如：

$$Zn + CuSO_4 === ZnSO_4 + Cu$$
$$Fe + CuSO_4 === FeSO_4 + Cu$$
$$Cu + 2AgNO_3 === Cu(NO_3)_2 + 2Ag$$

（2）与酸反应生成新酸和新盐。例如：

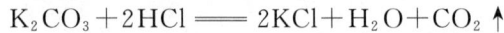

$$K_2CO_3 + 2HCl === 2KCl + H_2O + CO_2 \uparrow$$
$$BaCl_2 + H_2SO_4 === BaSO_4 \downarrow + 2HCl$$

【做一做】

不安定的卫生球

在盛有碳酸氢钠溶液的烧杯中加入醋酸，同时放入一个卫生球。开始时，卫生球沉睡于杯底，一会儿，卫生球就不安定了，在水中上下跳动，就像得了癫狂症一样。

（3）与碱反应生成新碱和新盐。例如：

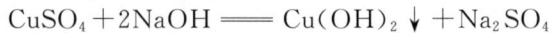

$$CuSO_4 + 2NaOH === Cu(OH)_2 \downarrow + Na_2SO_4$$
$$2NH_4Cl + Ca(OH)_2 \xrightarrow{\triangle} CaCl_2 + 2H_2O + 2NH_3 \uparrow$$

（4）与盐反应生成两种新盐。例如：

$$NaCl + AgNO_3 === AgCl \downarrow + NaNO_3$$
$$CuSO_4 + BaCl_2 === BaSO_4 \downarrow + CuCl_2$$

（5）不溶性盐加热分解后一般生成酸性氧化物和碱性氧化物。例如：

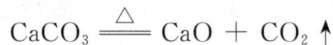

$$CaCO_3 \xrightarrow{\triangle} CaO + CO_2 \uparrow$$

第五节　原子结构　元素周期律

一、原子结构

1.原子的构成

原子是化学变化中的最小粒子，原子是由居于原子中心带正电荷的原子核和核外带负电荷的电子构成的。由于原子核所带电量与核外电子的电量相等而电性相反，所以原子作为一个整体不显电性。

原子小，原子核更小，它的半径仅约为原子半径的万分之一，而体积只占原子体积的几千亿分之一。因此，相对来说，原子里有很大的空间，电子就在这个相对广大的空间内以接近光的速度绕核作高速运动。

原子核虽小，但它仍可再分为质子和中子。每个质子带一个单位的正电荷，中子不带电，

因此核电荷数(原子核所带的正电荷数,符号为 Z)是由质子数决定的。由于每个电子带一个单位的负电荷,所以

核电荷数(Z)＝核内质子数＝核外电子数

质子的质量为 $1.672\ 6\times10^{-27}\ kg$,中子质量为 $1.674\ 9\times10^{-27}\ kg$,电子的质量很小,仅约为质子质量的 $1/1\ 836$,所以,原子的质量主要集中在原子核上。

由于质子、中子的质量都很小,计算很不方便,因此,通常用它们的相对质量,即以碳原子(^{12}C 原子)的质量的 $1/12$(即 $1.660\ 6\times10^{-27}\ kg$)为标准,质子和中子相对质量分别为 1.007 和 1.008,取近似整数值为 1。如果电子的质量忽略不计,原子的相对质量的整数部分就等于质子的相对质量的整数部分(等于质子数)与中子的相对质量的整数部分(等于中子数)之和,这个数叫作质量数。显然,质量数等于原子所含质子数与中子数之和,即

质量数(A)＝质子数(Z)＋中子数(N)

因此,只要知道上述 3 个数值中的任意两个,就可以推算出另一个数值来。例如:硫原子的核电荷数为 16,质量数为 32,则:硫原子的中子数 $N＝A-Z＝32-16＝16$。

归纳起来,如以 ^A_ZX 代表一个质量数为 A,质子数为 Z 的原子,那么构成原子的粒子间的关系如图 7-2 所示。

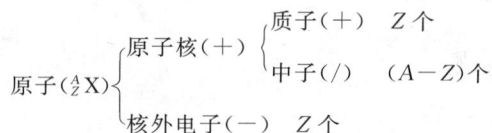

$$原子(^A_ZX)\begin{cases}原子核(+)\begin{cases}质子(+)\quad Z个\\中子(/)\quad(A-Z)个\end{cases}\\核外电子(-)\quad Z个\end{cases}$$

图 7-2　原子的构成

2.原子核外电子排布

在原子中,原子核外的电子在一个相对广大的空间绕核作高速运动。在含有多个电子的原子里,电子之间的能量是不同的。能量低的电子在近核区域运动,能量高的电子在远核区域内运动。我们把这些离核距离不等的电子运动区域叫作电子层。

电子层是决定电子能量高低的主要因素,通常有数字和字母两种表示方法。其对应关系以及各层电子的能量变化如下:

电子层序数(n):	1	2	3	4	5	6	7
对应符号:	K	L	M	N	O	P	Q

各电子层的能量递变规律:从 K 层到 Q 层,离核由近到远,能量由低到高。

例如 $n＝1$,表示第一电子层,即 K 层;$n＝2$,表示第二电子层,即 L 层,依次类推。n 值越大,在该层的电子离核就越远,该层电子的能量就越高,所以核外电子运动状态是按能量而"分层"的,这也决定了核外电子的分层排布。1~18 号元素和稀有气体元素原子核外电子的排布分别见表 7-4 和表 7-5。

表 7 - 4　1～18 号元素原子核外电子的排布

核电荷数	元素名称	元素符号	各电子层的电子数		
			K	L	M
1	氢	H	1		
2	氦	He	2		
3	锂	Li	2	1	
4	铍	Be	2	2	
5	硼	B	2	3	
6	碳	C	2	4	
7	氮	N	2	5	
8	氧	O	2	6	
9	氟	F	2	7	
10	氖	Ne	2	8	
11	钠	Na	2	8	1
12	镁	Mg	2	8	2
13	铝	Al	2	8	3
14	硅	Si	2	8	4
15	磷	P	2	8	5
16	硫	S	2	8	6
17	氯	Cl	2	8	7
18	氩	Ar	2	8	8

表 7 - 5　稀有气体元素原子核外电子的排布

核电荷数	元素名称	元素符号	各电子层的电子数					
			K	L	M	N	O	P
2	氦	He	2					
10	氖	Ne	2	8				
18	氩	Ar	2	8	8			
36	氪	Kr	2	8	18	8		
54	氙	Xe	2	8	18	18	8	
86	氡	Rn	2	8	18	32	18	8

从表 7 - 4 和表 7 - 5 可以归纳出核外电子排布有下述规律：

1）各电子层最多可容纳的电子数为 $2n^2$ 个（n 为电子层数）。

2）最外层电子数不得超过 8 个（K 层为最外层时不超过 2 个）。

3）次外层的电子数不超过 18 个，倒数第三层电子数不超过 32 个。

根据能量最低原理，核外电子总是尽先排布在能量最低的电子层里，然后再由里往外，依次排布在能量逐步升高的电子层里，即排满了 K 层才排 L 层，排满了 L 层才排 M 层。

元素的性质（特别是化学性质）与它的原子最外层电子数目的关系非常密切。稀有气体元素的原子最外层电子数是 8 个(氦是 2 个),是稳定结构,很难发生化学反应;金属元素的原子最外层电子数较少,容易失去电子使次外层变为最外层,达到 8 个电子(K 层为 2 个电子)的稳定结构;非金属元素的原子最外层电子数较多,容易得到电子而达到 8 个电子的稳定结构。

【知识链接】

电 子 云

电子在原子核外很小的空间内作高速运动,其运动规律跟一般物体不同,它没有明确的轨道。根据量子力学中的测不准原理,我们不可能同时准确地测定出电子在某一时刻所处的位置和运动速度,也不能描画出它的运动轨迹。因此,人们常用一种能够表示电子在一定时间内在核外空间各处出现机会的模型来描述电子在核外的运动。在这个模型里,某个点附近的密度表示电子在该处出现的机会的大小。密度大的地方,表明电子在核外空间单位体积内出现的机会多。反之,则表明电子出现的机会少。由于这个模型很像在原子核外有一层疏密不等的"云",所以,人们形象地称之为"电子云"。

3. 同位素

具有相同核电荷数(即质子数)的同一类原子叫作元素。也就是说,同种元素原子的质子数相同,那么,它们的中子数是否相同呢?科学研究证明,中子数不一定相同。例如,氢元素就有三种不同的原子,它们的名称、符号和组成等见表 7-6。

表 7-6 氢元素的同位素

符 号	名 称	俗 称	质子数	中子数	核电荷数	质量数
^1_1H 或 H	氕(音撇)	氢	1	0	1	1
^2_1H 或 D	氘(音刀)	重氢	1	1	1	2
^3_1H 或 T	氚(音川)	超重氢	1	2	1	3

这种具有相同质子数和不同中子数的同一种元素的不同原子互称为同位素。实验证明,许多元素都有同位素。自然界里绝大多数元素都是由它们的多种同位素组成的混合物。在天然存在的某种元素里,不论是游离态还是化合态,各种同位素所占的原子百分比一般是不变的。

同位素在现代科学上有很广泛的用途。利用同位素的物理、化学性质的可探测性,作为示踪原子已广泛应用在工农业、医药及各种科研中;另一方面,应用放射性同位素的辐射能可以制造新产品或解决新问题。

【资料卡片】

放射性元素

放射性元素(确切地说应为放射性核素)是能够自发地从不稳定的原子核内部放出粒子或射线(如 α 射线,β 射线,γ 射线等),同时释放出能量,最终衰变形成稳定的元素而停止放射的元素。这种性质称为放射性,这一过程叫作放射性衰变。含有放射性元素(如 U,Th,Ra 等)的矿物叫作放射性矿物。放射性同位素的应用很广泛,主要有以下几方面:

(1)放射性同位素在工业上的应用:工业同位素示踪,同位素电池,同位素监控表,辐射加工方面等。

(2)同位素在农业上的应用:辐射育种,示踪技术,昆虫辐射不育,食品辐照保藏等。

(3)同位素在医学上的应用:核医学诊断,癌症放射性治疗等。

二、元素周期律

按核电荷数由小到大的顺序给元素编号,这种序号叫作元素的原子序数。现将元素按原子序数从1~18由小到大的顺序排列,来寻找元素性质的变化规律。

1.核外电子排布(见图7-3)

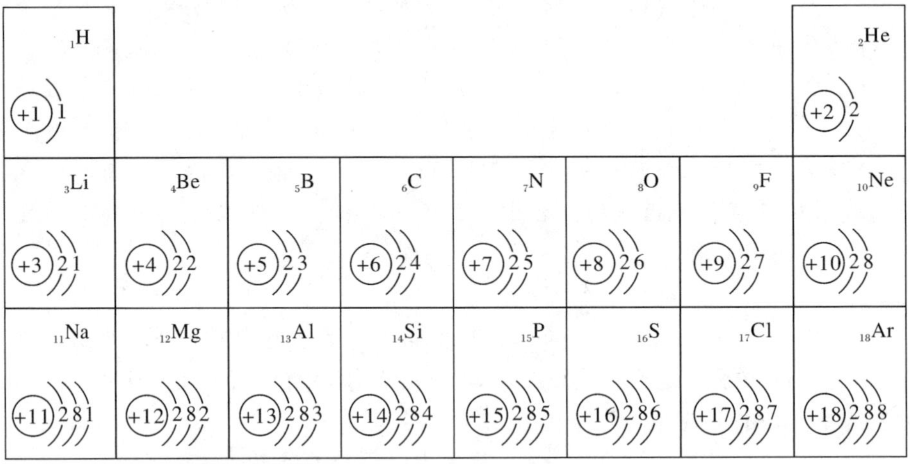

图7-3　原子序数为1~18的元素原子核外电子排布示意图

从图7-3中1~18号元素的原子结构示意图可知,原子序数为1~2的元素的原子即从氢到氦,只有一个电子层,电子由1个增加到2个,氦原子达到稳定结构。原子序数为3~10的元素的原子,即从锂到氖,有两个电子层,最外层电子由1个递增到8个,氖原子达到稳定结构。原子序数为11~18的元素的原子,即从钠到氩,有3个电子层,最外层电子也从1个递增到8个,氩原子达到稳定结构。把原子序数为18以后的原子继续排列起来,也会发现类似的规律,也就是每隔一定数目的元素,重复出现原子最外层电子从1个递增到8个的情况。

由此可见,随着原子序数的递增,元素原子的最外层电子排布呈现周期性变化。

2.原子半径

在图7-4中,以稀有元素氦(He)、氖(Ne)、氩(Ar)为界,可以看到,原子序数为3~9的元素随着原子序数的递增,原子半径逐渐减小。原子序数为11~17的元素和原子序数为3~9的元素的变化趋势相似。如果把已知的元素,按原子序数的递增顺序排列起来,整个图形会重复出现相似的情况。可见,随着原子序数的递增,元素的原子半径呈周期性的变化。

3.元素性质的周期性变化

由图7-4中可以看出,3~10号元素,从活泼金属元素锂逐渐过渡到活泼的非金属元素氟,最后以稀有气体元素结尾,11~18号元素也是同样。

3~10号元素与11~18号元素,它们最高价氧化物对应的水化物的酸碱性也呈现出规律性的变化。可见,元素性能随着元素的原子序数的递增,呈周期性变化。

4.元素主要化合价

从化合价来看,11~18号元素在极大程度上重复着从3~10的元素所表现的化合价的变化,即正价从+1(Na)逐渐递变到+7(Cl),从中部的元素开始有负价,负价从-4(Si)递变到-

1(Cl)；结尾元素(氖和氩)的化合价通常为零。

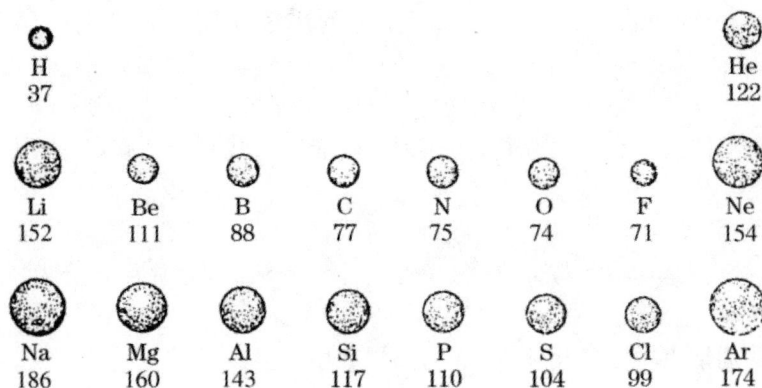

图 7-4　原子序数为 1～18 的元素原子半径变化示意图(单位:pm)

从以上的事实,可以归纳出这样一条规律:

元素的单质和化合物的性质随着原子序数的递增而呈周期性的变化。这个规律叫作元素周期律。该规律是 1869 年由俄国化学家门捷列夫发现的。

元素周期律反映了各种化学元素之间的内在联系和性质的变化规律。使人们认识到自然界的化学元素之间不是彼此孤立和无联系的,而是形成了一个完整的体系并有规律地变化着。

三、元素周期表

根据元素周期律,将目前已知的一百多种元素按原子序数递增的顺序排列,将原子的电子层数相同的元素,从左到右排成横行,再把不同横行中原子最外层电子数相同的元素按电子层数递增的顺序从上到下排列成纵行,这样得到的表叫作元素周期表。元素周期表是元素周期律的具体表现形式,反映了元素之间相互联系的规律。

元素周期表有多种形式,现在介绍目前使用最普遍的长式周期表,见附录。

1. 周期

具有相同电子层数,并按照原子序数递增的顺序排列的一系列元素,称为周期。在元素周期表中有 7 个横行,也就是 7 个周期。各周期的序数就是该周期中元素原子具有的电子层数。

第一周期有 2 种元素。第二、三周期各有 8 种元素,第四、五周期各有 18 种元素,第六周期有 32 种元素。含元素较少的第一、二、三周期叫作短周期,第四、五、六周期叫作长周期,第七周期到现在为止还没有填满,叫作不完全周期。

除第一周期外,同一周期中,从左到右,各元素原子最外电子层的电子数都是从 1 递增到 8。除第一周期和第七周期外,其他周期的元素都是从活泼的金属元素逐渐过渡到活泼的非金属元素,最后以稀有气体元素结束。

为了不使周期表太长,通常将第六周期和第七周期中性质极相似的元素,即镧系元素(57～71)和锕系元素(89～103)列在表的下方。

2. 族

把不同周期中,外层电子数相同的元素组成 18 个纵行,一般一个纵行为一族(只有第 8～

10 三纵行合并为一族),共 16 个族。分为 7 个主族,7 个副族,1 个第Ⅷ族,1 个零族。

(1)由短周期元素和长周期元素共同组成的纵行叫作主族。周期表共 7 个主族,分别用ⅠA,ⅡA,ⅢA,ⅣA,ⅤA,ⅥA,ⅦA 表示。主族的序数与周期表中电子层的结构有如下关系:

主族序数＝最外层电子数

(2)完全由长周期元素组成的纵行,叫作副族。周期表共 7 个副族,分别用ⅠB,ⅡB,ⅢB,ⅣB,ⅤB,ⅥB,ⅦB 表示。

(3)周期表中第 8,9,10 三个纵行合称为第Ⅷ族,周期表中只有一个,用"Ⅷ"表示。

(4)最右边一纵行是稀有气体元素,化学性质非常不活泼,通常化合价为零,故称为零族。用"0"表示。

现在,也有的周期表中零族用ⅧA 表示,第Ⅷ族用ⅧB 表示。

【猜谜语】

以下谜题各打一化学元素。

(1)财迷。　　　　　　　　　(2)抵押石头。

(3)金属之冠。　　　　　　　(4)水上作业。

(5)气盖峰峦。　　　　　　　(6)天府之国雾气笼。

(7)金先生的夫人。　　　　　(8)端着金碗乞讨。

3.主族元素性质的递变

(1)同周期元素的金属性和非金属性的递变。

元素的金属性通常指原子失去电子的能力,元素的非金属性通常指原子获得电子的能力。影响原子得失电子的难易的主要因素是:原子的核电荷数;电子层结构,特别是最外电子层的结构;原子半径。一般来说,同周期元素核电荷数越小,半径越大,最外层电子数越少,就越容易失去电子,金属性就愈强;反之,则非金属性愈强。因此,同周期元素从左到右,金属性逐渐减弱,非金属性逐渐增强。

元素的金属性越强,它的单质与水或酸越易发生反应置换出氢气;元素的非金属性越强,它的单质越易与氢气反应,生成气态氢化物,热稳定性越强。元素的金属性越强,它的最高价氧化物对应水化物的碱性也越强;元素的非金属性越强,它的最高价氧化物对应水化物的酸性也越强。因此,同一周期元素从左到右元素的最高价氧化物对应水化物碱性逐渐减弱,酸性逐渐增强。

(2)同主族元素的金属性和非金属性的递变。

在同一主族中,各元素的原子最外层电子数相同,性质相似。但从上到下,随着核电荷数的增多,电子层数逐渐增多,原子半径逐渐增大,原子核对外层电子的吸引力逐渐减弱,失电子能力逐渐增强,得电子能力逐渐减弱。因此,同主族元素从上至下的金属性逐渐增强,非金属性逐渐减弱,它们的最高价氧化物对应水化物的碱性逐渐增强,酸性逐渐减弱。

综上所述,在元素周期表里,主族元素金属性和非金属性的递变规律如表 7-7 所示。由于元素的金属性和非金属性没有绝对界限,表中位于折线附近的元素,既表现出某些金属性质,又表现出某些非金属性质。

表 7-7　主族元素金属性和非金属性的递变

(3)主族元素的化合价递变。

元素的化合价随着原子序数的递增而呈周期性的变化。元素的化合价与原子的电子层结构,特别是最外层上的电子数目有着密切的关系。一般把能够决定化合价的电子即参加化学反应的电子,称为价电子。

主族元素的最高正化合价等于它所在的族序数(除 F 外)。也等于它们的最外层电子数。即价电子数。非金属元素的最高正价与最低负价绝对值的和等于 8。元素的负化合价数等于最外层的电子数减去 8。表 7-8 列出了主族元素化合价的变化及气态氢化物、最高价氧化物的通式。

表 7-8　主族元素化合价的变化

族　数	ⅠA	ⅡA	ⅢA	ⅣA	ⅤA	ⅥA	ⅦA
主要化合价	$+1$	$+2$	$+3$	$+4$, -4	$+5$, -3	$+6$, -2	$+7$, -1
气态氢化物 的通式				RH_4	RH_3	H_2R	HR
最高价氧化物 的通式	R_2O	RO	R_2O_3	RO_2	R_2O_5	RO_3	R_2O_7

总之,元素的性质是由原子结构决定的,元素在周期表中的位置可反映元素的原子结构和一定的性质。副族元素和第Ⅷ族元素都是金属元素,它们的化学性质的变化规律比较复杂,这里不作讨论。

【阅读材料】

门捷列夫与元素周期律

元素周期律的发现,是众多科学家心血的结晶。从德贝莱纳的"三元素组",迈尔的"六元素表"到纽兰兹的"八音律",他们在一步步地向真理逼近,最终在科学资料的积累和科学研究发展的基础上,俄国化学家门捷列夫(1834—1907)(见图 7-5)发现了元素周期律。

门捷列夫首先对前人的工作进行认真的审视，批判地继承了前人关于元素分类工作的成果，对所掌握的有关元素的资料进行核对、验证和比较。在深入研究元素的相对原子质量与化合价时，他发现各种元素的相对原子质量可以相差很大，而不同元素的化合价变动范围则较小。而且有许多元素具有相同的化合价。在比较同价元素的性质时，门捷列夫发现它们的性质非常相似，而且一价元素都是典型的金属，七价元素都是典型的非金属，四价元素的性质则介于金属与非金属之间。

图 7-5　门捷列夫

为了便于比较和寻找规律，他用一些厚纸剪成像扑克牌一样的卡片，然后把各种化学元素的名称、相对原子质量、化合价、氧化物及各种物理性质与化学性质分别写在卡片上，一种元素一张卡片，共写了 63 张卡片，然后按相对原子质量递增的顺序，把当时的 63 种元素排成几行，再把各行中性质相似的元素上下对齐。这样，所有化学元素的内在联系终于表现出来了，每一纵行化学元素的性质都相近；每一横行化学元素的性质都从金属变为非金属。整个元素系列呈现出周期性变化。门捷列夫坚信，他已经发现了自然界中最伟大的规律，他对自己发现的规律深信不疑。当时有些相对原子质量和它们的性质不符，他就大胆地修订了相对原子质量。如当时测定的铍相对原子质量为 14.1，只能排在氮和氧之间。他考虑到铍的相对原子质量是根据一个铍原子和三个氯原子相结合而得 $BeCl_3$ 的量测定的。但铍的性质与三价元素硼和铝的性质有许多不同，而是与二价的镁、钙、钡有许多共同之处，因此铍应是二价的。按 $BeCl_2$ 计算，它的相对原子质量应为 9.4，于是门捷列夫大胆地修正了当时公认的铍的相对原子质量，这样就把铍排在锂和硼之间，得出下列序列：

$$Li \quad Be \quad B \quad C \quad N \quad O \quad F$$
$$Na \quad Mg \quad Al \quad Si \quad P \quad S \quad Cl$$

他就是这样，在必要的地方大胆地修正原来的相对原子质量，在个别地方即使相对原子质量的数据是可靠的，他也并不简单地完全按照相对原子质量的大小顺序排列，而是结合元素的性质全面地分析处理。例如把碲(127.6)排在碘(126.9)之前，使碲位于性质和它极为相似的硒同一列，使碘位于性质和它极类似的溴同一列。

另外，他还不因当时表中缺少某个元素破坏整个自然序列，而是留下空位，预言了这些未知元素的存在。他预言了"类铝""类硼"和"类硅"(Ga, Se, Ge)3 种未发现的化学元素的存在和性质。而且他的预言与以后考察的结果取得了惊人的一致，正因为这一成就，门捷列夫的伟大发现才为世人所公认。

1875 年，法国化学家布瓦博德朗在分析闪锌矿时，发现了新元素，他命其名为镓(Ga)，并把他所测得的关于镓的重要性质简要地发表在《巴黎科学院院报》上。可是不久他收到门捷列夫的来信，指出关于镓的密度是不正确的，不应该是 $4.7 \times 10^3 kg/m^3$，而应该是 $5.9 \sim 6.0 \times 10^3 kg/m^3$，当时布瓦博德朗很疑惑，他明知自己是独一无二在手中握有镓的人，而门捷列夫怎么知道这种元素的密度？于是布氏重新仔细测定了它的密度，结果确为 $5.94 \times 10^3 kg/m^3$，原来门捷列夫根据报道认定布氏发现的镓就是他预言的"类铝"。化学史上第一次一个预言的新元素发现了，这件事引起普遍的重视，门捷列夫的论文迅速被许多国家翻译，使全世界的科学家都知道了周期律的内容和意义。

1880 年，瑞典化学家尼尔森发现了钪(Sc)，它是门捷列夫预言的"类硼"。

1885 年，德国化学家文克勒发现了锗(Ge)。文克勒的发现一经发表，全世界的化学家都立刻将它和十五年前门捷列夫的预言作了对比，它正是预言过的"类硅"。元素周期律这一理论惊人的预言性和强大的逻辑力量，使许多化学家为之叹服。但门捷列夫的元素周期律还不够完善，随着人们对原子结构的逐步认识，元素周期律又有新的发展。

门捷列夫的元素周期律使人们认识的化学元素形成一个严整的自然体系，和原子—分子论一样，又一次促使化学变成一门系统的科学。

第六节　物质的量及其单位

一、物质的量

我们知道，原子、分子或离子是按一定的个数比发生化学反应的。单个的这些微粒都非常小，用肉眼看不到，也无法称量。但是，在实验室做实验时总按定量称取(或量取)反应物。在生产上，原料的用量当然更大，常以吨计。所以，很需要一个物理量把微粒数目与可称量的物质联系起来，这个物理量就是"物质的量"。

物质的量跟长度、质量、时间等一样，是一个物理量名词，符号为 n，单位是摩尔，简称摩，符号为 mol。

摩尔是国际单位制的基本单位之一。国际单位制规定：1 mol 任何物质所含的基本单元数与 0.012 kg ^{12}C 的原子数目相同。0.012 kg ^{12}C 含有的碳原子数就是阿佛伽德罗常数，阿佛伽德罗常数的符号为 N_A。该常数经过实验已经测得比较准确的数值，在实际运用中则采用 6.02×10^{23} 这个非常近似的数值。

因此，物质的量就是以阿佛伽德罗常数为计数单位，表示物质的基本粒子数目多少的物理量。摩尔是表示物质的量的单位，每摩尔物质含有阿佛伽德罗常数个粒子。某物质如果所包含的粒子数和 0.012kg ^{12}C 的原子数目相等，即为阿佛伽德罗常数时，这种物质的物质的量就是 1mol。其粒子可以是分子、原子、离子、电子及其他粒子，或是这些粒子的特定组合。在使用摩尔这个单位时，应指明粒子的种类。例如：

1mol 氧原子含有 6.02×10^{23} 个氧原子；

1mol 水分子含有 6.02×10^{23} 个水分子；

1mol 氢氧根离子含有 6.02×10^{23} 个氢氧根离子；

$2 \times 6.02 \times 10^{23}$ 个二氧化碳就是 2mol 二氧化碳分子；

$0.5 \times 6.02 \times 10^{23}$ 个铁离子就是 0.5mol 铁离子。

我们不能笼统地说 1mol 的氧，只能说 1mol 氧原子或 1mol 氧分子。

物质的量(符号为 n) 与物质的基本粒子数目(N)、阿佛伽德罗常数(N_A) 之间有如下关系：

$$物质的量 = \frac{物质的基本粒子数目}{阿伏伽德罗常数}$$

即

$$n = \frac{N}{N_A}$$

阿佛伽德罗常数是个很大的数值,但以摩尔作为物质的量的单位应用起来极为方便。这是因为单个碳原子难以称量,而 $6.02×10^{23}$ 个碳原子就易于称量,其质量为 12 克。由此,我们可以推算 1mol 任何原子的质量。

二、摩尔质量

根据元素相对原子质量的定义可知,一个碳原子和一个氢原子的质量比为 12∶1。由于 1mol 碳原子和 1mol 氢原子所含有的原子数相同,都为 $6.02×10^{23}$ 个,所以 1mol 的碳原子和 1mol 的氢原子的质量比也应为 12∶1,1mol 碳原子的质量是 12 克,那么,1mol 氢原子的质量就是 1 克。同理,1 mol 任何原子的质量,就是以克为单位,在数值上等于该种原子的相对原子质量。例如:

氧的相对原子质量是 16,1 mol 的氧原子其质量是 16 克;

铜的相对原子质量是 63.55,1 mol 的铜原子其质量是 63.55 克。

同理可以推知,1 mol 任何分子的质量,就是以克为单位,在数值上等于这种物质的相对分子质量。例如:

SO_2 的相对分子质量是 64,1 mol SO_2 的质量是 64 克;

NaCl 的相对分子质量是 58.5,1 mol NaCl 的质量是 58.5 克。

我们还可以推知 1 mol 任何离子的质量。由于每个电子相对整个原子来说,它的质量很微小,因此,失去或得到的电子的质量可以忽略不计。例如:

1 mol H^+ 的质量是 1 克;1 mol Cu^{2+} 的质量是 63.5 克。

单位物质的量的物质所具有的质量叫作该物质的摩尔质量。也就是说,物质的摩尔质量是该物质的质量与该物质的物质的量之比。摩尔质量的符号为 M,常用的单位为 g/mol。例如:

Na 的摩尔质量为 23 g/mol;

NaCl 的摩尔质量为 58.5 g/mol;

SO_4^{2-} 的摩尔质量为 96 g/mol。

总之,1mol 任何物质的质量,以克为单位,数值上等于该物质的化学式量。

物质的量(n)、物质的质量(m)和摩尔质量(M)的关系为

$$物质的量 = \frac{物质的质量}{摩尔质量}$$

即

$$n = \frac{m}{M}$$

用摩尔作为物质的量的单位,给化学上的计算工作带来了很大的方便,化学反应方程式中物质前的系数亦可以表示物质的量。例如:

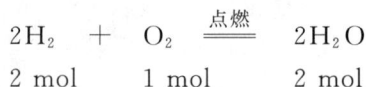

$$2H_2 \quad + \quad O_2 \xrightarrow{点燃} \quad 2H_2O$$
$$2 \text{ mol} \qquad 1 \text{ mol} \qquad\qquad 2 \text{ mol}$$

例 7.6.1 90g 水的物质的量是多少?

解:水的相对分子质量是 18,$M(H_2O)=18$ g/mol

$$n(H_2O) = \frac{m(H_2SO_4)}{M(H_2SO_4)} = \frac{90g}{18g/mol} = 5 \text{ mol}$$

答:90g 水的物质的量是 5 mol。

例 7.6.2 4.9g 硫酸里含有多少硫酸分子？含有多少氢原子？

解:
$$M(H_2SO_4) = 98 \ g/mol$$

$$n(H_2SO_4) = \frac{m(H_2SO_4)}{M(H_2SO_4)} = \frac{4.9g}{98g/mol} = 0.05 \ mol$$

$$N(H_2SO_4) = n(H_2SO_4) \times N_A = 0.05mol \times 6.02 \times 10^{23} mol^{-1} = 3.01 \times 10^{22}$$

由于一个 H_2SO_4 分子中含有 2 个氢原子,所以含有氢原子个数为

$$N(H) = 2 \times N(H_2SO_4) = 2 \times 3.01 \times 10^{22} = 6.02 \times 10^{22}$$

答:4.9g 硫酸里含有 3.01×10^{22} 个硫酸分子,含有 6.02×10^{22} 个氢原子。

例 7.6.3 0.5mol 的氧气和氢气完全反应时,所需氢气的物质的量是多少？

解:
$$2 H_2 + O_2 =\!\!=\!\!= 2 H_2O$$

$$2 \ mol \quad 1 \ mol$$

$$n(H_2) \ 0.5 \ mol$$

$$\frac{2 mol}{n(H_2)} = \frac{1mol}{0.5mol}$$

$$n(H_2) = \frac{2 \ mol \times 0.5 \ mol}{1 \ mol} = 1 \ mol$$

答:所需氢气的物质的量是 1mol。

【知识链接】

1.物质的量浓度

我们知道溶液可用质量分数(或体积分数)表示,即用溶质质量(或体积)与溶液质量(或体积)之比。但是,许多情况下是量取溶液的体积,同时,物质发生反应时,反应物和生成物的物质的量之间有一定关系,即溶质用物质的量更方便。因此,知道一定体积的溶液里含有溶质的物质的量,对生产和科学实验都是非常重要的。以单位体积溶液中所含溶质的物质的量来表示溶液浓度,叫作物质的量浓度,即

$$物质的量浓度 = \frac{溶质的物质的量}{溶液的体积}$$

其中,物质的量浓度的符号为 C,常见单位为 mol/L,即 $C = \frac{n}{V}$。

2.气体摩尔体积

我们知道,1 mol 任何物质都含有相同数目的基本粒子。那么,1 mol 任何物质的体积是否相同？经过实验和理论计算都可以得出结论,如表 7-9 所示。

表 7-9 20℃时 1mol 某些物质的体积

物　质	铁	铝	铅	水	硫酸	蔗糖
体积/cm³	7.1	10	18.3	18	54.1	215.5

显然,1mol 固体或液体物质,它们的体积各不相同。但对于气体来说则不同了,因为气体的体积与温度和压强密切相关,所以比较气体体积必须在同温同压下进行,通常是指在标准状

况下,即 273K,1.013×10^5 Pa 时的状况。

在标准状况下,单位物质的量的气体所占的体积叫作气体摩尔体积。气体摩尔体积的符号为 V_m,即 $V_m = V/n$。气体摩尔体积的常用单位为 L/mol。

经过大量实验证实:在标准状况下,1 mol 的任何气体所占的体积都约是 22.4L,即气体摩尔体积为 22.4 L/mol。

每摩尔气体在标准状况时所占的体积之所以相同,是因为气体的分子在较大的空间里迅速运动着,分子间的平均距离比分子直径大得多(约为 10 倍)。其体积主要决定于分子间的平均距离,与分子本身的大小关系不大。在标准状况下,不同气体分子的平均距离几乎是相等的,所以任何物质的气体摩尔体积都约是 22.4 L/mol。

气体摩尔体积约是 22.4 L/mol,为什么一定要加上标准状况这一条件呢? 因为气体分子间的平均距离与温度成正比,与压力成反比。各种气体在温度和压力一样的情况下,分子间的平均距离才是相等的。在相同的温度和压力下,气体体积的大小只随分子数的多少而变化,相同体积的任何气体都含有相同数目的分子,这就是阿佛伽德罗定律。气体摩尔体积是阿佛伽德罗定律的特例。

习 题 七

一、填空题

1.现有 a.水银,b.纯水,c.氯化钠,d.氧气,e.氧化镁 f.高锰酸钾,g.冰水混合物,h.空气。其中:

(1)属于混合物的有_____,(2)属于单质的有_____,

(3)属于化合物的有_____,(4)属于氧化物的有_____。

2.在空白处填写"组成"或"构成"等适当的字词:水是由氢、氧两种元素_____的,每个水分子是由 2 个氢原子和 1 个氧原子_____的。

3.用数字和符号表示下述物质:

(1)2 个氮原子_____; (2)2 个氢分子_____;

(3)二氧化碳_____; (4)镁元素_____。

4.原子核位于原子的_____,几乎集中了整个原子的_____;X 中 A 代表原子的_____,Z 代表原子的_____。

5.现有 $^{12}_{6}C$,$^{14}_{6}C$,$^{23}_{11}Na$,$^{6}_{3}Li$,$^{14}_{7}N$,$^{24}_{12}Mg$ 六种微粒:其中互为同位素原子的是_____和_____;质量数相等,但不能互称同位素的是_____和_____;中子数相等,但质子数不相等的是_____和_____。

6.元素周期表是_____的具体表现形式,共有_____个横行,即_____个周期,周期数等于_____数,其中_____叫短周期。元素周期表中共有_____个纵行,其中第_____纵行合为一族,称为第_____族,所以元素周期表中共有_____个族,其中主族序数等于_____。

7.除第一和第七周期外,每一周期都是从_____元素开始,到_____元素结束。

8.同一周期主族元素,从左到右,核电荷数逐渐_____,原子半径逐渐_____,失电子能力逐渐_____,得电子能力逐渐_____,即金属性逐渐_____,非金属性逐渐_____,其最高价氧化物对应的水化物的碱性逐渐_____,而酸性逐渐_____。

9.同一主族元素,从上到下原子半径逐渐_____,失电子能力逐渐_____,得电子能力逐渐_____,即金属性逐渐_____,非金属性逐渐_____,其最高价氧化物对应的水化物的碱性逐渐_____,酸性逐渐_____。

10.摩尔是_____的单位,1mol 任何物质中所含粒子数约为_____;$NaHCO_3$ 的相对分子质量为_____,它的摩尔质量为_____。

二、判断题

1.任何元素的原子都是由质子、中子和核外电子组成的。(   )

2.原子是构成物质的最小微粒。(   )

3.构成原子的各种粒子都带电荷,但原子不显电性。(   )

4.元素的相对原子质量与其质量数完全相同。(   )

5.互为同位素的各种原子的核电荷数一定相同。(   )

6.在所有元素中金属性最强的是铯,非金属性最强的是氟。(   )

三、选择题

1.下列关于原子的叙述正确的是(   )。

A.原子是不可分的最小微粒　　　　B.原子是由原子核和核外电子构成

C.原子是带电的微粒　　　　　　　D.原子能构成分子,不能直接构成物质

2.下列关于分子的叙述正确的是(   )。

A.分子是在不断地运动着　　　　　B.分子是一种微粒,所以没有质量和体积

C.分子间紧密排列聚集成物质　　　D.分子是带电的微粒

3.元素的种类决定于(   )。

A.中子数　　　　　B.质子数　　　　　C.核电荷数　　　　　D.电子数

4.化学方程式 $C + O_2 \xrightarrow{\text{点燃}} CO_2$ 的正确读法是(   )。

A.碳和氧气在点燃条件下生成了二氧化碳

B.碳加氧气等于二氧化碳

C.碳原子和氧原子在点燃条件下生成二氧化碳分子

D.碳和氧分子化合成二氧化碳分子

5.根据质量守恒定律,化学反应 $2AB_2 + B_2 == 2M$,则 M 的化学式为(   )。

A.A_2B　　　　　B.A_2B_4　　　　　C.AB　　　　　D.AB_3

6.下列各组物质中互为同位素的是(   )。

A.纯碱和烧碱　　　　　　　B.重水和自来水

C.石墨和金刚石　　　　　　D.$^{12}_{6}C$ 和 $^{14}_{6}C$

7.下列分子中,有 3 个原子核和 10 个电子的是(   )。

A.HF　　　　　B.NH_3　　　　　C.SO_2　　　　　D.H_2O

8.某元素原子 M 层上有 2 个电子,则它的 L 层含有的电子数是(   )。

A.无法确定　　　　B.18　　　　　C.8　　　　　D.2

9.下列物质,随着元素的原子序数递增金属性逐渐增强的一组金属是(   )。

A.Na,Mg,Al　　　　　　　B.Cl,S,P

    C. Li，Na，K   D. C，N，O

10. 下列各物质中酸性最强的是(　　　)。

    A. H_2SiO_3 B. H_2CO_3 C. HNO_3 D. H_3AlO_3

11. 下列气态氢化物中最不稳定的是(　　　)。

    A. NH_3 B. H_2S C. H_2O D. PH_3

12. 下列各元素中，原子半径最小的是(　　　)。

    A. Na   B. Cl   C. Mg   D. S

13. 下列元素中最高正化合价数值最大的是(　　　)。

    A. Ca   B. N   C. Cl   D. Ar

14. 在 $0.5mol$ Na_2SO_4 中，含有的 Na^+ 数约为(　　　)。

    A. 3.01×10^{23} B. 6.02×10^{23} C. 0.5   D. 0.1

15. 下列物质中，各 $1g$ 所含分子数最多的是(　　　)。

    A. H_2O B. SO_2 C. HCl   D. CO

四、计算题

1. 计算下列物质的物质的量：

(1)$8g$ O_2；

(2)$49g$ H_2SO_4。

2. 计算下列物质的质量：

(1)1.5 mol Fe；

(2)1.2 mol CO_2。

3. 试计算 0.2 mol H_2SO_4 可以中和 NaOH 的物质的量是多少？

第八章　主要元素及其化合物

在已经发现的100多种元素中，金属大约占 4/5，非金属大约占 1/5。元素周期表中，以氢、硼、硅、砷、碲、砹为界，右上角的元素称为非金属元素，左下角是金属元素。大多数非金属元素可以与金属元素发生化学反应，形成各种化合物，因而它们所涉及的面很广。

非金属元素的中文名称都是以"气""氵""石"作为部首的汉字，与其单质在标准状态下的状态有关。金属元素以"钅"作为部首（"汞"除外）。

本章我们来研究一下几种常见的非金属、金属及其它们的化合物。

第一节　非金属元素及其化合物

一、氯及其化合物

人体体液中的 Na^+ 和 Cl^- 对于调节体液的物理和化学特性，保证体内正常的生理活动和功能发挥着重要作用。人体中的钠元素和氯元素主要通过食盐来补充。以 $NaCl$ 为主要成分的食盐是重要的调味剂。

氯原子的结构示意图为 (+17)287，氯原子很容易得到一个电子而形成氯离子，表现出典型的非金属性，在自然界中以化合态形式存在。

（一）氯气

1.氯气的物理性质

氯气在标准状况下是黄绿色，有强烈刺激性气味的气体。微溶于水，其水溶液叫"氯水"。密度比空气大，对空气的相对密度为 2.5。氯气易液化，常压下冷却至 $-34.6℃$ 或 15℃时加压至 600kPa 时，氯气液化成黄绿色油状液体。工业上称之为"液氯"。液氯继续冷却到 $-101℃$，变成固态氯。氯气有毒，吸入少量氯气会使鼻和喉头的黏膜受到刺激，引起胸部疼痛和咳嗽，吸入大量氯气会中毒致死。中毒轻者可吸入少量酒精和乙醚的混合气体或氨气（ NH_3 ），严重者应送医院。闻氯气的方法如图 8-1 所示。

图 8-1　闻气体的方法

【知识链接】

氯气的发现

氯气的发现应归功于瑞典化学家舍勒。舍勒是18世纪中后期欧洲的一位相当出名的科学家,他从少年时代起就在药房当学徒,他迷恋实验室工作,在仪器、设备简陋的实验室里他做了大量的化学实验,涉及内容非常广泛,发明也非常多,他以其短暂而勤奋的一生,对化学做出了突出的贡献,赢得了人们的尊敬。

舍勒发现氯气是在1774年,当时他正在研究软锰矿(二氧化锰),当他使软锰矿与浓盐酸混合并加热时,产生了一种黄绿色的气体,这种气体强烈的刺激性气味使舍勒感到极为难受,但是当他确信自己制得了一种新气体后,他又感到一种由衷的快乐。

舍勒制备出氯气以后,把它溶解在水里,发现这种水溶液对纸张、蔬菜和花都具有永久性的漂白作用,他还发现氯气能与金属或金属氧化物发生化学反应。从1774年舍勒发现氯气以后,到1810年,许多科学家先后对这种气体的性质进行了研究。这期间,氯气一直被当作一种化合物。直到1810年,戴维经过大量实验研究,才确认这种气体是由一种化学元素组成的物质。他将这种元素命名为chlorine,这个名称来自希腊文,有"绿色的"意思。我国早年的译文将其译作"绿气",后改为氯气。

2.氯气的化学性质

氯气的化学性质很活泼,容易和许多物质发生反应。

(1)与金属的反应。

氯气不但易和钠等活泼金属反应,而且还能与铜等一些不活泼的金属在加热条件下反应,生成相应金属氯化物。例如:

氯气与钠反应:

$$Cl_2 + 2Na \xrightarrow{\text{点燃}} 2NaCl$$

反应现象:剧烈燃烧,火焰呈黄色,生成的白色晶体是氯化钠小颗粒。

氯气与铁反应:

$$3Cl_2 + 2Fe \xrightarrow{\text{点燃}} 2FeCl_3$$

反应现象:铁丝在氯气中燃烧,得到棕色的三氯化铁。

氯气与铜反应:

$$Cl_2 + Cu \xrightarrow{\text{点燃}} CuCl_2$$

反应现象:灼热的铜丝在氯气中剧烈燃烧,生成棕黄色的氯化铜晶体。

(2)与非金属反应。

例如,氢气可在氯气中燃烧:

$$Cl_2 + H_2 \xrightarrow{\text{点燃}} 2HCl$$

反应现象:纯净的氢气在氯气中安静的燃烧,苍白色火焰,瓶口有白雾产生。

把氢气和氯气在一块混合,在光照的条件下会发生爆炸。

(3)与水的反应。

目前,很多自来水厂用氯气来杀菌、消毒,我们偶尔闻到的自来水散发出来的刺激性气味就是余氯的气味。

氯气溶于水,为什么自来水能杀菌消毒呢? 在常温下,1 体积的水可以溶解 2 体积的氯气,氯气的水溶液称为"氯水"。常温下,溶于水的部分氯气能和水反应,生成次氯酸($HClO$)和盐酸:

$$Cl_2 + H_2O \rightleftharpoons HCl + HClO$$
次氯酸

次氯酸是强氧化剂,具有杀菌、消毒、漂白作用,因此次氯酸能杀死水中的病菌,起到消毒的作用。氯水也因含次氯酸而具有漂白作用。

次氯酸是比碳酸还弱的酸,很不稳定,极易分解,光照下分解更快。因此,氯水宜现用现制备,并储于棕色瓶中。

近几年科学家提出,使用氯气对自来水消毒时,氯气会与水中的有机物发生反应,生成的有机氯化物可能对人体有害。因此,人们开始研究并试用新的自来水消毒剂,如二氧化氯(ClO_2)、臭氧等。

【知识链接】

城市自来水消毒

传统的氯气消毒:水的氯化消毒是饮用水消毒中使用最为广泛、技术最成熟的方法。氯的系列消毒剂主要有:次氯酸钠、漂白粉、液氯等。它们的杀菌机制基本相同。主要靠水解产物次氯酸起作用。尽管随着人们对健康意识的加强,氯消毒的副作用越来越引起人们的重视,在相当长的一段时间内,氯仍然可能是欠发达地区使用的最普遍的消毒剂之一。

二氧化氯消毒:氯消毒所引发的环境、安全问题越来越引起人们的重视,在可选用的消毒剂中,二氧化氯被认为是其中性价比最优的一种。二氧化氯在我国饮用水处理中的应用已逐渐引起了人们的重视,二氧化氯作为水厂的常规可选消毒剂在我国的推广也是必然的趋势。

紫外线消毒:紫外线消毒法最早应用于美国,现已在美国和加拿大普遍应用。紫外线消毒技术为物理消毒方式的一种.具有广谱杀菌能力,无二次污染,经过 30 多年的发展,已经成为成熟可靠高效环保的消毒技术,在国外各个领域得到了广泛的运用。在我国由于对其技术的了解有一定的局限性,在污水处理中的应用不多。

臭氧(O_3)消毒:臭氧可使用臭氧发生器制取,臭氧杀灭细菌和病毒的作用,通常是物理的、化学的及生物的等几个方面的综合作用。

(4)与碱的反应。

最初,人们直接使用氯气作漂白剂,但因氯气的溶解度不大,而且生成的次氯酸不稳定,难以保存,使用不方便,效果不理想。在氯气与水反应的基础上经过多年的实验、改进,才有了今天常用的漂白液和漂白粉。

常温下,将氯气通入到 $NaOH$ 溶液中,氯气与 $NaOH$ 溶液起反应,生成次氯酸钠为有效成分的漂白液。其反应的化学方程式为

$$Cl_2 + 2NaOH \rightleftharpoons NaClO + NaCl + H_2O$$

次氯酸钠虽然也分解,但它的水溶液在低温下存放三年才分解一半左右,比 $HClO$ 稳定的多。

与 Cl_2 和 $NaOH$ 反应类似,将氯气通入冷的消石灰[$Ca(OH)_2$]中即制得以次氯酸钙为有

效成分的漂白粉：

$$2Cl_2 + 2Ca(OH)_2 === Ca(ClO)_2 + CaCl_2 + 2H_2O$$

漂白粉是次氯酸钙和氯化钙的混合物,其有效成分是次氯酸钙。用于漂白时,使次氯酸钙与稀酸或空气里的二氧化碳和水蒸气反应,生成次氯酸,因而具有漂白和杀菌作用：

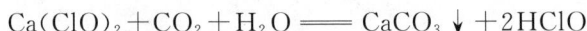

$$Ca(ClO)_2 + CO_2 + H_2O === CaCO_3 \downarrow + 2HClO$$

虽然次氯酸盐比次氯酸稳定,容易保存,但漂白粉长期放置也会失效,保存时应密封以防吸收水分和二氧化碳。漂白粉是廉价而有效的漂白剂和消毒剂,不仅可以用来漂白棉、麻、纸浆,还广泛用于饮水、游泳池、污水和厕所的消毒剂。

3.氯气的用途

氯气的用途很广,除用于消毒、制造盐酸、漂白粉外,还用于制造多种农药、氯丁橡胶、聚氯乙烯塑料、人造纤维、有机溶剂、合成纤维等,是一种重要的化工原料。

氯气是一种有毒气体,被列为"毒气"之列。氯气主要是损伤人的喉黏膜和肺,严重时可窒息致死。因此,使用氯气时要十分注意安全。

【资料卡片】

第一次世界大战期间,德国军队在与英法联军作战中,首次使用了氯气攻击敌方,开了战争史上使用化学武器的先例。现在,禁止化学武器已成为世界人民的共同呼声,越来越多的国家在《禁止化学武器公约》上签字。

(二)氯化氢　盐酸

1.氯化氢

工业上用合成法制备氯化氢,原理如下：

$$H_2 + Cl_2 \xrightarrow{点燃} 2HCl$$

氯化氢是无色有刺激性气味的气体。极易溶于水,其水溶液叫作氢氯酸,俗称盐酸。氯化氢在潮湿的空气中与水蒸气形成盐酸液滴而呈现白雾。

氯化氢大量用于制造盐酸,还用于生产聚氯乙烯、氯丁橡胶等重要的有机化工原料。

2.盐酸

氯化氢的水溶液即是盐酸。纯净的盐酸是无色有刺激性气味的液体,具有挥发性。试剂浓盐酸中含 HCl 约37％～38％,密度是 $1.19g/cm^3$。

盐酸是强酸,具有酸的通性,能和金属、碱性氧化物、碱类等反应生成盐;具有还原性,遇强氧化剂时生成氯气。盐酸是重要的化工原料,广泛用于机械、电子、冶金、纺织、皮革、制药、食品及化工生产中。

【选学内容】

成盐元素——卤素

在元素周期表中,与氯元素处于同一纵行的元素——第ⅦA 族元素,包括氟(F)、氯(Cl)、溴(Br)、碘(I)、砹(At)5 种元素,其中砹是放射性元素,很不稳定。这些元素的原子最外层都有 7 个电子,是典型的非金属元素。由于氯、溴、碘最早是从海水浓缩制盐的卤水中提取的,所以又称为卤素(成盐的意思)。

卤素在自然界都以化合态存在,其单质可由人工制得。卤素的单质都是双原子分子,随着相对原子质量的增大,它们在标准状况下的状态变化明显。F_2 为淡黄色的气体,Cl_2 为黄绿色的气体,Br_2 为红棕色液体,I_2 为紫黑色的固体。它们的蒸气均有毒,吸入较多会致死人命。

碘被加热时易升华,直接变成紫色蒸气,蒸气遇冷,重新凝聚成固体。

溴和碘在水中的溶解度较小,易溶解在汽油、苯、四氯化碳、酒精等有机溶剂中。医疗上用的碘酒,就是溶有碘的酒精溶液。

氟、溴、碘的化学性质与氯有很大的相似性。但是,随着氟、氯、溴、碘原子的核外电子层数依次增多,最外层电子受核的引力逐渐减小,得电子能力也逐渐减弱,活泼性从氟到碘逐渐减弱。

(1)卤素与氢气的反应。

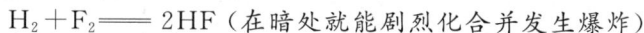

$$H_2 + F_2 \longrightarrow 2HF \text{(在暗处就能剧烈化合并发生爆炸)}$$

$$H_2 + Br_2 \xrightarrow{500℃} 2HBr \text{(溴化氢不如氯化氢稳定)}$$

$$H_2 + I_2 \xrightarrow{\text{不断加热}} 2HI \text{(反应缓慢,碘化氢很不稳定)}$$

卤化氢为无色有刺激性气味、易溶于水的气体。水溶液为有挥发性的氢卤酸。氢氟酸毒性较大,能腐蚀玻璃等硅酸盐制品,产生易挥发的四氟化硅。除氢氟酸外,皆为强酸。卤化氢气体的稳定性顺序和对应氢卤酸的酸性强弱顺序如图 8-2 所示。

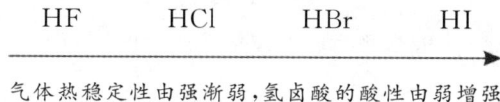

$$\text{HF} \qquad \text{HCl} \qquad \text{HBr} \qquad \text{HI}$$

$$\longrightarrow$$

气体热稳定性由强渐弱,氢卤酸的酸性由弱增强

图 8-2

(2)卤素与水的反应。

氟遇水发生剧烈反应,生成氟化氢和氧气;氯、溴、碘与水反应都可以生成相应的氢卤酸和次卤酸,溴与水的反应比氯气与水的反应更弱一些;碘与水只能微弱地进行反应。

(3)卤素单质间的置换反应。

实验证明,氟的氧化性比氯、溴、碘都强,能把氯等从它们的卤化物中置换出来,氯的氧化性强于溴,溴的氧化性强于碘,即

$$2NaBr + Cl_2 \longrightarrow 2NaCl + Br_2$$

$$2KI + Cl_2 \longrightarrow 2KCl + I_2$$

$$2KI + Br_2 \longrightarrow 2KBr + I_2$$

总之,氟、氯、溴、碘与氢气、水反应的剧烈程度,以及卤素单质间置换反应的强弱,都说明卤素的氧化性是随着核电荷数的增多、原子半径的增大而减弱的。

碘除了具有卤素的一般性质外,还有一种化学特性,即与淀粉的反应:在装有少量淀粉溶液的试管中,滴入几滴碘水(碘在水中的溶解度很小,因此,常把碘溶解在碘化钾溶液中),可以看到淀粉遇碘呈现出特殊的蓝色。碘的这一特性可以用来检验碘的存在。

二、硫及其化合物

(一)硫

1.硫的物理性质

单质硫俗称硫黄,是一种淡黄色固体(见图 8-3),硫是我国古代四大发明之一"黑火药"的重要组成部分。存在于火山喷口附近或地壳的岩层中,单质硫是淡黄色固体,质松脆易研成粉末,是热和电的不良导体。硫不溶于水,微溶于酒精,易溶于二硫化碳。硫的单质有多种同素异形体,主要有斜方硫、单斜硫、弹性硫三种,在一定条件下它们之间可以互相转化。

图 8-3 硫粉

2.硫的化学性质

硫是一种重要的非金属元素,它的化学性质较活泼,能与许多金属、非金属发生化学反应,但不如氧气剧烈。硫在与金属反应时得到电子,表现出氧化性。

(1)与金属的反应。

硫和铁在加热的条件下直接反应生成黑褐色的硫化亚铁:

$$S + Fe \xrightarrow{\triangle} FeS(黑褐色)$$

硫不仅能与铁直接反应,还能与铜、汞等大多数金属反应,生成金属硫化物:

$$S + 2Cu \xrightarrow{\triangle} Cu_2S(黑色)$$

$$S + Hg \xrightarrow{\quad} HgS(黑色)$$

汞对人体有害,它与汞的反应很容易进行,所以在工作和生活中,常用硫粉来处理散落的汞。

(2)与非金属的反应。

硫可在氧气中燃烧,产生二氧化硫气体:

$$S + O_2 \xrightarrow{点燃} SO_2$$

反应中,硫的电子被氧化性更强的氧夺去,表现出还原性。

硫与氢气、碳等非金属也能反应:

$$S(气) + H_2 \xrightarrow{\triangle} H_2S$$

硫的用途很广,工业上用来制造硫酸、化肥、硫化橡胶(增强橡胶的弹性和韧性)、黑色火药、火柴及焰火等;农业上制作杀虫剂;医药上用硫黄软膏治疗皮肤病。

(二)硫的化合物

1.硫化氢

硫化氢(H_2S)是无色、有臭鸡蛋气味的可燃性气体,比空气略重,有剧毒。空气中如果含有微量的 H_2S,就会使人头痛、头晕和恶心。吸入较多会使人昏迷甚至窒息死亡。制取和使用硫化氢时,必须在密闭系统或通风橱中进行。

H_2S 能溶于水,在常温常压下,1 体积水可溶约 2.6 体积 H_2S。其水溶液称为氢硫酸,具有酸的通性,是一种易挥发的弱酸。H_2S 气体能使湿润的蓝色石蕊试纸变红。

H_2S 是一种可燃性气体,在空气充足的条件下,能完全燃烧:

$$2H_2S + 3O_2 =\!=\!= 2SO_2 + 2H_2O$$

H_2S 具有还原性:

$$2H_2S + SO_2 =\!=\!= 2H_2O + 3S\downarrow$$

2. 二氧化硫

二氧化硫(SO_2)是无色、有刺激性臭味的有毒气体,比空气重,易液化($-10℃$),易溶于水(1 体积水约能溶解 40 体积的 SO_2)。SO_2 气体溶于水生成亚硫酸:

$$SO_2 + H_2O =\!=\!= H_2SO_3$$

因此,SO_2 能使湿润的蓝色石蕊试纸变红。

SO_2 有漂白性,它能漂白一些有色物质。因此,工业上常用来漂白纸浆、毛、丝、草编制品等。SO_2 的漂白作用是由于它能与某些有色物质生成不稳定的无色物质,这种无色物质容易分解而使有色物质恢复原来的颜色,因此 SO_2 漂白作用不持久,是暂时性漂白,不如次氯酸、过氧化氢、臭氧等永久性氧化剂理想。SO_2 的漂白作用还被一些不法商贩用来漂白银耳、粉丝等食品,外观虽好看,但残留毒性。食用这类食品,对人体的肝、肾脏等有严重伤害,并有致癌作用。

SO_2 是污染大气的主要有害物质之一。它对人体的直接危害是引起呼吸道疾病,会使人嗓子变哑、喘息,严重时还会使人死亡。1952 年英国伦敦毒雾事件就是由 SO_2 造成,致使 4000 多人患病,350 多人死亡。大气中的 SO_2 经光照、空气氧化、与水作用,会形成酸雾,随雨水降下就成为酸雨。酸雨的 pH 小于 5.6,酸雨有很大的危害,能直接破坏农作物、湖泊、森林和草原,使土壤酸性增强、鱼类死亡等;还会加速建筑物、桥梁、工业设备、电信电缆等的腐蚀。

空气中的 SO_2 主要来自煤、石油类燃料的燃烧、含硫矿石的冶炼,以及硫酸、磷肥、纸浆制造工业废气的排放。因此,这些废气如不进行净化处理或回收利用就直接排放到空气中,不但浪费硫资源,而且造成空气污染,使生态环境严重恶化。

3. 硫酸

纯硫酸是无色、难挥发的油状液体。市售硫酸的浓度约为 $96\% \sim 98\%$,约 18mol/L,沸点是 $338℃$,可与水以任意比例互溶。

硫酸是强酸,具有酸的通性,能与金属、金属氧化物、氢氧化物反应,能使指示剂变色。

浓硫酸还具有以下特性:

(1)吸水性。

浓硫酸具有强烈的吸水性。浓硫酸也可以用来干燥氯气、氢气、二氧化碳等非还原性及酸性气体。

(2)脱水性。

浓硫酸有强烈的脱水性,能将有机物中的 H 和 O 按水的组成比例脱去。浓硫酸可使淀粉、木材、棉布、纸张等碳水化合物脱水碳化。

【实验 8.1】 烧杯中放入少量蔗糖,滴入几滴水,再加入适量浓硫酸,静置,可观察到蔗糖逐渐变黑(见图 8-4)。该过程化学方程式如下:

$$C_{12}H_{22}O_{11}(蔗糖) \xrightarrow{\text{浓 } H_2SO_4} 11H_2O + 12C$$

图 8-4　浓硫酸脱水性

浓硫酸有强烈的腐蚀性,能严重破坏动植物的组织,使用时应十分小心。若皮肤上不慎沾上浓硫酸,要立即用干布擦去,再用大量清水冲洗,并涂上 $NaHCO_3$ 溶液,否则会造成皮肤灼伤,且伤口难愈。

(3)强氧化性。

浓硫酸与铁、铝等较活泼的金属接触时,会立即使金属表面生成一层致密的氧化膜,阻止了内部金属继续与硫酸反应,这种现象称为金属的钝化。由于这种钝化作用,铁、铝容器可以用来储存冷的浓硫酸。但是在受热时,浓硫酸不仅能与铁、铝起反应,而且能与绝大多数金属起反应。

【实验 8.2】　在试管中放入一小块铜片,加少量浓硫酸,加热,观察现象。用湿润的蓝色石蕊试纸放在试管口,观察试纸颜色的变化,检验放出的气体。

现象:铜与浓硫酸反应生成蓝色溶液并有气体产生,该气体使蓝色石蕊试纸变红反应方程式如下:

$$2H_2SO_4(浓)+Cu \xrightarrow{\triangle} CuSO_4+2H_2O+SO_2\uparrow$$

在这个反应里,浓硫酸氧化了铜(铜从 0 价升高到 +2 价),它本身被还原成二氧化硫(硫从 +6 价降低到 +4 价)。浓硫酸是氧化剂,铜是还原剂。

加热时,浓硫酸还能与碳、硫等一些非金属反应,例如:

$$2H_2SO_4(浓)+C \xrightarrow{\triangle} CO_2\uparrow+2H_2O+2SO_2\uparrow$$

硫酸是化学工业中三大强酸之一,是重要的化工基本原料。可用于制造肥料、药物、炸药、颜料、洗涤剂、蓄电池等,也广泛应用于净化石油、金属冶炼以及染料等工业中。常用作化学试剂,在有机合成中可用作脱水剂和磺化剂。国际上常用硫酸的产量来衡量一个国家的无机化工生产能力。

三、氮及其化合物

氮元素位于元素周期表中第二周期,第 VA 族。氮族元素的原子最外电子层上都有 5 个电子,可获得 3 个电子显 -3 价,也可失去外层的电子而显正价,最高正价为 +5 价。氮是一种重要的非金属元素,存在于多种无机物和有机物中。

(一)氮气

1.氮气的物理性质

纯净的氮气是无色无味的气体,约占空气总体积的 78%,质量约占 75%,比空气略轻,难溶于水。氮气的熔点－209.9℃,沸点－195.8℃。

2.氮气的化学性质

氮气的化学性质很稳定。因为氮气是双原子分子(N≡N),两个氮原子之间有3对共用电子对,氮氮三键很牢固,分子结构稳定,化学性质不活泼。但在一定条件下(如高温、高压、催化剂、放电等),也能使共价键断裂,发生化学反应。

(1)与氢气的反应。

在高温、高压、催化剂的条件下,氮气和氢气可以直接化合生成氨:

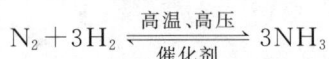

$$N_2 + 3H_2 \xrightleftharpoons[\text{催化剂}]{\text{高温、高压}} 3NH_3$$

合成氨是人类科学发展史上的一项重大突破解决了地球上因粮食不足而导致的饥饿和死亡问题,这是化学和技术对社会发展与进步的巨大贡献之一,也充分说明了含氮化合物对人类生存的巨大意义。

(2)与氧气的反应。

空气中的主要成分是氮气和氧气,在通常情况下它们不起反应,但在放电情况下氮气和氧气能直接化合生成无色、不溶于水的一氧化氮气体:

$$N_2 + O_2 \xrightarrow{\text{放电}} 2NO$$

一氧化氮很容易在常温下与空气中的氧气进一步反应生成二氧化氮:

$$2NO + O_2 =\!=\!= 2NO_2$$

二氧化氮是红棕色、有刺激性气味的有毒气体,易溶于水,与水反应生成硝酸:

$$3NO_2 + H_2O =\!=\!= 2HNO_3 + NO$$

NO 和 NO_2 是大气污染物,NO_2 是引起光化学烟雾的主要因素。造成环境污染的氮氧化物主要来自煤、石油及其产品的燃烧,如汽车尾气、工业废气。自然界的雷电也能产生 NO 和 NO_2,它们随雨水进入土壤中并与矿物质作用,生成硝酸盐,可被植物吸收利用。

3.氮气的用途

氮气是工业上合成氨及制硝酸的原料。由于氮气不活泼,可用来作保护气体,如白炽灯泡内充氮气,可防止钨丝氧化和挥发;还可用于储存粮食、水果等农副产品。目前液氮冷冻技术在高科技领域得到广泛应用。液氮沸点低(－195.8℃),医学上用液氮保存动物的生殖细胞、胚胎,进行骨髓移植及冷冻麻醉等。在低温条件下,还可用液氮处理超导材料使其获得超导性能。

(二)氮的化合物

1.氨

氨是无色、有刺激性臭味的气体,比空气轻。低温或高压时易液化。液氨气化时吸收大量的热,因此常用来做制冷剂。氨极易溶于水,1 体积水约可溶解 700 体积的氨,氨的水溶液称为氨水。

(1)与水的反应。

反应方程式如下:

$$NH_3 + H_2O \rightleftharpoons NH_3 \cdot H_2O \rightleftharpoons NH_4^+ + OH^-$$

氨水分子($NH_3 \cdot H_2O$)可部分电离为铵离子和氢氧根离子,所以,氨水溶液呈弱碱性,能使酚酞溶液变成红色。氨水受热易分解,氨气逸出。

（2）与酸的反应。

【实验 8.3】 取两根玻璃棒，分别在浓氨水、浓盐酸中蘸一下，当两棒靠近时，有大量的白烟（氯化铵晶体）生成（见图 8 - 5）。

$$NH_3 + HCl = NH_4Cl$$

氨还能与其他酸生成相应的铵盐。

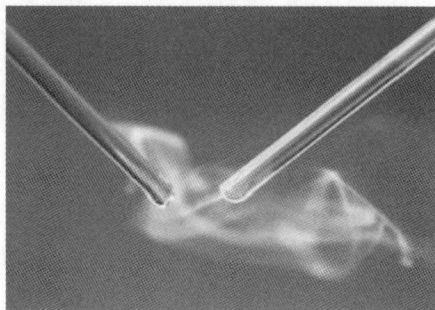

图 8 - 5　氨气和氯化氢气体反应

思考：氨气与 H_2SO_4，HNO_3 反应的化学方程式。

（3）与氧气的反应．

氨气与氧气反应的方程式如下：

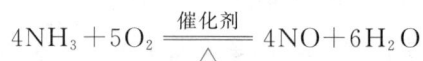

$$4NH_3 + 5O_2 \xrightarrow[\triangle]{催化剂} 4NO + 6H_2O$$

这个反应叫作氨的催化氧化，是工业上合成硝酸的主要反应。

氨是制备氮肥、硝酸、铵盐、纯碱等的重要原料，也是纤维、塑料、染料和尿素等有机合成工业的常用原料。氨很容易液化，液化时放热，也是一种制冷剂。

2．硝酸

纯硝酸是无色、易挥发、有刺激性气味的液体，沸点 83℃，熔点 -42℃，能跟水以任意比例互溶。市售浓硝酸的质量分数约为 68%，98% 以上的浓硝酸由于在空气中挥发而有"发烟"现象，通常称为发烟硝酸。

硝酸是工业上三大强酸之一，除具有酸的通性外，还具有以下特性：

（1）不稳定性。

硝酸不仅易挥发，而且不稳定，受热或光照时易分解：

$$4HNO_3 \xrightarrow{加热或光照} 4NO_2 \uparrow + O_2 \uparrow + 2H_2O$$

硝酸浓度越大，上述反应越容易发生，产生的 NO_2 使硝酸呈黄色至棕黄色。所以硝酸要放在棕色玻璃瓶中，并在低温黑暗处保存。

（2）氧化性。

无论稀、浓硝酸均具有强氧化性，几乎与所有的金属（除金、铂外）及许多非金属单质都发生反应：

如浓硝酸和稀硝酸都能与铜发生氧化还原反应，而稀硫酸不能与铜反应。

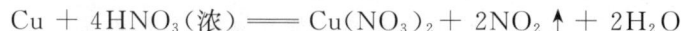

$$Cu + 4HNO_3（浓） = Cu(NO_3)_2 + 2NO_2 \uparrow + 2H_2O$$
$$3Cu + 8HNO_3（稀） = 3Cu(NO_3)_2 + 2NO \uparrow + 4H_2O$$

浓硝酸可与一些较活泼的金属如铁、铝等发生钝化作用。所以可用铝罐、铁制槽车储运浓硝酸。

浓硝酸和浓盐酸的混合液(体积比为1∶3)称为王水,氧化能力极强,能溶解金、铂等金属和一些极难溶解的无机物。

硝酸对皮肤、棉、毛、丝麻衣物都有腐蚀性。所以使用时要格外小心,若不慎溅到皮肤上应立即用大量清水冲洗,再用小苏打或肥皂水洗涤。

硝酸是重要的化工原料,在工农业生产、国防工业上的用途广泛,可以用来制造化肥、塑料、油漆、染料、医药、炸药。也是实验室必备的常用试剂。

【知识链接】

磷

单质磷有几种同素异形体,白磷和红磷是常见的两种。

白磷不溶于水,易溶于二硫化碳,有恶臭,剧毒。与空气接触时缓慢氧化,易自燃。部分反应的能量以光能放出,这便是白磷在暗处发光的原因,叫磷光现象。白磷隔绝空气加热可以转化为红磷。红磷为红色粉末,无毒。

磷是植物细胞核与原生质的组成部分,生长中的植物,磷在分生组织中最丰富;成年植物中,极大量的磷集中在种子和果实肉内。海带、紫菜、芝麻酱、花生、干豆类、坚果、粗粮含磷较丰富。动物的乳汁、瘦肉、蛋、肝脏含磷较高。

四、硅及其化合物

元素周期表中ⅣA族包括碳(C)、硅(Si)、锗(Ge)、锡(Sn)、铅(Pb)5种元素,通称碳族元素。该族元素原子的最外电子层有4个电子,它们获得电子与失去电子的能力几乎相等,金属性和非金属性都不太活泼。

(一)硅

硅是自然界中分布很广的一种元素,在地壳中的含量约为26.3%,仅次于氧,居第二位。自然界中没有游离态的硅,主要以二氧化硅、硅酸盐的形式广泛存在于地壳的各种矿物和岩石里,约占地壳质量的90%以上。

单质硅有晶体硅和无定形硅两种。晶体硅的结构类似金刚石,呈灰黑色有金属光泽,质硬而脆,熔点和沸点都很高,硬度也很大。它的导电性介于导体和绝缘体之间,是良好的半导体材料。

硅在常温下很稳定,除氟气、氢氟酸和强碱外,硅不与其他物质如氧气、氯气、硫酸、硝酸等起反应。但在加热条件下,硅能与一些非金属反应:

$$Si + O_2 \xrightarrow{\triangle} SiO_2$$

硅是一种重要的非金属单质,它的用途非常广泛。作为良好的半导体材料,硅可用来制造集成电路、晶体管、硅整流器等半导体器件,还可制成太阳能电池。硅的合金用途也很广,如含硅4%(质量分数)的钢具有良好的导磁性,可用来制造变压器铁芯;含硅15%(质量分数)的钢具有良好的耐酸性,可用来制造耐酸设备。硅芯片的使用,使计算机的体积缩小到笔记本一样大小了,而在1945年出现的世界上第一台用电子管装配而成的计算机,占地面积为$170 m^2$。

以硅芯片为心脏的移动电话也得到广泛的应用。所以,半导体晶体管及芯片的出现,促进了信息技术的革命。

由于自然界没有单质硅存在,工业上是在高温条件下用碳还原二氧化硅的方法来制取粗硅,经提纯后得到高纯硅。

(二)二氧化硅

二氧化硅广泛存在于自然界中,与其他矿物共同构成了岩石。天然二氧化硅也叫硅石,是坚硬难溶的固体。

比较纯净的二氧化硅晶体叫石英;纯净的无色透明的石英又叫水晶,含微量杂质的水晶常显不同的颜色,如紫水晶、茶晶、墨晶等;不透明的、含有有色杂质的石英晶体叫玛瑙,有浅灰色以及黄褐色的玛瑙等。普通的沙子是混有杂质的石英颗粒,白沙质地较纯净,黄沙含有铁的化合物等杂质。

二氧化硅的化学性质不活泼,但能与碱性氧化物或强碱反应生成盐:

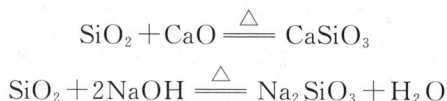

$$SiO_2 + CaO \xrightarrow{\triangle} CaSiO_3$$

$$SiO_2 + 2NaOH \xrightarrow{\triangle} Na_2SiO_3 + H_2O$$

硅酸钠的浓溶液俗名"水玻璃",又称"泡花碱"。它是无色、灰绿色或棕色的黏稠液体,可作黏合剂和耐火材料。它既不可燃又不腐烂,常用作织物和木材的防火、防腐处理,建筑地基的加固,用作软水剂、洗涤剂、肥皂的填料等,也是制硅胶和分子筛的原料。浸过水玻璃的鲜蛋可长期保存。碱性溶液不能放在带玻璃塞的试剂瓶中,以防瓶塞与瓶颈粘接在一起难以打开。

二氧化硅不与一般酸反应,只能与氢氟酸反应生成四氟化硅气体,所以氢氟酸不可用玻璃瓶盛装:

$$SiO_2 + 4HF \xrightarrow{\triangle} SiF_4 \uparrow + 2H_2O$$

此反应可用于在玻璃器皿上刻蚀标记和花纹。

二氧化硅的用途很广,目前已被使用的高性能通讯材料光导纤维的主要原料就是二氧化硅。水晶可以制造光学仪器、石英钟表等。用较纯的石英制造的石英玻璃,能透过紫外线,膨胀系数小、耐高温、骤冷也不破裂,是制造光学仪器、医疗用水银灯的优良材料。石英还用来炼制硅晶体,制造耐火砖及建筑材料。玛瑙可用于制造装饰品和精密仪器轴承、耐磨器皿乳钵、研棒和天平刀口等。

(三)硅酸盐

硅酸盐是构成地壳岩石的主要成分。硅酸盐的种类很多,结构也很复杂,通常可用二氧化硅和金属氧化物的形式来表示其组成。例如:

硅酸钠　Na_2SiO_3　（$Na_2O \cdot SiO_2$）

高岭石　$Al_2(Si_2O_5)(OH)_4$　（$Al_2O_3 \cdot 2SiO_2 \cdot 2H_2O$）

黏土的主要成分是硅酸盐。黏土的种类很多,常见的有高岭土和一般黏土,是制造陶瓷器的主要原料。

【阅读材料】

碘与指纹破案

在电影中常常看到公安人员利用指纹破案的情节。其实,只要我们在一张白纸上面用手指按一下,然后把纸上手指按过的地方对准装有少量碘的试管口,并用酒精灯加热试管底部。等到试管中升华的紫色碘蒸气与纸接触之后,按在纸上的平常看不出来的指纹就会逐渐地显示出来,并可以得到一个十分明显的棕色指纹。如果把这张白纸收藏起来,数月之后再做上面的实验,仍能将隐藏在纸面上的指纹显示出来。

这是因为,每个人的指纹并不完全相同,而手指上总含有油脂、矿物油和汗水等。当用手指按在纸面上的时候,指纹上的油脂、矿物油和汗水就会留在纸面上,只不过是人的眼睛看不出来罢了。而纯净的碘是一种紫黑色的晶体,并有金属光泽。有趣的是,绝大多数物质在加热时,一般都有固态、液态和气态的三态变化。而碘却一反常态,在加热时能够不经过液态直接变成蒸气。像碘这类固体物质直接气化的现象,人们称之为升华。同时碘还有易溶于有机溶剂的特性。由于指纹含有油脂、汗水等有机溶剂,当碘蒸气上升遇到这些有机溶剂时,就会溶解在其中,因此指纹也就显示出来了。

第二节　金属元素及其化合物

金属在工业、农业、国防和日常生活中都有广泛的应用。工业上,金属常分为黑色金属(包括铁、铬、锰及其合金)和有色金属(除黑色金属以外的所有金属)。金属具有相似的内部结构,使金属具有许多相似的性质。金属都具有金属光泽,具有良好的导电、导热性和金属的延展性。在化学反应中,金属单质易失去电子,生成金属阳离子。越易失去电子的金属,其金属性越强,化学性质越活泼,越易与非金属、水、酸、盐的溶液等反应。

一、钠及其化合物

(一)钠

钠元素是地壳中含量较多的元素,在自然界里,钠元素以化合态存在,其中氯化钠是最重要的化合物。

1.钠的物理性质

金属钠是银白色,具有金属光泽,很软,硬度为 0.4(金刚石为 10)。钠是热和电的良导体,密度比水小。

2.钠的化学性质

钠原子最外层都只有一个电子,在化学反应中极易失去一个电子,而变成稳定的 +1 价阳离子,表现出还原性。钠的化学性质非常活泼,它能与许多非金属和一些化合物发生反应。

(1)钠与氧气反应。

【实验8.4】　从煤油中取出一小块钠,用滤纸吸干其表面的煤油,用小刀切开钠块,这时会看到金属钠的真面目。观察断面表面光泽和颜色的变化。新切开的钠的表面在空气中会不会发生变化。再把金属钠放在燃烧匙里加热,观察反应现象(见图 8-6,图 8-7)。

图 8-6　钠常常保存在石蜡或煤油中

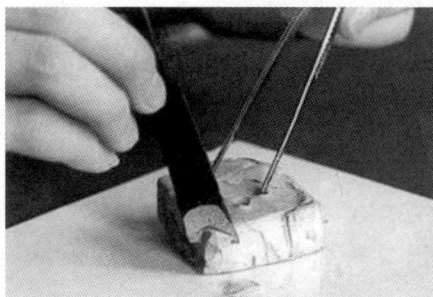

图 8-7　新切开的钠

金属钠的断面银白色逐渐变暗。因为钠与空气中的氧气作用,生成氧化钠:

$$4Na+O_2 == 2Na_2O$$

金属钠在空气中加热会燃烧,产生黄色火焰,生成淡黄色的过氧化钠固体:

$$2Na+O_2 \xrightarrow{点燃} Na_2O_2$$

钠还能与硫、氯气等大多数非金属反应。

(2)钠与水反应。

【实验 8.5】　向一个盛有水的烧杯里滴入几滴酚酞溶液,再投入一小块(绿豆大小)用滤纸吸干表面煤油的钠,观察现象(见图 8-8)。

(a) Na放入水之前　　　　(b) Na放入水中　　　　(c) Na熔为小球快速游动

图 8-8　金属钠与水反应

在表 8-1 中,记录钠与水反应的现象并分析原因。

表 8-1　金属钠与水反应的现象及原因

现　象	原　因

通过实验可看到,钠浮在水面上,与水发生剧烈反应,反应放出的热把钠熔化成小球,在水

面上不断滚动,溶液由无色变为红色。钠与水反应生成氢氧化钠和氢气:

$$2Na + 2H_2O \rightleftharpoons 2NaOH + H_2 \uparrow$$

(二)钠的化合物

1.氧化钠和过氧化钠

氧化钠与水作用生成氢氧化钠:

$$Na_2O + H_2O \rightleftharpoons 2NaOH$$

过氧化钠与水作用生成氢氧化钠,并放出氧气:

$$2Na_2O_2 + 2H_2O \rightleftharpoons 4NaOH + O_2 \uparrow$$

过氧化钠可用作氧化剂、漂白剂和氧气发生剂。过氧化钠与二氧化碳反应,生成碳酸钠,并放出氧气:

$$2Na_2O_2 + 2CO_2 \rightleftharpoons 2Na_2CO_3 + O_2 \uparrow$$

利用过氧化钠这一性质,就可用在防毒面具、高空飞行和潜艇里,吸收二氧化碳和供给氧气。

2.氢氧化钠

氢氧化钠是白色晶体,对纤维和皮肤有强烈的腐蚀作用,俗名有苛性钠、烧碱等。在空气中易吸湿潮解,常用来做干燥剂。

氢氧化钠是强碱,具有碱的通性。它能与二氧化碳、二氧化硅等酸性氧化物反应生成盐和水:

$$2NaOH + CO_2 \rightleftharpoons Na_2CO_3 + H_2O$$
$$2NaOH + SiO_2 \rightleftharpoons Na_2SiO_3 + H_2O$$

为防止与空气中的二氧化碳反应,氢氧化钠要密封保存。实验室盛放氢氧化钠溶液的试剂瓶要用橡皮塞,而不能用玻璃塞,否则时间较长,氢氧化钠就和玻璃反应生成具有黏性的 Na_2SiO_3,而把玻璃塞和瓶口粘结在一起。

氢氧化钠是重要的化工原料,大量用于制造肥皂、人造丝、染料、药物等;此外精炼石油和造纸也要用到大量的氢氧化钠;它也是实验室常用的试剂。

3.碳酸钠和碳酸氢钠

碳酸钠是白色粉末,俗名纯碱或苏打。碳酸钠晶体($Na_2CO_3 \cdot 10H_2O$)含结晶水,在干燥空气中易风化。碳酸氢钠俗名小苏打,是一种细小的白色晶体。碳酸钠和碳酸氢钠的水溶液都呈碱性。他们都能与盐酸反应放出二氧化碳:

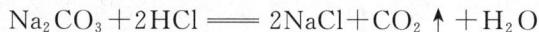

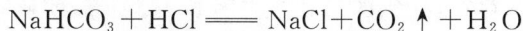

$$Na_2CO_3 + 2HCl \rightleftharpoons 2NaCl + CO_2 \uparrow + H_2O$$
$$NaHCO_3 + HCl \rightleftharpoons NaCl + CO_2 \uparrow + H_2O$$

碳酸钠受热不变化,碳酸氢钠受热分解:

$$2NaHCO_3 \stackrel{\triangle}{\rightleftharpoons} Na_2CO_3 + CO_2 \uparrow + H_2O$$

碳酸钠和碳酸氢钠是重要的化工原料,在玻璃、肥皂、造纸、纺织和漂染等工业上有广泛的应用。

【科学视野】

碱 金 属

碱金属元素包括锂(Li)、钠(Na)、钾(K)、铷(Rb)、铯(Cs)、钫(Fr)6 种元素,由于它们的氢氧化物大多是易溶于水的强碱,所以统称为碱金属。

碱金属单质都具有银白色金属光泽,有较小的密度,低的熔点、沸点和硬度,是典型的轻金属,碱金属一般有较好的导电、导热性。

锂、钾、铷、铯的化学性质与钠相似。但随着锂、钠、钾、铷、铯原子的核外电子层数依次增加,原子半径逐渐增大,核对最外层电子的吸引力逐渐减弱,失去电子的能力逐渐增强,金属性从锂到铯逐渐增强。

(1)碱金属与非金属反应。

碱金属都很容易和氧化合。锂、钾在空气中,常温下都能迅速氧化生成氧化物,加热时能在空气中燃烧。铷和铯在空气中还能发生自燃:

$$4Li+O_2 \Longrightarrow 2Li_2O$$

(2)碱金属与水反应。

同钠一样,碱金属也能与水反应。锂在常温时能置换出水中的氢,钾和水的反应比钠与水的反应更剧烈,反应放出大量的热能使生成的氢气燃烧,铷和铯与水反应会引起爆炸:

$$2K+2H_2O \Longrightarrow 2KOH+H_2\uparrow$$

此外,碱金属还能与卤素、硫、磷等非金属直接化合。

(3)碱金属的焰色反应。

金属钠在空气中燃烧的火焰呈黄色。很多金属或它们的化合物在灼烧时火焰都呈现特殊的颜色,这在化学上叫焰色反应。军事上用的各种信号弹,节日燃放的焰火都是根据这个原理制成的,此类反应也常用来检验金属元素的存在。一些金属(或金属离子)焰色反应的颜色见图 8-9。

Li	Na	K	Cu	Rb	Ca	Sr	Ba
紫红色	黄色	紫色	绿色	紫色	砖红色	洋红色	黄绿色

图 8-9　一些金属(或金属离子)焰色反应的颜色

二、铝及其化合物

(一)铝

铝在地壳中的含量为 7.7%,仅次于氧和硅,是地壳中含量最多的金属元素。铝是较活泼的金属,在自然界以化合态存在,含铝的矿物主要有长石、云母、明矾石等。

铝是银白色的轻金属,密度为 $2.7g \cdot cm^{-3}$,熔点为 660℃。铝和铝合金有很多优良性质,应用非常广泛。铝合金质轻而坚韧,是制造飞机、汽车、火箭的优良材料。

铝原子最外电子层上有 3 个电子,在化学反应中,较容易失去 3 个电子,是比较活泼的金属。

(1)铝与氧气及其他非金属的反应。

在常温下,铝在空气中能与氧气反应,生成一层致密而坚固的氧化物薄膜,阻止铝继续被氧化,所以铝有抗腐蚀的能力。铝粉或铝箔在氧气中燃烧,放出大量的热,同时发出耀眼的白光:

$$4Al+3O_2 \xrightarrow{\text{点燃}} 2Al_2O_3$$

（2）铝与酸、碱反应。

铝与酸（冷的浓硫酸、浓硝酸除外）、强碱都能作用：

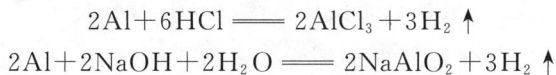

$$2Al+6HCl === 2AlCl_3+3H_2\uparrow$$

$$2Al+2NaOH+2H_2O === 2NaAlO_2+3H_2\uparrow$$

偏铝酸钠

由于铝既能与酸又能与强碱反应，因此铝锅一般不宜存放酸性、碱性较强的物质。而由于冷的浓硝酸、浓硫酸能使铝钝化，所以工业上用铝制容器盛放浓硫酸、浓硝酸。

（3）铝与某些氧化物的反应。

在一定温度下，铝能夺取比它不活泼金属氧化物中的氧，生成氧化铝，同时放出大量的热，使置换出来的金属熔化。这种反应叫铝热反应，用铝从金属氧化物中置换出金属的方法叫作铝热法：

$$2Al+Fe_2O_3 \xrightarrow{\text{点燃}} 2Fe+Al_2O_3$$

铝粉和金属氧化物的混合物叫作铝热剂，工业上可用铝热法冶炼难熔的金属钒、锰、铬及用来焊接钢轨等。

（二）铝的化合物

1.氧化铝

氧化铝是一种白色固体。天然存在的纯净的 Al_2O_3 称为刚玉，其硬度仅次于金刚石。天然刚玉的矿石中常因含少量杂质而显不同颜色，俗称宝石。如含有铁和钛的氧化物时呈蓝色叫蓝宝石，含有微量铬时呈红色叫红宝石。

氧化铝是两性氧化物，既能与酸反应生成铝盐又能与强碱反应生成偏铝酸盐：

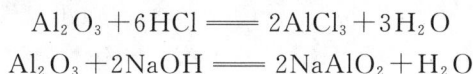

$$Al_2O_3+6HCl === 2AlCl_3+3H_2O$$

$$Al_2O_3+2NaOH === 2NaAlO_2+H_2O$$

2.氢氧化铝

氢氧化铝是不溶于水的白色胶状物质，和氧化铝一样，氢氧化铝既能与酸反应生成铝盐，又能与强碱反应生成偏铝酸盐。

实验室用铝盐溶液与氨水作用来制备氢氧化铝：

$$Al_2(SO_4)_3+6NH_3 \cdot H_2O === 2Al(OH)_3\downarrow +3(NH_4)_2SO_4$$

氢氧化铝是胃舒平等胃药的主要成分，用于治疗胃酸过多或胃溃疡，还可作净水剂。

3.明矾

明矾 $[KAl(SO_4)_2 \cdot 12H_2O]$ 是无色透明的晶体，易溶于水，在水中能水解成氢氧化铝胶体，具有吸附性，可吸收水中的杂质，常用作净水剂。此外，明矾也可用以裱糊纸张、澄清油脂、石油脱臭、除色以及用作媒染剂等。

三、铁及其化合物

（一）铁

铁在地壳中的含量较高，在金属中仅次于铝，铁在地壳中通常以化合态存在。钢铁工业是国民经济的基础工业，钢是用量最大、用途最广的合金。人们的生活、用具都离不开铁。在人体中,一个成人大约含有 3g 铁,其中 75% 在血红素中,因为铁原子是血红素的核心原子。在人体的器官如肝和脾中含铁最多。

1. 物理性质

纯铁具有银白色金属光泽、柔软且有韧性的金属。具有良好的延展性和导热性。铁能被磁铁吸引,在磁场作用下,铁自身也能被磁化而产生磁性。

2. 化学性质

铁的化学性质较活泼,在化学反应中,容易失去最外层的 2 个电子,成为亚铁离子 Fe^{2+},而且次外层还会再失去一个电子,成为铁离子 Fe^{3+}。所以铁在化合物中主要显 +2 和 +3 价。

(1)铁与氧气及其他非金属的反应。

在常温下,铁在干燥的空气中很稳定,与氧气、氯气、硫等非金属几乎不起作用。但铁在潮湿的空气中会锈蚀,在氧气中灼烧可生成四氧化三铁:

$$3Fe + 2O_2 \xrightarrow{\text{点燃}} Fe_3O_4$$

加热时,铁也能与其他非金属如硫、氯反应,分别生成硫化亚铁和氯化铁:

$$Fe + S \xrightarrow{\triangle} FeS$$

$$2Fe + 3Cl_2 \xrightarrow{\text{点燃}} 2FeCl_3$$

氯气是强氧化剂,可使铁原子失去 3 个电子,变为 +3 价的铁。而铁与一般氧化剂作用通常失去 2 个电子,变为 +2 价的铁。

(2)铁与水、酸、盐的反应。

在常温下,铁与水不起反应,红热的铁可与水蒸气起反应,生成四氧化三铁和氢气:

$$3Fe + 4H_2O(\text{气}) \xrightarrow{\triangle} Fe_3O_3 + 4H_2 \uparrow$$

铁能与盐酸或稀硫酸起反应,生成 +2 价的亚铁盐,并放出氢气:

$$Fe + 2HCl \longrightarrow FeCl_2 + H_2 \uparrow$$

但在常温下,铁不与冷的浓硫酸或浓硝酸起反应,这是因为铁在这些浓酸中被钝化。所以可用铁罐储运浓硫酸或浓硝酸。

铁能与比它活动性较弱的金属盐溶液起反应,并把这种金属置换出来。如:

$$Fe + CuSO_4 \longrightarrow FeSO_4 + Cu$$

(二)铁的化合物

1. 铁的氧化物

铁的常见氧化物有氧化亚铁(FeO)、氧化铁(Fe_2O_3)和四氧化三铁(Fe_3O_4)。氧化亚铁是一种黑色粉末,不稳定,在空气中加热可生成四氧化三铁。氧化铁是一种红棕色粉末,可作油漆的颜料等。四氧化三铁是有磁性的黑色晶体。

铁的氧化物都不溶于水,也不与水起反应。氧化亚铁和氧化铁都能与酸反应,分别生成亚铁盐和铁盐。

2. 铁的氢氧化物

铁的氢氧化物有两种,即 $Fe(OH)_3$ 和 $Fe(OH)_2$。氢氧化铁是红褐色的难溶的固体。氢氧化亚铁是白色的难溶的固体,它不稳定,易被空气中氧气所氧化,变成灰绿色最后变成红褐色的氢氧化铁。

3.铁盐

硫酸亚铁($FeSO_4$),含有 7 个结晶水的硫酸亚铁($FeSO_4 \cdot 7H_2O$)俗称绿矾。常用作木材防腐剂、净水剂及制造蓝黑墨水,治疗贫血等。

氯化铁($FeCl_3$),无水氯化铁在潮湿空气中易潮解。易溶于水并放出大量的热,容易溶于有机溶剂(如丙酮、酒精、乙醚等)。

工业上常用 $FeCl_3$ 的酸性溶液在铁制部件上刻蚀字样:

$$2FeCl_3 + Fe \xrightarrow{\hspace{1cm}} 3FeCl_2$$

可以看出 Fe^{3+} 可以转化成 Fe^{2+},而 Fe^{2+} 也可以转化为 Fe^{3+},如:

$$2FeCl_2 + Cl_2 \xrightarrow{\hspace{1cm}} 2FeCl_3$$

在无线电工业上,常用 $FeCl_3$ 溶液刻蚀铜:

$$2FeCl_3 + Cu \xrightarrow{\hspace{1cm}} 2FeCl_2 + CuCl_2$$

【阅读材料】

金属元素和人体健康

构成人体的 11 种常见元素中,有 4 种是金属元素。它们是钙、钾、钠、镁。钙有助骨骼的生长;钠、钾用以调节人体体液的各种平衡;镁起促进蛋白质和遗传物质合成的作用。

人体还含有 16 种必需的微量元素,其中金属元素有 11 种。如铁、锌、铜、锰等。这些元素在人体中的含量很小,但它们起着重要的作用。血液中输送氧气的血红蛋白和细胞色素酶中都含有铁,缺铁人体就不能合成血红蛋白而引起贫血。锌是合成人体各种激素、酶、遗传物质等的必需元素。缺锌会影响发育,对正在生长发育的青少年,锌尤其重要。人的手、脚破裂后贴上氧化锌橡皮膏会很快好,手术后的病人内服氧化锌,可以加快伤口愈合,因为锌离子能促进蛋白质合成。

一般来说,各种食物里都含有丰富的金属元素,如奶及奶制品、豆类及豆制品、虾类中含钙量最高。而动物的肝脏、蛋黄、虾、蔬菜(如菠菜)中含有丰富的铁。人体中的金属元素有一定的含量,过少会影响健康,过多也会造成疾病。如,钠过多易引起水肿和高血压,钾过多会恶心和腹泻,铁过多易患糖尿病等。

习　题　八

一、填空题

1.晶体硅的熔点_____、硬度_____,这是因为它有类似于_____的结构。

2.实验室中盛放碱液的试剂瓶用_____塞而不用_____塞,是为了防止发生_____反应,而使瓶口与瓶塞粘在一起。

3.浓硫酸可用于干燥某些气体,是由于它具有_____性;能使纸片变黑,是由于它具有_____性;可以与铜反应,是由于它具有_____性。

4.填上下列现象中硫酸表现出来的性质。

(1)敞口放置浓硫酸时,质量增加,是因为有_____。

(2)把 $CuSO_4 \cdot 5H_2O$ 晶体放入浓硫酸时,变成白色,是因为有_____。

(3)把锌粒放入稀硫酸中,有气体放出,是因为有_____。

（4）把木屑放入浓硫酸中,变黑,是因为有 _____ 。

5. SO_2 是一种 _____ 色、_____ 味、_____ 毒的气体。

6. 正常雨水的 pH 约为 _____ ,当雨水中溶有 _____ 等气体时,雨水的 pH _____ ,成为酸性降水,称为 _____ 。

7. 金属钠是 _____ 色固体,质地 _____ ,将钠单质放在空气中一会,就会发现金属钠的表面变暗,原因是(用化学方程式表示) _____ ;将金属钠在空气中燃烧的化学方程式是 _____ ,生成物的颜色是 _____ 色。

二、选择题

1. 下列物质中,能直接用作半导体材料的是（　　）。
   A. 金刚石　　　　　　B. 石墨　　　　　　C. 硅　　　　　　D. 铅

2. 下列说法中,不正确的是（　　）。
   A. 硫既可作氧化剂,也可作为还原剂
   B. 三氧化硫只有氧化性,二氧化硫只有还原性
   C. 可以用铁罐储运冷的浓硫酸
   D. 稀硫酸不与铁反应

3. 下列关于 Cl_2 和 SO_2 两种气体的说法中,正确的是（　　）。
   A. 在通常状况下,SO_2 比 Cl_2 易溶于水
   B. SO_2 和 Cl_2 都是强氧化剂
   C. SO_2 和 Cl_2 的漂白原理相同
   D. SO_2 和 Cl_2 溶于水后都形成稳定的酸

4. 下列气体中,既能用浓硫酸干燥,又能用氢氧化钠干燥的是（　　）。
   A. CO_2　　　　　　B. N_2　　　　　　C. SO_2　　　　　　D. NH_3

5. 下列关于 SO_2 的说法中,不正确的是（　　）。
   A. SO_2 是硫及其某些含硫化合物在空气中燃烧的产物
   B. SO_2 有漂白的作用,也有杀菌的作用
   C. SO_2 溶于水后生成 H_2SO_4
   D. SO_2 是一种大气污染物

6. 在下列变化中,不属于化学变化的是（　　）。
   A. SO_2 使品红溶液褪色　　　　B. 氯水使有色布条褪色
   C. 活性炭使红墨水褪色　　　　　D. O_3 使某些染料褪色

7. 下列物质中,同时含有氯分子、氯离子和氯的含氧化合物的是（　　）。
   A. 氯水　　　　　　B. 液氯　　　　　　C. 氯酸钾　　　　　　D. 次氯酸钙

8. 下列物质中,能使淀粉碘化钾溶液变蓝的是（　　）。
   A. 氯水　　　　　　B. 碘水　　　　　　C. KBr　　　　　　D. KI

9. 金属钠放置在空气中,最后生成的产物是（　　）。
   A. Na_2O　　　　　B. Na_2O_2　　　　　C. NaOH　　　　　D. Na_2CO_3

10. 在呼吸面具和潜水艇里,过滤空气的最佳物质是（　　）。
    A. 苛性钠　　　　　B. 纯碱　　　　　　C. 过氧化钠　　　　　D. 小苏打

三、简答题

1. 酸雨是怎样形成的,它有什么危害?

2. 有人做过粗略统计,家用小汽车和公共汽车消耗燃料之比为 1∶5,它们排放含污染物的尾气量之比也约为 1∶5。如果家用小汽车平均乘坐 2 人,公共汽车平均载客 50 人,试从能源消耗和环境保护的角度分析二者的利弊。

3. 已知某种硫酸盐可以用来治疗缺铁性贫血,制药厂在药片外包一层特制的糖衣,以防止它在空气中变质、失效。写出该药品的化学式。

四、计算题

1. 用铝热反应焊接铁轨时,制配 1kg 铁液,理论上需铝粉和三氧化二铁的质量各多少?

2. 在印刷线路板时,若腐蚀掉 12.7g 铜,需 $FeCl_3$ 质量多少?

第九章 有机化合物基础

第一节 有机化合物概述

一、有机化合物

化学上通常把化合物分为无机化合物（简称无机物）和有机化合物（简称有机物）两大类。无机物如水、氨、硫酸等，有机物如甲烷、乙烯、葡萄糖等。"有机物"一词来源于"有机体"，即有生命的物质，这是因为在 19 世纪以前，人们一直认为有机物只能从有生命的动植物体内制造出来，而不能人工合成。随着科学的发展，越来越多的有机物都可以用人工的方法来合成。由于历史和习惯的原因，仍保留着"有机"这个名词，但它却有着新的含义。

通过对物质组成的分析，人们发现所有的有机物中都含有碳元素，绝大多数有机物中含有氢元素，许多有机物中还含有氧、氮、硫等其他元素。因此，可以说有机化合物就是含碳元素的化合物，或者说，有机化合物是碳氢化合物及其衍生物。有机化学就是研究有机化合物的化学。

有些简单的含碳化合物，如二氧化碳、碳酸和碳酸盐等，由于它们的结构和性质与无机物相似，通常将它们作为无机物来研究。

二、有机物的特性

有机物和无机物由于结构上的不同，在性质上也有明显差异。与无机物相比较，有机物主要有以下特性。

（1）有机物难溶于水，易溶于酒精、汽油等有机溶剂。

（2）绝大多数有机物受热易分解，且易燃烧。

（3）绝大多数有机物是非电解质，不易导电，熔点低。

（4）有机物所起的化学反应比较复杂，一般比较慢，并伴有副反应发生，常通过加热、光照或加催化剂的方法来提高反应速率。

三、有机物的分类

1. 按碳架分类

（1）开链化合物（脂肪族化合物）。

分子中的碳原子连接成链状的化合物。例如：

$$CH_3-CH_2-CH_3 \qquad CH_3-CH=CH_2$$

丙烷   丙烯

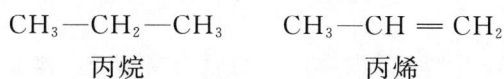

（2）脂环族化合物。

分子中的碳原子连接成环状的化合物，其性质与脂肪族化合物相似。例如：

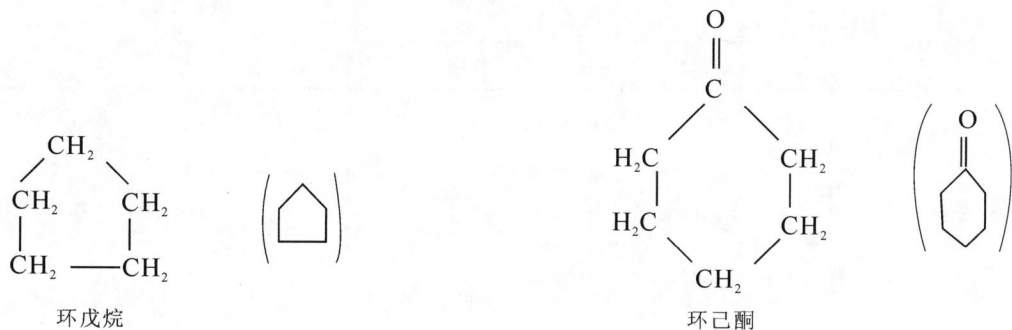

环戊烷   环己酮

（3）芳香族化合物。

分子中的碳原子连接成特殊环状结构（通常至少含有一个苯环），使它们具有一些特定的性质。例如：

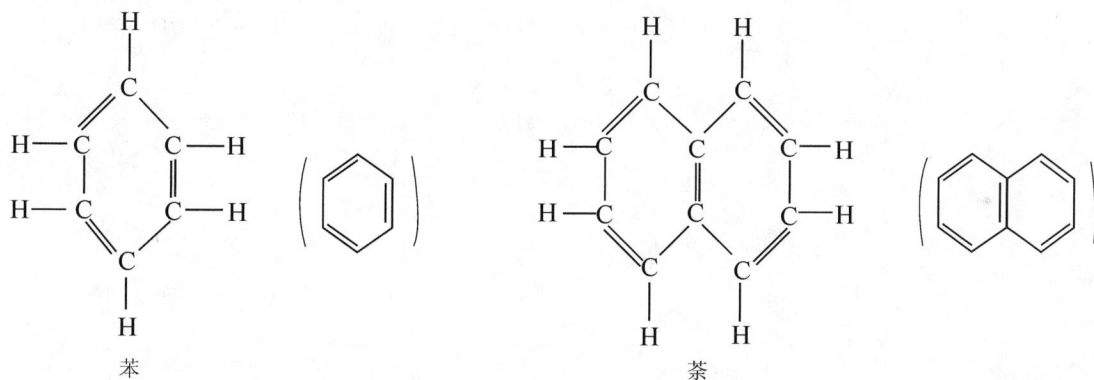

苯   萘

（4）杂环化合物。

分子中含有由碳原子和至少一个其他原子（如 O，N，S 等，通常称为杂原子）连接成环的一类化合物。例如：

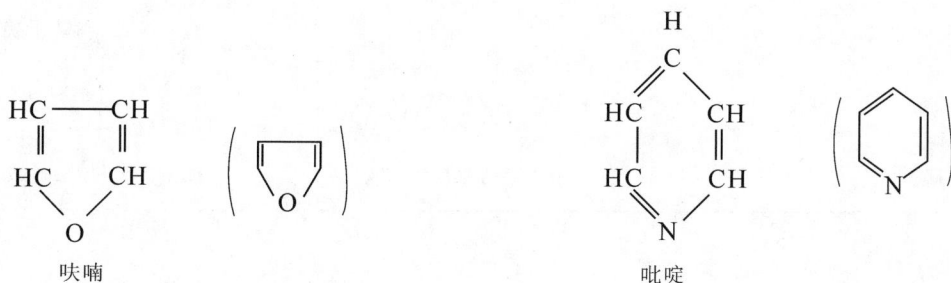

呋喃   吡啶

2. 按官能团分类

官能团是指分子中比较活泼而易发生反应的原子或基团。含有相同官能团的化合物具有相似的性质。一些重要的官能团见表 9-1。

表 9-1 一些重要的官能团及其结构

化合物类别	官能团		实 例
	结构	名称	
烯烃	C＝C	双键	CH_2＝CH_2 乙烯
炔烃	C≡C	三键	CH≡CH 乙炔
卤代烃	X(F,Cl,Br,I)	卤原子	CH_3—CH_2Cl 氯乙烷
醇	—OH	羟基	CH_3—CH_2—OH 乙醇
酚	—OH	羟基	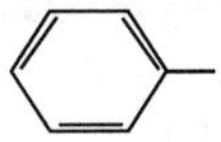 ⬡—OH 苯酚
醚	—C—O—C—	醚键	CH_3—O—CH_3 甲醚
醛	$\overset{O}{\underset{}{\parallel}}$ —C—H	醛基	CH_3—C(=O)—H 乙醛
酮	—C(=O)—	羰基	CH_3—C(=O)—CH_3 丙酮
羧酸	—C(=O)—OH	羧基	CH_3—C(=O)—OH 乙酸
胺	—NH_2	氨基	CH_3—NH_2 甲胺
硝基化合物	—NO_2	硝基	CH_2—NO_2 硝基甲烷
腈	—C≡N	氰基	CH_3—C≡N 乙腈
磺酸	—SO_3H	磺酸基	CH_5—SO_3H 苯磺酸

第二节 烃

一、烷烃

仅由碳和氢两种元素组成的有机物叫作烃,也叫碳氢化合物。甲烷是烃类物质中最简单的物质。

(一)甲烷

甲烷是无色、无味的气体,密度比空气小,极难溶于水,很容易燃烧。

1.甲烷的分子结构

甲烷的化学式是 CH_4。甲烷分子是由一个碳原子和四个氢原子以共价键结合而成的,并具有正四面体结构。4 个 C—H 键键长完全相等,H—C—H 键间的夹角是 $109°28'$。为了形象地表示甲烷的立体结构,可采用分子模型,如图 9-1 所示。

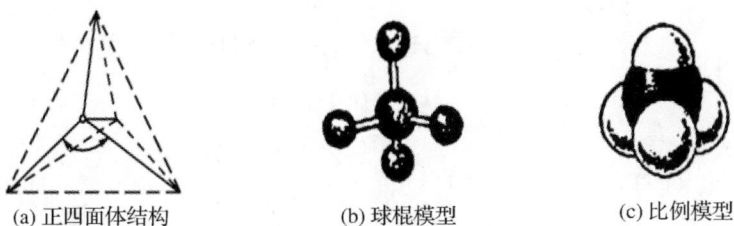

(a) 正四面体结构　　　(b) 球棍模型　　　(c) 比例模型

图 9-1　甲烷分子的模型

2.甲烷的化学性质

(1)氧化反应。

纯净的甲烷在空气中可以燃烧,同时放出大量的热:

$$CH_4 + 2O_2 \xrightarrow{\text{点燃}} CO_2 + 2H_2O$$

甲烷是一种很好的燃料,但是必须注意,如点燃甲烷与空气(或氧气)的混合物易发生爆炸。甲烷在空气中的爆炸极限为 5％~15％,在氧气中的爆炸极限为 5.4％~59.2％。因此,在煤矿的矿井里,必须采取安全措施,以防止"瓦斯"爆炸的事故发生。

(2)取代反应。

有机物分子中的某些原子或原子团被其他原子或原子团所代替的反应叫取代反应。

在光照下,甲烷能与氯气发生取代反应。甲烷分子中的氢原子逐个地被氯原子取代,生成一系列的氯代产物。反应是分步进行的:

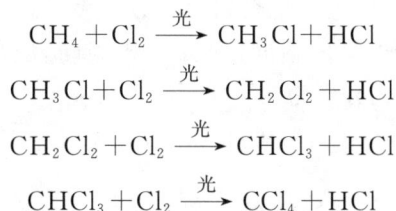

$$CH_4 + Cl_2 \xrightarrow{\text{光}} CH_3Cl + HCl$$

$$CH_3Cl + Cl_2 \xrightarrow{\text{光}} CH_2Cl_2 + HCl$$

$$CH_2Cl_2 + Cl_2 \xrightarrow{\text{光}} CHCl_3 + HCl$$

$$CHCl_3 + Cl_2 \xrightarrow{\text{光}} CCl_4 + HCl$$

上述 4 种取代产物都不溶于水。在常温下,一氯甲烷是气体,其他三种都是油状液体。三氯甲烷(氯仿)和四氯甲烷(四氯化碳)都是工业上重要的溶剂,可溶解油脂、碘等。可作为有机玻璃的粘合剂。四氯化碳可清洗油漆渍和胶合橡胶,它还是一种高效灭火剂。

(二)烷烃

分子中只有单键的烃叫作烷烃。在烷烃中,碳原子之间以单键相连,其余的价键与氢原子相连,碳的四价达到饱和,所以烷烃又叫饱和烃。

1.烷烃的通式和同系列

在烷烃中除甲烷外,还有乙烷、丙烷、丁烷等很多化合物,它们的化学式、结构式和结构简式分别为

名称	化学式	结构式	结构简式
乙烷	C_2H_6		CH_3CH_3
丙烷	C_3H_8		$CH_3CH_2CH_3$
丁烷	C_4H_{10}		$CH_3CH_2CH_2CH_3$

显然,从乙烷开始,每增加一个碳原子,就相应增加两个氢原子,因此,烷烃的通式为 C_nH_{2n+2}。这些结构相似,在组成上相差一个或多个 CH_2,具有同一通式的一系列化合物称为同系列。同系列中各化合物互称为同系物。同系物具有相似的化学性质。

2.烷基

烃分子中去掉一个氢原子后所剩余的部分称为烃基。烃基一般用"R—"表示。如果这种烃是烷烃,那么烷烃去掉一个氢原子后所剩余的部分称为烷基。烷基的通式为 C_nH_{2n+1}—。如 CH_3—称为甲基,CH_3CH_2—或 C_2H_5—称为乙基等。

3.烷烃的命名

烷烃常用的命名法有习惯命名法和系统命名法。

(1)习惯命名法。

按分子中碳原子的数目称某烷,碳原子数在 10 以下的烷烃,用天干(甲、乙、丙、丁、戊、己、庚、辛、壬、癸)表示,11 个碳原子以上的烷烃用中文数字表示。

人们发现有很多物质的分子组成相同,即分子式相同,但化学性质不相同,如分子式为 C_4H_{10} 的有机物有两种,结构简式分别为

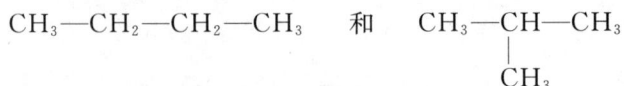

$$CH_3—CH_2—CH_2—CH_3 \quad 和 \quad CH_3—\underset{\underset{CH_3}{|}}{CH}—CH_3$$

像这种化合物具有相同的分子式,但具有不同结构的现象,称为同分异物现象。具有同分

异构现象的化合物互称为同分异构体。

为了区别同分异构体,通常在直链烷烃的名称前加"正"字;在链端第二个碳原子上有一个甲基的烷烃名称前加"异"字;在链端第二个碳原子上有两个甲基的烷烃名称前加"新"字。例如:

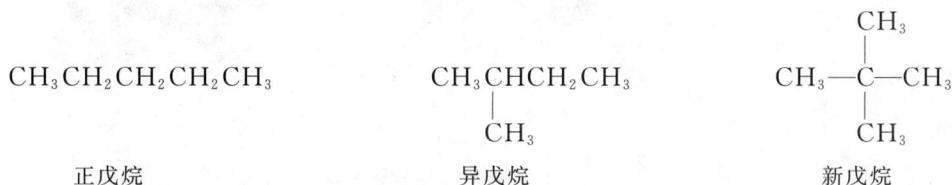

$$CH_3CH_2CH_2CH_2CH_3 \qquad\qquad CH_3CHCH_2CH_3 \qquad\qquad CH_3-\overset{\displaystyle CH_3}{\underset{\displaystyle CH_3}{C}}-CH_3$$
$$\qquad\qquad\qquad\qquad\qquad\quad |$$
$$\qquad\qquad\qquad\qquad\qquad CH_3$$

正戊烷 　　　　　　　　 异戊烷 　　　　　　　　 新戊烷

习惯命名法简单方便,但只适用于结构比较简单的烷烃,难以命名碳原子数较多、结构较复杂的烷烃。

(2)系统命名法。

系统命名法是普遍适用的命名方法。直链烷烃的系统命名法与习惯命名法基本一致,只是把"正"字去掉。而对带有支链的烷烃则看作是直链烷烃的烷基衍生物,其命名原则如下:

1)选主链(母体)。从烷烃的构造式中选择含碳原子数最多的碳链作为主链,根据主链碳原子数称为某烷。

2)对主链碳原子编号。将主链上的碳原子从靠近支链的一端开始依次用阿拉伯数字编号,以确定取代基在主链上的位置。

3)写出全称。把取代基的位次、取代基的名称,依次写在母体名称之前。如果有几个不同的取代基,则按取代基由小到大的顺序排列,小的排在前面,大的排在后面。如果含有两个以上相同的取代基,则把它们合并起来,在该取代基名称前用中文数字二、三、四等表示相同取代基数目,但各取代基的位次必须逐个说明,表示位次的阿拉伯数字之间用","隔开。阿拉伯数字与汉字之间必须用短线"-"隔开。例如:

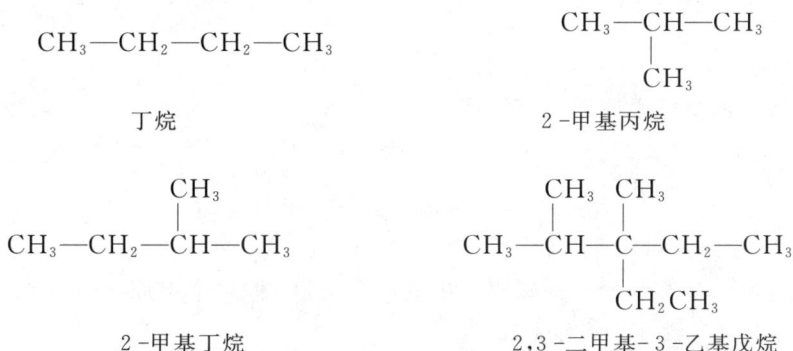

$$CH_3-CH_2-CH_2-CH_3 \qquad\qquad CH_3-\overset{\displaystyle|}{CH}-CH_3$$
$$\qquad\qquad\qquad\qquad\qquad\qquad\qquad CH_3$$

丁烷 　　　　　　　　　　　　 2-甲基丙烷

$$CH_3-CH_2-\overset{\displaystyle CH_3}{\underset{\displaystyle}{CH}}-CH_3 \qquad\qquad CH_3-\overset{\displaystyle CH_3}{CH}-\overset{\displaystyle CH_3}{\underset{\displaystyle CH_2CH_3}{C}}-CH_2-CH_3$$

2-甲基丁烷 　　　　　　　　 2,3-二甲基-3-乙基戊烷

二、烯烃　乙烯

分子中含有碳碳双键的开链烃称烯烃。碳碳双键($C=C$)是烯烃的官能团。只含有一个碳碳双键的烯烃,称单烯烃,其通式为 C_nH_{2n}。

乙烯是无色、稍带甜味的气体,密度比空气略小,难溶于水,易溶于有机溶剂。

1.乙烯的分子结构

乙烯的化学式是 C_2H_4。乙烯分子中所有的原子均分布在同一平面内,键角为 $120°$,乙烯的分子结构如图 9-2 所示。

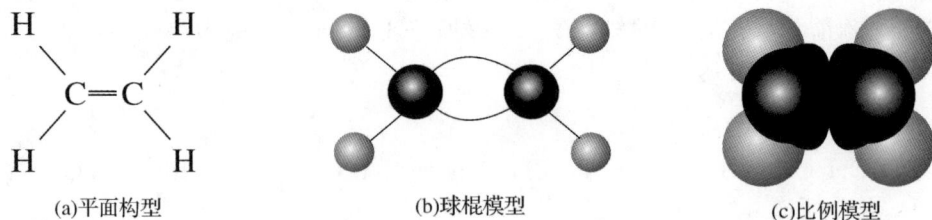

(a)平面构型　　　　　　(b)球棍模型　　　　　　(c)比例模型

图 9-2　乙烯分子的结构图

2.乙烯的来源和制法

工业上,乙烯是由石油的裂解气(含有乙烯、丙烯、丁烯、丁二烯等)分离而得到的。实验室里是把乙醇和浓硫酸混合加热,使乙醇脱水而制得,即

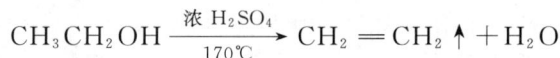

$$CH_3CH_2OH \xrightarrow[170℃]{浓\ H_2SO_4} CH_2 = CH_2 \uparrow + H_2O$$

3.乙烯的化学性质及用途

(1)氧化反应。

与甲烷一样,乙烯也能在空气中完全燃烧生成二氧化碳和水,同时放出大量的热。但乙烯分子里含碳量比较高,燃烧时火焰比甲烷的火焰明亮些:

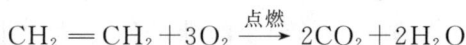

$$CH_2 = CH_2 + 3O_2 \xrightarrow{点燃} 2CO_2 + 2H_2O$$

乙烯与一定体积的空气或氧气混合后点燃,也会发生猛烈爆炸。乙烯在空气中的爆炸极限为 $3.0\% \sim 33.3\%$,在制备或使用乙烯时,也要特别小心。

乙烯可被氧化剂高锰酸钾氧化,使紫色高锰酸钾溶液褪色。用这种方法可以区别乙烯和甲烷。

(2)加成反应。

乙烯容易与卤素反应生成邻二卤代烷。如:

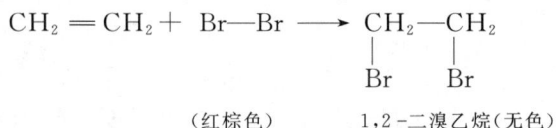

$$CH_2 = CH_2 + \underset{(红棕色)}{Br—Br} \longrightarrow \underset{1,2\text{-二溴乙烷(无色)}}{CH_2—CH_2}$$
$$\qquad\qquad\qquad\qquad\qquad\ \underset{|}{\ }\quad \underset{|}{\ }$$
$$\qquad\qquad\qquad\qquad\qquad Br\quad Br$$

这个反应的实质是乙烯分子碳碳双键中的一个键断裂,两个溴原子分别加在两个价键不饱和的碳原子上生成 1,2-二溴乙烷。

这种有机物分子里不饱和的碳原子跟其他原子或原子团直接结合生成新的物质的反应叫作加成反应。

烯烃与溴的加成反应前后有明显的现象变化,因此,可用来鉴别烯烃和烷烃。

在催化剂的作用下,乙烯还能和氢气、卤化氢、水等物质发生加成反应。

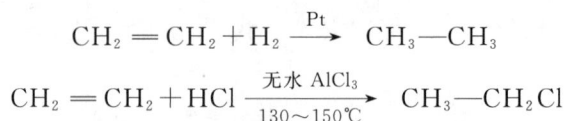

$$CH_2 = CH_2 + H_2 \xrightarrow{Pt} CH_3—CH_3$$

$$CH_2 = CH_2 + HCl \xrightarrow[130\sim150℃]{无水\ AlCl_3} CH_3—CH_2Cl$$

$$CH_2 = CH_2 + H_2O \xrightarrow[\text{加温、加压}]{\text{磷酸—硅藻土}} CH_3-CH_2OH$$

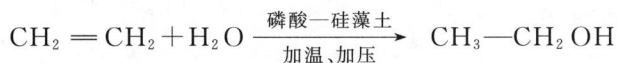

乙烯与水的加成反应是工业上生产乙醇最重要的一种方法。

（3）聚合反应。

乙烯不仅能与许多试剂发生加成反应，还能在引发剂或催化剂作用下发生自相加成反应。

$$CH_2 = CH_2 + CH_2 = CH_2 + \cdots\cdots \longrightarrow -CH_2-CH_2-CH_2-CH_2- \cdots\cdots$$

可简写成

$$n\, CH_2 = CH_2 \xrightarrow{\text{催化剂}} \left[CH_2-CH_2 \right]_n$$

这种由小分子合成大分子的反应，称为聚合反应。聚乙烯是一种重要的塑料。乙烯还用于制造其他塑料、合成纤维、合成橡胶等，也可作果实催熟剂。因此，乙烯是石油化工最重要的基础原料。乙烯的产量是衡量一个国家有机化工发展水平的重要指标之一。

三、炔烃　乙炔

分子中含有碳碳三键的开链烃，叫作炔烃。

碳碳三键是炔烃的官能团，其通式是 C_nH_{2n-2}。炔烃中最简单、最重要的是乙炔。

纯乙炔是无色无臭的气体，由碳化钙制得的乙炔，往往混有硫化氢、磷化氢等杂质使气体有臭味。乙炔微溶于水，易溶于有机溶剂。乙炔的密度比空气略小。

1. 乙炔的分子结构

乙炔的化学式是 C_2H_2。乙炔分子中所有的原子都在同一条直线上，如图 9-3 所示。

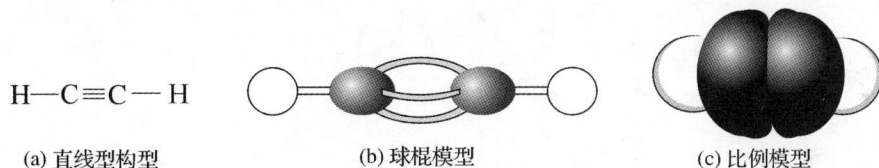

H—C≡C—H

(a) 直线型构型　　　(b) 球棍模型　　　(c) 比例模型

图 9-3　分炔分子的结构

2. 乙炔的制法

乙炔不存在于自然界。工业上生产乙炔主要有以下两种方法。

（1）碳化钙（电石）法。

在高温电炉中加热生石灰和焦炭而得碳化钙，碳化钙和水反应即得乙炔：

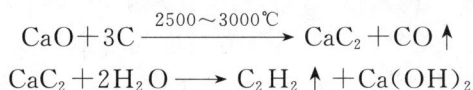

$$CaO + 3C \xrightarrow{2500\sim3000℃} CaC_2 + CO\uparrow$$

$$CaC_2 + 2H_2O \longrightarrow C_2H_2\uparrow + Ca(OH)_2$$

（2）甲烷部分氧化法。

将天然气（主要成分是甲烷）在高温下进行短时间裂解（0.001～001s）可生成乙炔：

$$2CH_4 \xrightarrow{1500℃} CH≡CH + 3H_2$$

3. 乙炔的化学性质

乙炔的化学性质和乙烯相似。

（1）氧化反应。

乙炔能燃烧,燃烧时产生大量的热:

$$2C_2H_2 + 5O_2 \xrightarrow{\text{点燃}} 4CO_2 + 2H_2O$$

乙炔和空气的混合物遇火会发生爆炸,乙炔在空气中的爆炸极限是 $2.5\% \sim 80\%$。在生产和使用乙炔时,必须注意安全。

乙炔在氧气中燃烧时,产生的氧炔焰的温度可高达 3000℃ 以上,可用来切割和焊接金属。乙炔和乙烯一样也能使紫色高锰酸钾溶液褪色,用这种方法也可鉴别乙炔。

(2)加成反应。

乙炔分子中的碳碳三键有两个键容易断裂。因此,乙炔在和卤素等试剂加成时先生成一分子加成产物,一般又可再继续加成,得到两分子的加成产物:

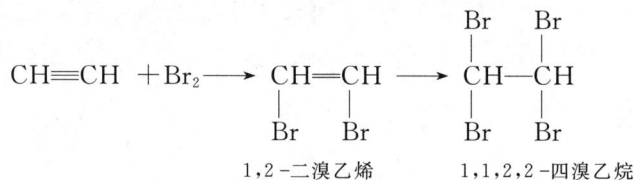

$$
CH\equiv CH + Br_2 \longrightarrow
\begin{matrix} CH = CH \\ | \quad\; | \\ Br \quad Br \end{matrix}
\longrightarrow
\begin{matrix} Br \quad Br \\ | \quad\; | \\ CH - CH \\ | \quad\; | \\ Br \quad Br \end{matrix}
$$

1,2-二溴乙烯 　　 1,1,2,2-四溴乙烷

可用溴水褪色的方法来区别饱和烃和不饱和烃。

在有催化剂存在的条件下加热,乙炔也能与氯化氢起加成反应生成氯乙烯:

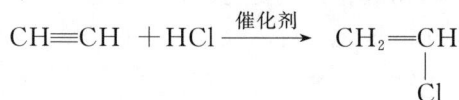

$$
CH\equiv CH + HCl \xrightarrow{\text{催化剂}}
\begin{matrix} CH_2 = CH \\ | \\ Cl \end{matrix}
$$

氯乙烯聚合可得聚氯乙烯(简称 PVC)塑料:

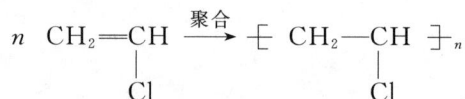

$$
n\; \begin{matrix} CH_2 = CH \\ | \\ Cl \end{matrix}
\xrightarrow{\text{聚合}}
\begin{matrix} \left[\; CH_2 - CH \;\right]_n \\ | \\ Cl \end{matrix}
$$

四、芳烃　苯

芳烃是芳香族化合物的母体。芳香族化合物最初是从天然树脂、香精油中得到,其中很多具有香味,因此称为芳香族化合物。随着有机化学的发展,许多实验证明芳香族化合物大多具有苯环结构,并表现出独特的化学性质。后来发现许多含有苯环的化合物,非但不香,甚至有臭味。由于习惯,人们仍然沿用旧称。

1.苯的结构

苯是无色有特殊气味、易燃的液体,有毒,密度比水小,不溶于水,易溶于有机溶剂。

苯的化学式是 C_6H_6,其碳氢比为 $1:1$,具有高度的不饱和性。但是实验证明,苯不易发生加成反应和氧化反应,而易发生取代反应。也就是说,苯并不具有一般不饱和烃的典型的化学性质。苯的这种特殊性是由其特殊的结构所决定的。

近代物理方法证明,苯分子具有平面正六边形结构,所有的碳原子和氢原子处于同一平面上,6 个碳碳键都相同,它是一种介于单键和双键之间的特殊的键。

为了表示苯分子结构的这一特点,德国化学家凯库勒在 1865 年提出了苯的结构式。如图 9-4 所示。

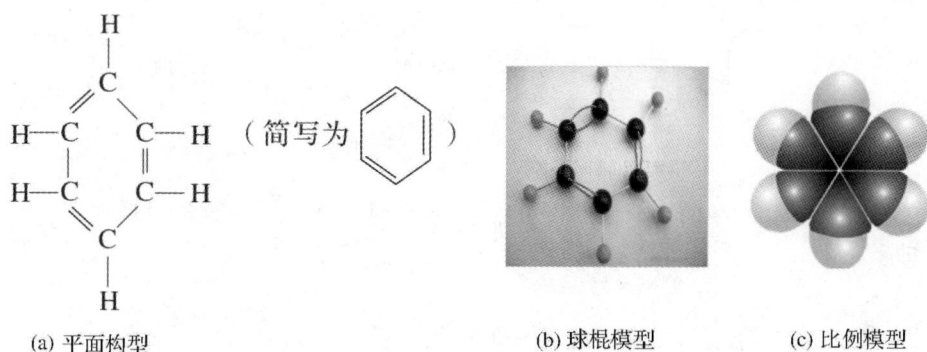

(a) 平面构型　　　　　　　　　　(b) 球棍模型　　　(c) 比例模型

图 9 - 4　苯的分子结构

由于凯库勒式不能正确地反映苯的结构及特点,也有人提出用 $\langle\bigcirc\rangle$ 表示。但到目前也没有合适的结构表达式,因此,习惯上还沿用凯库勒式。但在使用时应注意,不能误解为苯环是由单、双键交替组成的环状结构。

苯环的特殊结构,决定了苯易发生取代反应,只有在特殊条件下才发生加成反应和氧化反应。

2. 取代反应

(1)卤代反应。

在催化剂作用下,苯环上的氢原子可被卤原子取代,生成卤代苯,如:

溴苯

溴苯是无色油状液体,有毒,易燃,是重要的有机合成原料,广泛用于生产农药、染料、医药等。

(2)硝化反应。

苯与浓硝酸和浓硫酸的混合物(简称混酸)在 $50\sim60℃$ 作用下,苯环上的氢原子被硝基(—NO_2)取代,生成硝基苯的反应,叫作硝化反应。

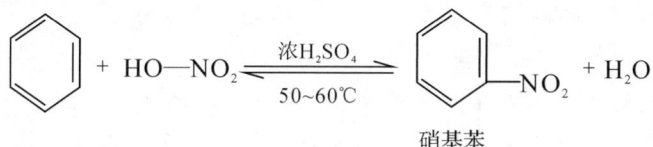

硝基苯

硝基苯是无色油状液体,具有苦杏仁气味,密度比水大,难溶于水。硝基苯有毒,使用时要特别小心,是制造染料的重要原料。

(3)磺化反应。

苯与浓硫酸在 $70\sim80℃$ 时反应,苯环上的氢原子被磺酸基(—SO_3H)取代,生成苯磺酸的反应,叫作磺化反应。

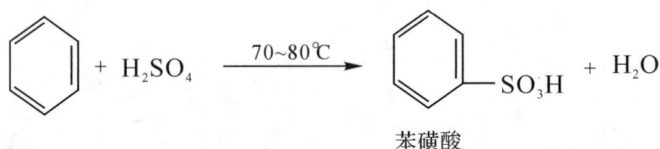

苯磺酸

苯磺酸是无色针状或叶状晶体,极易溶于水和乙醇。是重要的有机合成原料,用于制备苯酚、催化剂等。

3.加成反应

苯环难以发生加成反应,但在一定条件下也可以发生。如:

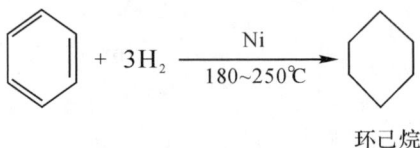

环己烷

环己烷是无色流动性液体,有汽油气味,在涂料工业中广泛用作溶剂,也是树脂、脂肪等的极好溶剂。

苯是一种重要的有机化工原料,它广泛用于生产合成纤维、合成橡胶、合成塑料等。苯也常用作有机溶剂。

【阅读材料】

关爱生命　远离毒品

毒品一般指非医疗、非科研、非教学需要而滥用的依赖性的药品,或被国家管制的、对人有依赖性的麻醉药品。毒品大多为麻醉剂、镇静剂。不断服用某种毒品会引起生理上的变化(内分泌失调、内脏器官损害等),必须继续服用才能保持这种平衡,从而产生生理成瘾。成瘾后一旦停止使用,轻者疲倦乏力、浑身发冷,重者由于胃肠蠕动和肌张力增加,导致胃肠痉挛、呕吐、腹痛、腹泻。甚至在极度虚弱中引起惊厥、呼吸衰竭,直至死亡。常见毒品有下述几种。

1.鸦片

鸦片是用罂粟植物未成熟果实浆干燥后制成的棕褐色膏状物。鸦片的有效成分为吗啡,鸦片成瘾后,可引起体质衰弱及精神颓废,过量使用可引起急性中毒,因呼吸衰竭而死亡。鸦片 50% 以上来自位于东南亚的"金三角"。

2.吗啡

吗啡从鸦片中提炼出来已有 180 年的历史,是鸦片中的主要生物碱。1806 年,德国化学家泽尔蒂纳首次从鸦片中分离出来。他用得到的白色粉末在狗和自己的身上进行实验,结果狗吃下去后很快昏睡,用强刺激法也无法使其兴奋苏醒,他本人吞下这些粉末后也长睡不醒。据此,他用希腊神话中的睡眠之神 Morphus 的名字将这些物质命名为"吗啡"。吗啡是一种异喹啉生物碱,化学式为 $C_{17}H_{19}NO_3$,由于纯度关系,吗啡的颜色可呈白色、浅黄色或棕色,是具有光泽味苦的结晶粉末。吗啡有强大的止痛作用,对各种疼痛都有镇痛作用。对人的致死量为 $0.2\sim0.3g$。

3. 海洛因

海洛因是对吗啡进行化学处理而制得的,英文名为 Heroin,意为"英雄的",我国将其音译为海洛因。因其纯度不一,分别为白色、无色、浅灰、褐色的粉末,味苦。其毒性相当于吗啡的 2~3 倍,是吗啡通过乙酰化反应制得。吸食海洛因后极易上瘾,使人进入安静、温暖、快慰、平安状态,并能持续几个小时。长期服用会引起人体心律失常、肾功能衰竭、皮肤感染、肺活量降低、全身性化脓性并发症,还能引起便秘、肠梗阻、蛋白尿等多种症状,会使人消瘦、心理变态、性欲亢奋、智力减退,若吸入过多,会使人死亡。

4. 可卡因

可卡因是白色粉末,有局部麻醉的作用,毒性较大,是一种能导致神经兴奋的兴奋剂和欣快剂。可卡因是奥地利化学家在 1859 年从古柯叶中提取的一种生物碱。1884 年美籍医生卡尔科勒首次将可卡因用于麻醉。长期使用会引起医学上称为偏执狂型的精神病。如果怀孕妇女服用,有可能导致胎儿流产、早产或死产。大量服用,能刺激脊髓,引起人的惊厥,严重的可达到呼吸衰竭以至死亡。

5. 大麻

大麻主要成分有三部分:大麻油、大麻草和大麻醌。最起作用的成分是四氢大麻酚,它的毒性仅次于鸦片。它有生理依赖性,会使人上瘾。长期服用使人失眠、食欲减退、性情急躁、容易发怒、产生呕吐、幻觉,使人理解力、判断力和记忆力衰退,对疾病的免疫力下降,从而使人容易得各种疾病,使人身体虚弱、消瘦,严重影响健康。

6. 苯丙胺类

1887 年,日本的化学家制造出苯丙胺(安非它明)。1919 年,日本又合成了甲基安非它明。其成品多为晶体,故被称为"冰毒",是中枢神经兴奋剂。"摇头丸"是用若干在结构上与苯丙胺类似的人工合成毒品制成的片剂,是致幻性兴奋剂。

第三节 烃的衍生物

烃分子中的氢原子被其他原子或原子团取代以后的产物叫作烃的衍生物。烃的衍生物种类很多,本节介绍一些典型的烃的衍生物的性质和用途。

一、乙醇

1. 乙醇的结构

醇是含有羟基(—OH)的化合物。链烃基与羟基直接相连的化合物叫醇。乙醇分子可以看作是乙烷分子里的一个氢原子被羟基取代后的产物。其结构简式为 CH_3CH_2OH 或简写为 C_2H_5OH。

2. 乙醇的物理性质

乙醇又名酒精或火酒,是一种无色、透明、易挥发而具有特殊香味的液体。沸点 78.3℃,易燃、易挥发,能以任意比例与水混溶,并能溶解许多有机物和无机物。在空气中的爆炸极限为 3.28%~18.95%。

3.乙醇的化学性质

(1)与活泼金属反应。

醇与水的性质相似,与金属钠作用也能放出氢气:

$$2CH_3CH_2OH + 2Na \longrightarrow 2CH_3CH_2ONa + H_2 \uparrow$$

乙醇与钠的反应没有水与钠的反应剧烈,放出的热量不能使氢气燃烧或爆炸。

(2)氧化反应。

乙醇能在空气中燃烧,产生浅蓝色的火焰,并放出大量的热,故可用作燃料:

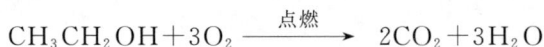

$$CH_3CH_2OH + 3O_2 \xrightarrow{\text{点燃}} 2CO_2 + 3H_2O$$

乙醇在加热和有催化剂(Cu 或 Ag)存在的条件下,能被氧气部分氧化,生成乙醛:

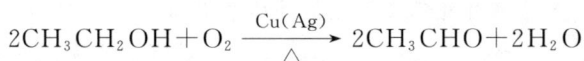

$$2CH_3CH_2OH + O_2 \xrightarrow[\triangle]{Cu(Ag)} 2CH_3CHO + 2H_2O$$

(3)脱水反应。

乙醇和浓硫酸混合共热时,发生脱水反应。脱水产物因反应条件不同而不同。一般来说,在较高温度下,主要发生分子内脱水生成乙烯;而在较低温度下,则主要发生分子间脱水生成乙醚:

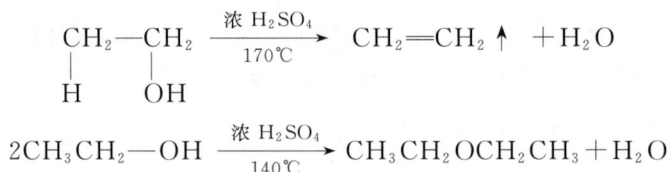

$$\begin{array}{cc} CH_2\!-\!CH_2 \\ \mid \quad\ \ \mid \\ H \quad\ OH \end{array} \xrightarrow[170℃]{\text{浓 } H_2SO_4} CH_2\!=\!CH_2 \uparrow + H_2O$$

$$2CH_3CH_2\!-\!OH \xrightarrow[140℃]{\text{浓 } H_2SO_4} CH_3CH_2OCH_2CH_3 + H_2O$$

乙醚是一种无色易挥发的液体,沸点 34.51℃,有特殊气味。吸入一定量的乙醚蒸气会引起全身麻木,所以纯乙醚可以用作外科手术时的麻醉剂。乙醚微溶于水,易溶于有机溶剂,本身也是一种优良溶剂,能溶解许多有机物。

4.乙醇的制法

我国在两千多年前就知道用发酵法制酒。发酵的主要原料是甘薯、谷物等。发酵的过程很复杂,大致步骤如下:

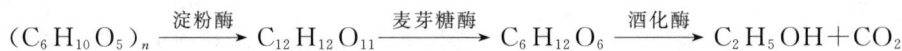

$$(C_6H_{10}O_5)_n \xrightarrow{\text{淀粉酶}} C_{12}H_{12}O_{11} \xrightarrow{\text{麦芽糖酶}} C_6H_{12}O_6 \xrightarrow{\text{酒化酶}} C_2H_5OH + CO_2$$

随着石油化工的飞速发展,目前工业上已大量利用乙烯生产乙醇:

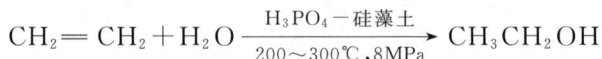

$$CH_2\!=\!CH_2 + H_2O \xrightarrow[200\sim300℃,8MPa]{H_3PO_4-\text{硅藻土}} CH_3CH_2OH$$

5.乙醇的用途

乙醇有广泛的用途。它是一种重要的有机化工原料,可用于制造合成纤维、香料和药物等。其制品已达 300 余种,也是用得最多、最普遍的有机溶剂。无水乙醇可用于擦拭音像设备的磁头。另外,乙醇可用作燃料,其优点是避免对空气造成污染。70%～75%的乙醇溶液(又称医用酒精)能渗入细胞膜,使蛋白质凝固,导致细菌死亡,所以医药上用作消毒剂。30%～50%的酒精还可用于高烧病人降低体温。

日常饮用的各种酒中都含有乙醇。酒精可抑制人的大脑功能,过渡饮酒有损健康。工业酒精不能用于饮料生产。因为工业酒精往往含有甲醇(又叫木精),甲醇有毒,饮用后轻者使人失明,重者导致死亡。

二、乙醛

1.乙醛的结构

乙醛是含有羰基（ $\diagdown C\!=\!O$ ）官能团的化合物。羰基位于碳链一端的化合物叫醛，

$-\overset{\overset{\displaystyle O}{\|}}{C}-H$ 叫作醛基，简写为 $-CHO$ 。乙醛的化学式是 C_2H_4O ，其结构式是

$CH_3-\overset{\overset{\displaystyle O}{\|}}{C}-H$ ，简写成 CH_3CHO 。

2.乙醛的物理性质

乙醛是无色、有刺激性气味、极易挥发的液体，沸点 $20.8℃$ ，可溶于水、乙醇和乙醚中。易燃烧，蒸气与空气可形成爆炸性的混合物，爆炸极限为 $4.0\%\sim57.0\%$ 。

3.乙醛的化学性质

醛基上的氢原子比较活泼，非常容易被氧化性很弱的氧化剂（如托伦试剂、费林试剂）所氧化。

（1）银镜反应。

【实验9.1】　在一支洁净的试管里加入 $2mL$ 的 $AgNO_3$ 溶液，边振荡边慢慢加入 2% 的稀氨水，直到最初生成的沉淀恰好溶解为止，这样达到的溶液叫银氨溶液，也叫托伦试剂，再加入 3 滴乙醛溶液，振荡，然后在水浴里加热 $3\sim5min$ ，观察现象。如图 $9-5$ 所示。

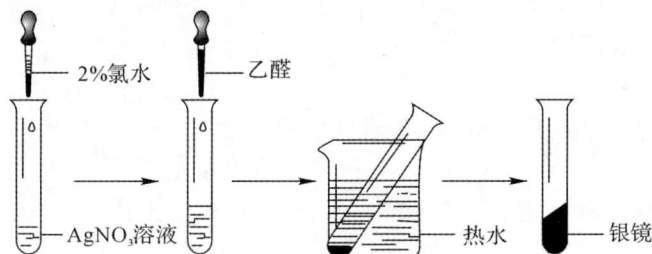

图 $9-5$ 　乙醛的银镜反应

乙醛与托伦试剂（硝酸银与氨水生成的银氨溶液）反应，生成乙酸和金属银等。

$$CH_3CHO+2Ag(NH_3)_2OH\overset{\triangle}{\longrightarrow}CH_3COONH_4+2Ag\downarrow+H_2O+3NH_3$$

如果反应器壁非常干净，当银析出时，就能很均匀地附在器壁上形成光亮的银镜。工业上，常利用葡萄糖代替乙醛进行银镜反应，在玻璃制品上镀银，如热水瓶胆、镜子等。银镜反应常用来检验醛基的存在。

（2）费林反应。

【实验9.2】　如图 $9-6$ 所示，在试管里加入 $2mL$ 的 $10\%NaOH$ 溶液，滴加 $2\%CuSO_4$ 溶液 5 滴，再加入 $0.5\ mL$ 乙醛，加热，观察现象。

乙醛也能和费林试剂新制 $Cu(OH)_2$ 溶液反应，生成乙酸和砖红色氧化亚铜沉淀：

$$CH_3CHO+2Cu(OH)_2\overset{\triangle}{\longrightarrow}CH_3COOH+Cu_2O\downarrow+2H_2O$$

这也是检验醛基的一种方法。在医学上可用此反应来检验病人尿液中是否含有超标准的葡萄糖而诊断是否患有糖尿病。

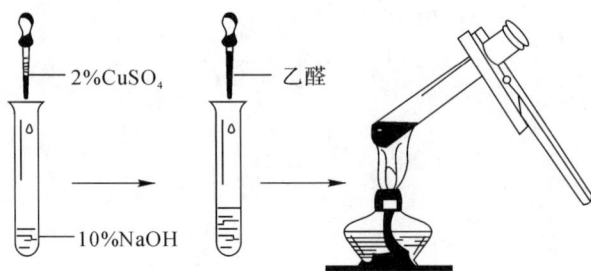

图 9-6　乙醛与新制 $Cu(OH)_2$ 的反应

乙醛是有机合成工业中的重要原料,主要用来生产乙酸、丁醇、乙酸乙酯等一系列化工产品。

三、乙酸

1.乙酸的结构

乙酸的化学式是 $C_2H_4O_2$,其结构式是 $CH_3-\overset{\overset{\displaystyle O}{\|}}{C}-OH$,简写为 CH_3COOH。乙酸是含有羧基($-\overset{\overset{\displaystyle O}{\|}}{C}-OH$)官能团的化合物。

2.乙酸的物理性质

乙酸俗称醋酸,是食醋的主要成分,普通食醋中约含 6%～8% 的乙酸。乙酸是具有刺激性气味的无色透明液体,沸点118℃,熔点16.6℃。当温度低于熔点时,无水乙酸就呈冰状结晶析出,所以无水乙酸又称冰醋酸。乙酸能与水混溶,也可溶于其他有机溶剂中。

3.乙酸的化学性质

(1)酸性。

乙酸呈明显的弱酸性,在水溶液中能电离出氢离子,可使蓝色石蕊试纸变红。

$$CH_3COOH \rightleftharpoons CH_3COO^- + H^+$$

乙酸是一种弱酸,但比碳酸的酸性强,它能与强碱中和生成乙酸盐和水,能和碳酸钠、碳酸氢钠反应放出二氧化碳:

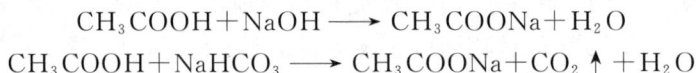

$$CH_3COOH + NaOH \longrightarrow CH_3COONa + H_2O$$

$$CH_3COOH + NaHCO_3 \longrightarrow CH_3COONa + CO_2 \uparrow + H_2O$$

(2)酯化反应。

在有浓硫酸存在并加热的条件下,乙酸能与乙醇发生反应生成乙酸乙酯和水,这个反应叫酯化反应。酯化反应是可逆反应:

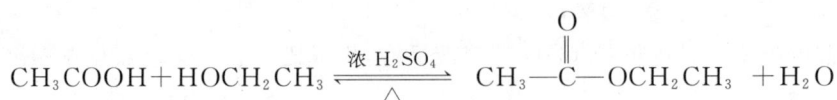

$$CH_3COOH + HOCH_2CH_3 \xrightarrow[\triangle]{\text{浓 } H_2SO_4} CH_3-\overset{\overset{\displaystyle O}{\|}}{C}-OCH_2CH_3 + H_2O$$

4.乙酸的来源和用途

很早以前,人类就知道用发酵的方法来制取酒和醋,这是人类使用最早的乙酸。醋是在酵母菌的作用下,利用空气中的氧将乙醇氧化成乙酸:

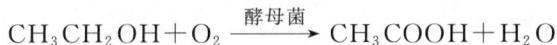

$$CH_3CH_2OH+O_2 \xrightarrow{\text{酵母菌}} CH_3COOH+H_2O$$

工业上制备乙酸均采用氧化为主的合成方法。例如,甲醇在铑的催化作用下,可在常压下和一氧化碳直接化合生成乙酸:

$$CH_3OH+CO \xrightarrow[\triangle]{\text{Rh 催化剂}} CH_3COOH$$

目前大部分乙酸采用乙醛氧化法而制得:

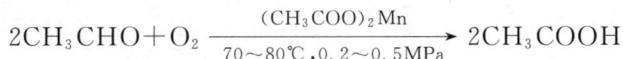

$$2CH_3CHO+O_2 \xrightarrow[70\sim80℃,0.2\sim0.5MPa]{(CH_3COO)_2Mn} 2CH_3COOH$$

乙酸是重要的有机化工原料,可以合成许多有机物。例如:醋酸纤维、维尼纶、喷漆溶剂、香料、染料、药物以及农药等。食醋是重要的调味品,它可以帮助消化,同时又常作"流感"消毒剂。

四、乙酸乙酯

乙酸乙酯是乙酸和乙醇反应的产物。

乙酸乙酯是无色透明的油状液体,具有果香味,沸点 77℃,密度比水小,难溶于水。能溶解许多有机物,是良好的有机溶剂。

乙酸乙酯的重要化学性质是能与水发生水解反应。酯的水解反应是酯化反应的逆反应,一般要用酸或碱作催化剂。用酸作催化剂时反应是可逆的:

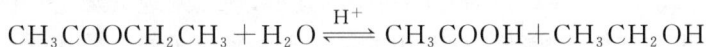

$$CH_3COOCH_2CH_3+H_2O \underset{}{\overset{H^+}{\rightleftharpoons}} CH_3COOH+CH_3CH_2OH$$

在碱溶液中进行水解时,因生成的酸与碱作用生成盐,平衡被破坏,水解反应可进行到底,反应成为不可逆:

$$CH_3COOCH_2CH_3+NaOH \longrightarrow CH_3COONa+CH_3CH_2OH$$

【阅读材料】

甲醛与人体健康

甲醛又称蚁醛,化学式为 CH_2O。常温时,甲醛为无色、具有强烈刺激气味的气体,蒸气与空气能形成爆炸性的混合物,爆炸极限是 7%～73%。易溶于水和乙醇,40%水溶液俗称福尔马林,通常用作消毒剂和生物标本的防腐剂。

室内甲醛主要来自复合木材中的酚醛树脂和脲醛树脂、内墙涂料、装修布、电器绝缘材料、黏合剂等。目前广泛应用于家具、建筑和装修的各类胶合板。其成品释放出的有毒气体甲醛,会严重污染周围的空气,并直接危害人类的健康。

用甲醛处理的海产品如海参、鱿鱼、海蜇等,外观虽好看,但食用要谨慎。在碱性中甲醛与海产品中的蛋白质反应,形成缩醛化合物,使水浸泡过的海产品变得挺直。但进入人体胃中,在酸性环境下又会放出甲醛而危害人的健康。

甲醛对人体的危害首先表现为对黏膜和皮肤有刺激性作用。可引起眼部灼热、流泪、结膜炎、眼睑水肿、角膜炎、鼻炎、咽喉炎、支气管炎和嗅觉丧失,甚至发生过敏、哮喘,引起免疫系统功能丧失以及白血病等。严重者有喉痉挛、声门水肿和肺水肿。如果吸入甲醛慢性中毒后,可出现兴奋、震颤、食欲丧失、体重减轻、头疼、心悸、失眠和视力障碍。甲醛被国际癌症研究机构确定为可疑致癌物。因此,人们在选购板材、衣物、海产品时,要注意查看甲醛数据是否符合国家限定标准。

第四节　糖类　油脂　蛋白质

糖类、油脂、蛋白质是人类重要的营养物质,人类为了维持生命与健康,除了阳光和空气外,必须摄取食物。食物的成分主要有糖类、油脂、蛋白质、无机盐、纤维素和水六大类。这些物质和通过呼吸进入人体的氧气一起,经过新陈代谢,转化成构成人体的物质和维持生命活动的能量。人体内主要物质的含量(占人体总质量):蛋白质 $15\%\sim18\%$,无机盐 $3\%\sim4\%$,脂肪 $10\%\sim15\%$,水 $55\%\sim67\%$,糖类 $1\%\sim2\%$,其他 1%。

糖类、油脂、蛋白质都是天然的有机化合物,它们也是重要的工业原料,可以用来制造纺织品、日用品、药物和某些化工产品等。

一、生命的基础能源——糖类

糖类是绿色植物光合作用的产物,它把能量贮存起来,作为动植物所需能量的重要来源。根据我国居民的食物构成,人们每天摄取的热能中大约有 75% 来自糖类。

糖类也叫作碳水化合物,它是由 C,H,O 三种元素组成的一类有机化合物。最初发现在糖类分子中,氢原子和氧原子的个数之比与水分子相同,也是 $2:1$,可以用通式 $C_m(H_2O)_n$ 表示,所以把糖类称为碳水化合物。随着化学科学的发展,现在发现碳水化合物的名称没有正确反映糖类化合物的组成和结构特征。糖类中的氢原子和氧原子的个数比并不都是 $2:1$,也并不以水分子的形式存在,如鼠李糖 $(C_6H_{12}O_5)$;而有些符合 $C_m(H_2O)_n$ 通式的物质也不是碳水化合物,如甲醛 (CH_2O)、乙酸 $(C_2H_4O_2)$ 等。所以碳水化合物这个名称虽然仍然沿用,但是早已失去原来的意义。

糖类根据其能否水解以及水解产物的多少,可以分为单糖、二糖和多糖等几类。

单糖不能水解成更简单的糖;二糖能水解,1mol 二糖水解后产生 2mol 单糖;多糖也能被水解,1mol 多糖水解后可产生多摩尔单糖。单糖中最常见的是葡萄糖和果糖,二糖中最常见的是蔗糖和麦芽糖,多糖中最常见的是淀粉和纤维素。

(一)葡萄糖

葡萄糖是自然界中分布最广的单糖,也是日常生活中最常见的单糖。葡萄糖存在于带甜味的水果和蜂蜜里,人体和动物组织中里也含有葡萄糖。淀粉类食物在人体中转化为葡萄糖而被吸收。正常人的血液里约含 0.1% 的葡萄糖,叫作血糖。如果人体内的血糖含量过高,就会患糖尿病了。

1.葡萄糖的结构和性质

葡萄糖是无色或白色结晶粉末,极易溶于水,稍溶于乙醇,不溶于乙醚;有甜味,但不如蔗糖甜,甜度约为蔗糖的 70%。

葡萄糖的分子式是 $C_6H_{12}O_6$,它的结构简式为

$$CH_2OH—CHOH—CHOH—CHOH—CHOH—CHO$$

从葡萄糖的结构简式可以看出,它的分子里含有多个羟基,是一种多羟基醛,属于己醛糖。

葡萄糖具有的醛基易被氧化成羧基,因此它具有还原性,能发生银镜反应,也能被 $Cu(OH)_2$ 氧化,生成砖红色的 Cu_2O 沉淀。

2.葡萄糖的用途

葡萄糖作为人体的基本元素和最基本的医药原料,其作用和用途十分广泛。尤其是随着广大人民生活水平的提高,葡萄糖作为蔗糖的替代用糖应用于食品行业,为葡萄糖的应用开拓了更广阔的领域。

(1)直接应用于人体。

葡萄糖是很有价值的营养品,它在人体组织里进行氧化反应放出热量,以供人体所需要的能量:

$$C_6H_{12}O_6(固)+6O_2(气) \longrightarrow 6CO_2(气)+6H_2O(液)+Q$$

由于葡萄糖可不经过消化过程而直接为人体所吸收,因此,体弱和血糖过低的患者可利用静脉注射葡萄糖溶液的方式来迅速补充营养。它还能增加人体能量和耐力,并有解毒利尿作用。

(2)用于医药化工。

自身氧化并进一步结合,生产葡萄糖酸钙、葡萄糖酸锌、葡萄糖醛酸内酯(肝泰乐)等。加氢还原可生成山梨醇和甘露醇,其中山梨醇可进一步生成维生素 C,被广泛应用于临床治疗;15%甘露醇在临床作为一种安全有效地降低颅内压药物,来治疗脑水肿和青光眼。

随着科学技术的高速发展和进步,葡萄糖作为最基础的营养基,被用来生产维生素 B_2、谷氨酰胺、核糖等,具有治疗癌症,从深层次提高生命质量的功能。

(3)用于食品行业。

随着生活水平的提高和食品行业科技的不断发展,葡萄糖在食品行业的应用越来越广泛。传统的糖果业中,发展中的糕点、冷饮业,葡萄糖作为一种全新的高档食品添加剂,应用于各种糕点、冷饮的生产制作,用来提高产品的风味、口感、色泽,尤其是能提高产品质量档次,已被业内人士大力推崇。

随着国际市场的需求加大和蔬菜加工技术的不断进步,葡萄糖作为一种营养剂和保鲜剂,在高档保鲜、脱水蔬菜加工中的地位无可替代。葡萄糖在催化剂(酒化酶)的作用下会发酵,生成乙醇和二氧化碳,这是酿酒的重要反应之一。

(4)用于兽药行业。

可直接用作饮水剂或作为载体用于各个品种的动物药品。

(二)蔗糖　麦芽糖

1.蔗糖

蔗糖的分子式是 $C_{12}H_{22}O_{11}$。蔗糖为无色晶体,溶于水,是重要的甜味食物。蔗糖存在于不少植物体内,以甘蔗和甜菜的含量为最高,所以生产蔗糖就是以甘蔗和甜菜为主要原料的。日常生活中所食用的白糖、红糖、冰糖的主要成分都是蔗糖。

蔗糖分子不显还原性。在硫酸的催化作用下,蔗糖发生水解反应,生成葡萄糖和果糖。因此,蔗糖水解后有还原性,能发生银镜反应,也能还原新制的 $Cu(OH)_2$。

2.麦芽糖

麦芽糖的分子式是 $C_{12}H_{22}O_{11}$。麦芽糖是白色晶体,易溶于水,有甜味。麦芽糖分子中含有醛基,因此有还原性。在硫酸等的催化剂作用下,麦芽糖发生水解反应,1 分子麦芽糖水解生成 2 分子葡萄糖。麦芽糖可用作甜味食物。通常食用的饴糖(如高粱饴),其主要成分就是麦芽糖。

(三)淀粉 纤维素

1.淀粉

淀粉是绿色植物进行光合作用的产物,主要存在于植物的种子或块根里,谷类中含淀粉较多。例如大米中约含淀粉 80%,小麦约含 70%,马铃薯约含 20% 等。

淀粉分子中约含几百到几千个葡萄糖单元,它的相对分子质量可达到几万到几十万。淀粉是一类分子量很大的化合物,这类化合物通常叫作高分子化合物。淀粉和纤维素及后面要讲到的蛋白质都属于天然高分子化合物。

淀粉是一种白色粉末状的物质,一部分淀粉能溶于热水;另一部分淀粉不溶于水,但能在水中湿润而胀大形成胶状淀粉糊。

淀粉在酶或稀酸的作用下,发生水解,生成一系列的产物,最后得到葡萄糖(一个淀粉分子水解后能最终生成几百到几千个葡萄糖分子):

$$(C_6H_{10}O_5)_n + nH_2O \longrightarrow nC_6H_{10}O_6$$
$$\text{淀粉} \qquad\qquad\qquad \text{葡萄糖}$$

淀粉在人体内也能水解。人们在咀嚼食物的时候,淀粉受到唾液淀粉酶(一种蛋白质,能对淀粉的水解起催化作用)的作用,开始水解。在吃饭时多加咀嚼,就会感到甜味。当食物进入胃肠后,又受到胰脏分泌出来的比唾液淀粉酶效果更强的胰液淀粉酶作用,继续水解形成葡萄糖,再通过小肠壁,被吸入血液中。当人体肌肉活动或工作需要能量时,潜藏化学能的葡萄糖又被氧化,放出热量,以供应人体所需的能量。

淀粉跟碘作用呈现蓝色,这是淀粉的特性反应(此法可用来鉴别淀粉的存在)。

淀粉是食物的一种重要成分,它也是一种工业原料,可用来制葡萄糖和酒精等。淀粉在淀粉酶的作用下,先转化成麦芽糖,再转化成葡萄糖。葡萄糖受到酒曲里酒化酶的作用,变成酒精。这就是含淀粉物质酿酒的主要过程。葡萄糖转化为酒精的反应可简略表示如下:

$$C_6H_{12}O_6 \longrightarrow 2C_2H_5OH + 2CO_2 \uparrow$$

所以,粮食(淀粉)和水果(葡萄糖)都可以生产出又香又醇的好酒。

2.纤维素

纤维素是构成细胞壁的基础物质,木材约有一半是纤维素,棉花是自然界中较纯的纤维素,约含纤维素 92%~95%;脱脂棉和无灰滤纸基本是纯纤维素。

纤维素是白色、无臭、无味的物质,不溶于水,也不溶于一般的有机溶剂。

纤维素的分子中大约含有几千个葡萄糖单元,它的相对分子质量约为几十万,所以也属于高分子化合物。

纤维素在稀酸和一定压强下长时间加热,才可能发生水解,水解的最后产物也是葡萄糖。

纤维分为天然纤维、人造纤维和合成纤维。天然纤维来自大自然——植物或动物身上的纤维,如棉、毛、丝、麻等;人造纤维是利用含有天然纤维的东西——木材、芦苇、稻草之类作原材料制成的,如人造丝、人造毛等;合成纤维是以石油、煤之类作原料,经过化学合成的,如常用的"六大纶"——腈纶(人造羊毛)、锦纶(尼龙)、涤纶(的确良)、维纶、丙纶、氯纶。

二、重要的体内能源——油脂

油脂是人类的主要食物之一,也是一种重要的工业原料,是生物体维持正常的生命活动不可缺乏的物质。我们日常食用的动物油、花生油、菜籽油、豆油、棉籽油等都是油脂。

油脂是热能最高的营养成分,油脂在完全氧化(生成 CO_2 和 H_2O)时放出的热量,大约是糖类或蛋白质的 2 倍多。因此,它是重要的供能物质。正常情况下,每人每日需进食 $50 \sim 60g$ 脂肪,约能供应日需总热量的 $20\% \sim 25\%$。一般成年人体内贮存的脂肪约占体重的 $10\% \sim 20\%$,通常情况下,胖子体内比瘦子体内多。当人进食量小、摄入食物的能量不足以支付机体消耗的能量时,就要消耗自身的脂肪来满足机体的需要,这就是"节食减肥"的原理。油脂还能溶解一些脂溶性维生素(如维生素 A,D,E,K),因此,进食一定量的油脂能促进人体对这些维生素的吸收。

1. 油脂的组成和结构

油脂是油和脂肪的总称。习惯上把在室温下为液体的叫作油,如菜油、豆油、花生油等;在室温下为固体的叫作脂肪,如猪油、牛油、羊油等。油脂不论是来自动物体或植物体,不论常温下是液态或固态,都是由多种高级脂肪酸(如硬脂酸、软脂酸和油酸等)和甘油所形成的甘油酯,所以油脂属于酯类。它们的结构可以表示为

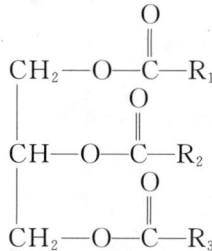

$$
\begin{array}{l}
CH_2-O-\overset{\displaystyle O}{\overset{\displaystyle \|}{C}}-R_1 \\[2mm]
CH-O-\overset{\displaystyle O}{\overset{\displaystyle \|}{C}}-R_2 \\[2mm]
CH_2-O-\overset{\displaystyle O}{\overset{\displaystyle \|}{C}}-R_3
\end{array}
$$

油脂式中 R_1,R_2,R_3 代表脂肪酸的饱和烃基或不饱和烃基。三者可以相同,也可以不同。相同者称为单甘油酯,不相同者称为混甘油酯。天然油脂大多数为混甘油酯的混合物。

2. 油脂的物理性质

油脂比水轻,密度为 $0.9 \sim 0.95g/cm^3$。它的黏度比较大,触摸时有明显的油腻感。油脂不溶于水,易溶于汽油、乙醚、苯等有机溶剂中。在工业上,根据这一性质,可用有机溶剂来提取植物种子里的油。在日常生活中,也常用汽油等有机溶剂来擦洗衣物上的油污。

油脂的熔点与其所含脂肪酸的饱和程度有关:含饱和脂肪酸多,熔点则高,在室温下为固体;含不饱和脂肪酸多熔点则低,在室温下为液体。

3. 油脂的化学性质

由于油脂是多种高级脂肪酸的甘油酯的混合物,而高级脂肪酸中,既有饱和的,又有不饱和的,因此,有些油脂兼有酯类和烯烃的一些化学性质。

(1)油脂的氢化。

液态油在有催化剂(如 Ni)存在并加热、加压的条件下,可以和氢气起加成反应,提高油脂的饱和程度,生成固态油脂。

这个反应叫作油脂的氢化,也叫油脂的硬化。这样制得的油脂叫人造脂肪,通常又叫硬化

油。工业上常利用油脂的氢化反应把多种植物油转变成硬化油。硬化油性质稳定，不易变质，不易酸败，便于运输，可用作制造肥皂、脂肪酸、甘油、人造奶油等的原料。

（2）油脂的干化。

某些油（如桐油）涂成薄层，在空气中就逐渐变成有韧性的固态薄膜。油的这种结膜特性叫作干性，其过程称为干化。

干化的化学反应很复杂，主要是一系列的氧化聚合反应。实践证明，油的干性强弱（即干结成膜的快慢）与油分子中所含双键数目及双键结构体系有关。含双键数目多的结膜快，含双键数目少的结膜慢，有共轭双键结构体系的比孤立双键结构体系结膜快。成膜是双键聚合的结果。油能结膜的特性使油成为油漆工业的一种重要原料。一般根据结膜的情况，把油分成三类：干结成膜快的称为干性油，结膜较慢的称为半干性油，不能结膜的称为不干性油。油漆中使用的以干性油和半干性油为主。桐油是最好的干性油，它的特性与桐油的共轭双键体系有关。用桐油制成的油漆不仅干结成膜快，而且漆膜坚韧、耐光、耐冷热变化、耐潮湿、耐腐蚀。桐油是我国的特产，产量占世界总产量的 90% 以上。

（3）油脂的酸败。

油脂经长期储存，逐渐变质，产生一种特殊气味，这叫油脂的酸败。引起油脂酸败的主要原因是空气中的氧以及细菌的作用，使油脂氧化分解产生低级醛、酮、羧酸等，分解出的产物具有特殊气味。由于在水、光、热及微生物的作用下，油脂容易酸败，所以，储存油脂时，应保存在干燥的、不见光的密封容器中。已经酸败的食用油不能食用。

（4）油脂的水解。

在适当条件下（如有酸或碱或高温水蒸气存在），油脂跟水能够发生水解反应，生成甘油和相应的高级脂肪酸（或盐）。例如，硬脂酸甘油酯在有酸存在的条件下发生水解，其化学方程式可以表示为

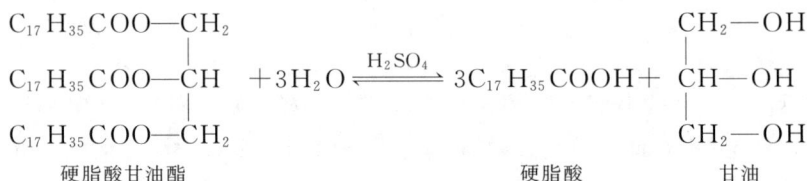

$$\begin{array}{l} C_{17}H_{35}COO{-}CH_2 \\ | \\ C_{17}H_{35}COO{-}CH \\ | \\ C_{17}H_{35}COO{-}CH_2 \end{array} + 3H_2O \underset{}{\overset{H_2SO_4}{\rightleftharpoons}} 3C_{17}H_{35}COOH + \begin{array}{l} CH_2{-}OH \\ | \\ CH{-}OH \\ | \\ CH_2{-}OH \end{array}$$

硬脂酸甘油酯 　　　　　　　　　　　硬脂酸　　甘油

工业上根据这一原理，可用油脂为原料来制取高级脂肪酸和甘油。油脂在人体中的消化过程与水解有关。

如果油脂是在有碱存在的条件下水解，那么，水解生成的高级脂肪酸便跟碱反应，生成高级脂肪酸盐。这样的水解反应，叫作皂化反应。例如，硬脂酸甘油酯发生皂化反应，生成硬脂酸钠和甘油：

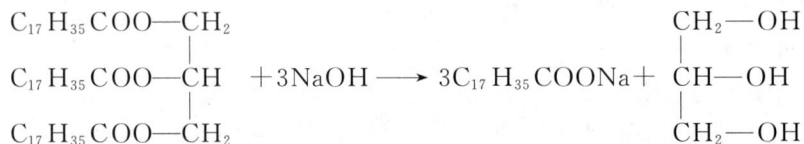

$$\begin{array}{l} C_{17}H_{35}COO{-}CH_2 \\ | \\ C_{17}H_{35}COO{-}CH \\ | \\ C_{17}H_{35}COO{-}CH_2 \end{array} + 3NaOH \longrightarrow 3C_{17}H_{35}COONa + \begin{array}{l} CH_2{-}OH \\ | \\ CH{-}OH \\ | \\ CH_2{-}OH \end{array}$$

硬脂酸钠是肥皂的有效成分，工业上就是利用这个反应来制造肥皂。油脂在碱性条件下的水解反应也叫皂化反应。

4.肥皂和洗涤剂

（1）肥皂的制造。

把动物脂肪或植物油跟氢氧化钠溶液按一定比例放在皂化锅内加热、搅拌,使之发生皂化反应。反应完成后,生成的高级脂肪酸钠盐、甘油和水形成了混合物。向锅内加入食盐细粒,搅拌、静置,则使高级脂肪酸钠从混合物中析出,浮在液面,从而与甘油、食盐水分离。这个过程叫作盐析。集取浮在液面的高级脂肪酸钠,加入填充剂(如松香、硅酸钠)等,进行压滤、干燥、成型,就制得成品肥皂。下层液体经分离提纯后,便得到甘油。

【实验 9.3】 取 1 支 6mL 大试管,加入 6g 猪油,5mL 的 95% 的酒精,10mL 的 40% 的氢氧化钠溶液。用如图 9-7 的装置进行水浴加热。15 分钟后向烧杯中加入 20mL 热水,并倒入盛有热饱和食盐水的烧杯中。可以看到有一小块圆形的肥皂从食盐水中析出,漂浮在水面上。

如果再加入香料、色素、松香放在各种造型的盒子里,就可以得到一块真正的肥皂。现在流行的 DIY 制作香皂,就是把已经制得的肥皂,加热熔化后,加入各种干花、色素等,然后放在自己喜欢的造型盒子中冷却得到的。

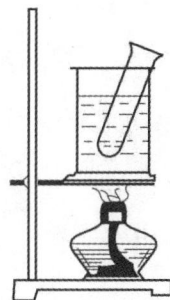

图 9-7　用水浴加热
装置制肥皂

(2)肥皂去污原理。

肥皂去污是高级脂肪酸钠起作用。从结构上看,它的分子可以分为两部分,一部分是极性的—COONa 或—COO⁻,它可以溶于水,叫作亲水基;另一部分是非极性的链状的烃基—R,这一部分不溶于水,叫作憎水基。憎水基具有亲油的性质。在洗涤的过程中,污垢中的油脂与肥皂接触后,高级脂肪酸钠分子的烃基就插入油污内。而易溶于水的羧基部分伸在油污外面,插入水中。这样油污就被包围起来,如图 9-8 所示。再经摩擦、振动,大的油污便分散成小的油珠,最后脱离被洗的纤维织品,而分散到水中形成乳浊液,从而达到洗涤的目的。

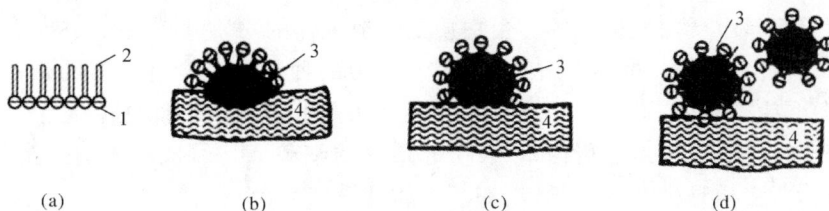

(a)　　　　(b)　　　　(c)　　　　(d)

图 9-8　肥皂去污示意图
1—亲水基;　2—憎水基;　3—油污;　4—纤维织品

(3)合成洗涤剂。

合成洗涤剂是根据肥皂去污原理合成的分子中具有亲水基和憎水基的物质,如图 9-9 所示。它分固态的洗衣粉和液态的洗涤剂两大类。它的主要成分是烷基苯磺酸钠或烷基磺酸钠等。根据不同的需要,采用不同的配比和添加剂,可以制得不同性能、不同用途、不同品种的合成洗涤剂。例如,在洗衣粉中加入蛋白酶,可以提高对血渍、奶渍等蛋白质污物的去污能力。

与肥皂比较,合成洗涤剂有显著的优点。

1)肥皂不适合在硬水中使用,而合成洗涤剂的使用不受水质限制。因为硬水中的钙、镁离子会跟肥皂生成高级脂肪酸钙、镁盐类沉淀,使肥皂丧失去污能力。而合成洗涤剂在硬水中生成的钙、镁盐类能够溶于水,不会丧失去污能力。

例如,沾有粉笔灰的手,如果用肥皂洗涤,手上会出现不溶于水的固体小颗粒,如果用洗衣粉洗涤,就不会产生这种现象。粉笔灰中含有钙离子,这种现象也说明肥皂不能抗硬水,而合成洗涤剂则抗硬水。

2)合成洗涤剂去污能力更强,并且适合洗衣机使用。

3)合成洗涤剂的原料便宜。制造合成洗涤剂的主要原料是石油,而制造肥皂的主要原料是油脂,石油比油脂更价廉易得。

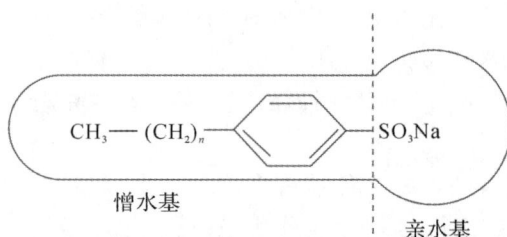

$$CH_3 - (CH_2)_n - \langle phenyl \rangle - SO_3Na$$

憎水基　　　　　　　　　　　　　亲水基

图 9-9　合成洗涤剂的分子结构示意图

由于合成洗涤剂有上述优点,因此它发展很快。但是随着合成洗涤剂的大量使用,含有合成洗涤剂的废水大量排放到江河中,造成了水体污染。原因是有的洗涤剂十分稳定,难于被细菌分解,污水积累,使水质变坏。有的洗涤剂含有磷元素,造成水体富营养化,促使水生藻类大量繁殖,水中的溶解氧降低,也使水质变坏。目前,合成洗涤剂导致的水体污染已引起人们极大的关注,并正积极研制无磷等新型洗涤剂,以减轻对环境的污染。

三、生命的基础——蛋白质

蛋白质广泛存在于生物体内,是组成细胞的基础物质。动物的肌肉、皮肤、血液、乳汁以及发、毛、蹄、角等都是由蛋白质构成的。蛋白质是构成人体的物质基础,它约占人体除水分外剩余质量的一半。许多植物(如大豆、花生、小麦、稻谷)的种子里也含有丰富的蛋白质。一切重要的生命现象和生理机能,都与蛋白质密切相关。如在生物新陈代谢中起催化作用的酶,起调节作用的激素,运输氧气的血红蛋白,以及引起疾病的细菌、病毒,抵抗疾病的抗体等,都是蛋白质。所以说,蛋白质是生命的基础,没有蛋白质就没有生命。

1. 蛋白质的组成

蛋白质是一类非常复杂的化合物,由碳、氢、氧、氮、硫等元素组成。蛋白质的相对分子质量很大,从几万到几千万。因此,蛋白质属于天然有机高分子化合物。蛋白质在酸、碱或酶的作用下能发生水解,水解的最终产物是氨基酸。

下面是几种常见的氨基酸:

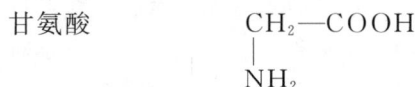

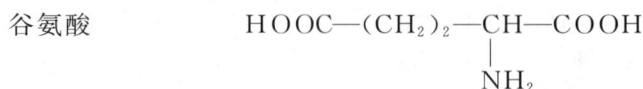

甘氨酸　　　　　　$CH_2 - COOH$
　　　　　　　　　　　　$|$
　　　　　　　　　　　NH_2

丙氨酸　　　　　　$CH_3 - CH - COOH$
　　　　　　　　　　　　　$|$
　　　　　　　　　　　　NH_2

谷氨酸　　　　　　$HOOC - (CH_2)_2 - CH - COOH$
　　　　　　　　　　　　　　　　　　$|$
　　　　　　　　　　　　　　　　　NH_2

由于氨基酸的种类很多,组成蛋白质时氨基酸的数量和排列又各不相同,所以蛋白质的结构很复杂。1965 年,我国科学家在世界上第一次用人工方法合成了具有生命活力的蛋白质——结晶牛胰岛素,对蛋白质的研究做出了重要的贡献。

2.蛋白质的性质

有的蛋白质能溶于水,如鸡蛋清;有的难溶于水,如蚕丝、毛发等。蛋白质除了能水解为氨基酸外,还具有如下的性质。

(1)盐析。

【实验9.4】 在盛有鸡蛋清溶液的试管里,缓慢地加入饱和$(NH_4)_2SO_4$ 或 Na_2SO_4 溶液,观察沉淀的析出。然后把少量带有沉淀的液体加入盛有蒸馏水的试管里,如图 9-10 所示,观察沉淀是否溶解。

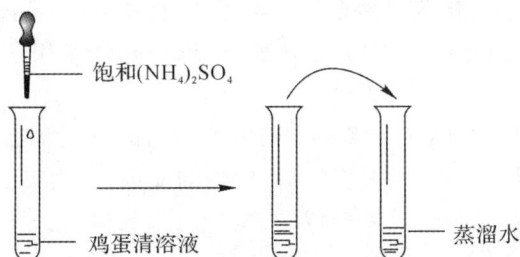

图 9-10 蛋白质的盐析

向蛋白质溶液中加入某些浓的无机盐(如$(NH_4)_2SO_4$、Na_2SO_4 等)溶液后,可以使蛋白质凝聚而从溶液中析出,这种作用叫作盐析。这样析出的蛋白质仍可以溶解在水中,而不影响原来蛋白质的性质。因此,盐析是一个可逆的过程。利用这个性质,可以采用多次盐析的方法来分离、提纯蛋白质。

(2)变性。

【实验9.5】 在两个试管里各加入 3mL 鸡蛋清溶液,给一个试管加热,同时向另一个试管加入少量乙酸铅溶液,观察发生的现象。

把凝结的蛋清和生成的沉淀分别放入两个盛有清水的试管里,观察是否溶解。上述实验说明,蛋白质受热达到一定温度或加入铅盐时就会凝结,这种凝结是不可逆的,即凝结后不能在水中重新溶解,我们把蛋白质的这种变化叫作变性。除加热以外,在紫外线 X 射线,强酸、强碱,铅、铜、汞等重金属的盐类,以及一些有机化合物,如甲醛、酒精、苯甲酸等作用下,均能使蛋白质变性,蛋白质变性后,不仅丧失了原有的可溶性,同时也失去了生理活性。

(3)颜色反应。

【实验9.6】 在盛有 2mL 鸡蛋清溶液的试管里,滴入几滴浓硝酸,微热,观察现象。

从上述实验中可以看到,鸡蛋清溶液遇浓硝酸颜色变黄。蛋白质可以跟许多试剂发生特殊的颜色反应。某些蛋白质跟浓硝酸作用会产生黄色。

(4)灼烧。

蛋白质被灼烧时,产生具有烧焦羽毛的气味。所以,在生活中人们在买含毛衣物时,通常用燃烧一点衣物纤维,来验证是否含毛。

3. 蛋白质的用途

"没有蛋白质就没有生命",说明了生命现象与蛋白质的密切关系。蛋白质是人类必需的营养物质,成年人每天大约要摄取 60～80g 蛋白质,才能满足生理需要,保证身体健康。

人们从食物中摄取的蛋白质,在胃液中的胃蛋白酶和胰液中的胰蛋白酶作用下,经过水解生成氨基酸。氨基酸被人体吸收后,重新结合成人体所需的各种蛋白质。人体内各种组织的蛋白质也在不断地分解,最后主要生成尿素,排出体外。蛋白质不仅是重要的营养物质,在工业上也有广泛的用途。动物的毛和蚕丝的成分都是蛋白质,它们是重要的纺织原料。动物的皮经过药剂鞣制后,其中所含的蛋白质就变成不溶于水、不易腐烂的物质,可以加工成柔软坚韧的皮革。

动物胶是用动物的骨、皮和蹄等经过熬煮提取的蛋白质,可用作胶粘剂。无色透明的动物胶叫白明胶,可用来制造照相胶卷和感光纸。阿胶是用驴皮熬制的胶,它是一种药材。

酪素是从牛奶中凝结出来的蛋白质,除用作食品外,还能跟甲醛合成酪素塑料,它可用来制造纽扣、梳子等生活用品。

皮革是蛋白质经过鞣制的产品。将牛、羊、猪等动物的皮剥下后经过浸渍、刮肉、去毛、鞣制等工序,使蛋白质变为不溶、不易腐烂和具有弹性的皮革,可用来缝制皮衣、皮鞋等。还有的动物的羽毛、丝、角等,也都是由蛋白质构成的。羊毛、兔毛、驼毛等是纺织原料,禽羽等可做棉衣、被褥等。

此外,由蛋白质组成的酶也有广泛的用途。

【阅读材料】

我们生活中的糖

一、吃水果为什么不能代替吃蔬菜

在日常生活中,有些孩子在吃正餐的时候不好好吃蔬菜,家长们就拿出水果让他们吃,以为吃水果可以替代吃蔬菜。其实,这是人们头脑中的一个误区,吃水果不能替代吃蔬菜。

这是由于水果和蔬菜所含的糖类及作用不一样造成的。水果中所含的碳水化合物,主要成分是蔗糖、果糖、葡萄糖之类的单糖和二糖。当这些单糖和二糖被吃进人体后,只需稍加消化或不需要消化,即可以被人体小肠吸收。可见,水果的长处是能及时供应能量。但是,如果吃的水果含糖量过多,会使血液中血糖迅速升高,不利于身体健康。我们再来看看蔬菜。大多数蔬菜所含的碳水化合物是淀粉一类的多糖。它们需要经过人体消化道内各种酶水解成单糖后,才能慢慢地被消化和吸收。因此,蔬菜的长处是不会引起人体内血糖浓度的大幅度波动,并且,蔬菜所含的维生素 C 和矿物质一般都比水果多。

吃水果还有一定的讲究,否则只会对人体有害。如在空腹时吃西红柿,会使人体胃内压力升高,造成急性胃扩张,使人发生胃胀、胃痛等症状。所以,空腹不宜吃西红柿。

二、干菜烧肉时放些糖有什么作用

干菜烧肉是我们常吃的菜肴,习惯上人们往往在将要烧好的时候加一些糖,这样烧出来的干菜烧肉,不仅味道是甜甜的,又香又鲜,很是可口,而且它比一般肉类食物不易变质败坏。

是什么原因使干菜烧肉可以保存较长的时间呢?有人认为这是有了干菜的缘故,实际上这是糖的功劳。因为多数细菌喜欢营养丰富的食物,喜欢在温暖、中性的环境中生长,肉类食品含有大量氨基酸、维生素和无机盐等养分,也是细菌最理想的食物。尤其是在夏天,当细菌落到这种食物中,便会很快地生长繁殖,不消一昼夜,就使蛋白质变质败坏,不能食用了。但是如果在肉类食品中加些糖,就不致很快变质,而能放上较长的时间,人们把这种由于加糖而延长肉类等蛋白质食品保存时间的作用,叫作"蛋白质保存作用"。夏天一般的菜蔬隔一夜就馊了,而干菜烧肉不容易馊的道理也就在这里。

三、糖的秘密

人们都喜欢甜味,甜味是与糖联系着的。蔗糖、葡萄糖、麦芽糖是大家熟悉的糖,它们不仅味道甜,而且还是供应人体能量的物质。蜂蜜中含有果糖和葡萄糖。果糖是最甜的糖,果糖、蔗糖与葡萄糖的甜味的比例,根据实验测定是 9:5:4。

是不是所有的糖都有甜味呢? 不是。例如,牛奶中有 4% 的乳糖,乳糖是没有甜味的糖。反过来说,是不是有甜味的都是糖呢? 也不能这样说。例如乙二醇、甘油虽有甜味,但都不是糖。那么,糖应该如何定义呢? 在化学上一般把多羟基醛或多羟基酮或水解后能变成以上两者之一的有机化合物称为糖,这种定义就与甜味没有必然的联系了。

作为一种甜味物质,人们经常食用的是白糖、红糖和冰糖。制糖方法并不复杂,把甘蔗或甜菜压出汁,滤去杂质,再往滤液中加适量的石灰水,中和其中所含的酸,再过滤,除去沉淀,将二氧化碳通入滤液,使石灰水沉淀成碳酸钙,再重复过滤,所得滤液就是蔗糖的水溶液了。将蔗糖水溶液放在真空器里减压蒸发、浓缩、冷却,就有红棕色略带黏性的结晶物析出,这就是红糖。想制造白糖,须将红糖溶于水,加入适量的骨碳或活性炭,将红糖水中有色物质吸附,再过滤,加热、浓缩、冷却滤液,一种白色晶体——白糖就出现了。白糖比红糖纯得多,但仍含一些水分,再把白糖加热至适当温度除去水分,就得到无色透明的块状大晶体——冰糖。可见,冰糖的纯度最高,也最甜。

说起甜味物质,人们很自然想到糖精,糖精并非"糖之精华",它不是从糖里提炼出来的,而是以又黑又臭的煤焦油为基本原料制成的。糖精没有营养价值。少量糖精对人体无害,但食用糖精过量对人体有害。所以糖精可以食用,但不可多用。蔗糖是含有最高热值的碳水化合物,过量摄入会引起肥胖、动脉硬化、高血压、糖尿病以及龋齿等疾病。

习 题 九

一、填空题

1.有机化合物就是含 _____ 的化合物,或者说 _____ 化合物及其衍生物。

2.烷烃的通式是 _____。

3.甲烷主要来源于 _____。

4.有下列各组物质:

A. $CH_3CHCH_2CH_3$ 和 $CH_3CH_2CH_2CH_2CH_3$
　　　|
　　　CH_3

B. $Br\!-\!\overset{\displaystyle H}{\underset{\displaystyle H}{C}}\!-\!Br$ 和 $Br\!-\!\overset{\displaystyle Br}{\underset{\displaystyle H}{C}}\!-\!H$

C. $^{12}_{6}C$ 和 $^{13}_{6}C$

D. $CH_3CH_2CH_3$ 和 CH_3CH_3

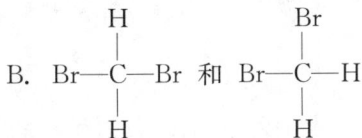

①_____ 组两物质互为同位素;②_____ 组两物质互为同系物;③_____ 组中的物质是同一物质。

5._____醇有剧毒,误服少量时眼睛会失明,误服 25g 以上如不及时抢救,即会丧命。因此使用该醇时要注意防护。

6.醇是含有_____基的化合物,_____与_____直接相连的化合物称醇。

7.醛是含有_____官能团的化合物,_____中的碳原子和氧原子以相连。

8.醋酸的结构式是_____。

9._____和_____统称为油脂,其结构可以表示为_____。

10.用油脂水解的方法制取高级脂肪酸,通常所选择的条件是_____;若制取肥皂,则选择的条件是_____。

11.葡萄糖能发生银镜反应,也能跟新制得的氢氧化铜反应生成砖红色沉淀。这说明葡萄糖具有_____的性质,分子里含_____官能团。

12.在蛋白质溶液中加入饱和食盐水,可使蛋白质从溶液中析出,这种作用叫作_____。在蛋白质溶液中加入 $HgCl_2$ 溶液,蛋白质会_____,这种变化叫作蛋白质_____;有些蛋白质遇浓硝酸变成_____色。

二、判断题

1.某有机物燃烧后的产物只有 CO_2 和 H_2O,因此可以推知该有机物肯定是烃,它只含有碳和氢两种元素。( )

2.同系物具有相似的化学性质。( )

3.乙烯具有平面型的分子结构,其他烯烃则具有立体的分子结构。( )

4.苯的结构式是 ⬡ 是中有 3 个碳碳双键和 3 个碳碳单键,因此,苯分子结构中所有碳碳键的键长是不相等的。( )

三、选择题

1.下列化合物不属于有机物的是( )。
   A. CH_3COOH B. CH_3NH_2 C. CO_2 D. C_6H_6

2.下列化合物属于烃的是( )。
   A. CH_3OH B. C_6H_{10} C. CH_3OCH_3 D. CH_3CHO

3.下列化合物属于烷烃的是( )。
   A. C_2H_2 B. C_2H_4 C. C_6H_6 D. C_4H_{10}

4.通常用来衡量一个国家石油化工发展水平的标志是( )。
   A. 石油产量   B. 乙烯产量   C. 苯的产量   D. 合成纤维产量

5.在下列烯烃中,用作水果催熟剂的是( )。
   A. 乙烯   B. 丙烯   C. 正丁烯   D. 异丁烯

6.常温常压下,称取相同物质的量的下列各烃,分别在氧气中充分燃烧,消耗氧气最多的是( )。
   A. 甲烷   B. 乙烷   C. 乙烯   D. 乙炔

7.下列有机物中,不属于烃的衍生物的是( )。
   A. 乙醛   B. 乙醇   C. 乙烷   D. 苯酚

8.某有机物的蒸汽完全燃烧时,需要 3 倍于其体积的氧气,产生 2 倍于其体积的二氧化碳(均在同温、同压下测量),该有机物可能是( )。

A. CH_3CH_3 B. CH_2CH_2 C. $CH \equiv CH$ D. C_2H_5OH

四、简答题

1. 举例说明酒精的用途。

2. 为什么说油脂是人类重要的营养物质？

3. 为什么能用热的纯碱溶液洗涤粘有油脂的试管？

4. 糖类物质对于人类的生活具有什么意义？

第十章　化学与生活

第一节　环境污染

化学与环境有着直接、密切的关系,在造成环境污染的各种因素中,大多数是由化学污染物造成的。但是我们也应该看到,很多环境问题,如大气污染、水体的污染、固体废弃物的污染,还需要依靠化学的知识和方法来解决。

环境有自然环境和社会环境之分。自然环境一般指围绕我们周围的各种自然因素,如空气、水、土壤、植物、动物等。随着社会的发展和科学的进步,工业化生产的规模不断扩大,人口的增长和城市化,以及交通运输的现代化,全世界每年向环境排放的污染物达数万亿吨。这些污染物使大气质量下降,水源遭到污染,土壤荒漠化,直接影响到生态平衡和人类的健康。

一、大气污染

大气是指围绕在地球周围的混合气体,通常也称为大气圈或大气层。它是地球上一切生物赖以生存的物质基础之一。大气层还保护着地球上的生物免受外层空间各种有害因素的侵害,调节热量循环,为生物提供适宜的生存温度,并且直接参与生态循环过程。

1.大气污染概念

大气污染通常是指由于人类活动和自然活动过程引起某种物质进入大气中,呈现足够的浓度,并且持续一定的时间,并因此而危害了人体的舒适、健康和福利或危害了环境的现象。

2.大气污染物的分类

大气污染物的种类很多,从物理状态上看气态物占 90％以上,还有约 10％固体颗粒和气溶胶。从污染物与污染源的关系,可分为一次污染物和二次污染物。一次污染物直接从污染源排出;一次污染物与大气中的原有成分或其他污染物发生了化学反应或光化学反应而形成新的污染物称为二次污染物。下面是常见的大气污染物的来源及危害。

(1)颗粒物。

颗粒物又称尘埃,是大气中的固体或液体颗粒物质,如粉尘、烟尘、水雾、酸雾、油雾等。人为污染的颗粒物主要来自矿物燃料的燃烧,工业生产中的破碎、筛分、堆放、运输等过程。人体吸入颗粒物后,很难排出体外,降低肺泡对氧气的吸收,有的还能诱发癌症。

(2)硫氧化物。

硫氧化物指 SO_2,SO_3,它们主要来自含硫煤和石油的燃烧、含硫矿物的冶炼和硫酸的生产。SO_2,SO_3 在潮湿的空气中形成酸雾,刺激人的呼吸道,腐蚀金属结构、建筑物、名胜古迹。

（3）氮氧化物。

氮氧化物指 NO，NO_2，它们主要来自汽车燃料油的燃烧和氮肥生产。NO_2 严重刺激呼吸道，破坏血红素。NO_2 浓度过高时，会诱发气管炎、肺气肿甚至死亡。

（4）一氧化碳。

CO 是我们所熟知的"煤气"的主要成分。空气中的 CO 主要来自矿物燃料的不完全燃烧。因而民用灶、采暖煤炉、工业窑炉，特别是机动车辆都是产生 CO 的发生源。CO 在大气中的寿命很长，可停留长达 2～3 年，因此，它是一种数量大，积累性强的大气污染物。混在大气中的 CO 是一种对血液神经有害的毒物。CO 与血红蛋白结合能力比与 O_2 的结合能力大 200～300 倍，能导致血液携氧能力降低，使人体组织缺氧，轻则发生头痛、眩晕、恶心等缺氧症状，重则对中枢神经造成不可恢复的伤害，导致大脑一定部位的瘫痪、坏死。

3.大气污染的防治

大气污染的防治必须统一规划，综合运用各种防治污染的技术。首先，要改革能源结构，改进燃烧技术，减少污染物的排放。及时清理和处置工业、生活和建筑废渣，减少地面扬尘。植树造林，绿化沙尘暴的发源地。对排放有害气体和烟尘的部门进行技术改造，用物理或化学的方法吸收除去有害物，并对其进行监测，实行达标排放。

【知识链接】
全球性大气污染

目前，困扰世界的全球性大气污染主要有三大因素，即温室效应、酸雨与臭氧层破坏。

1.温室效应

温室效应是指由于大气中二氧化碳等气体的含量增加，导致太阳的辐射透过地面，而地面反射出来的热能却被大气中二氧化碳等气体吸收，最终引起地球平均气温上升的现象。这些能使地球大气增温的微量组分，称为"温室气体"。地球的大气中重要的温室气体包括以下几种：水蒸气（H_2O）、臭氧（O_3）、二氧化碳（CO_2）、氧化亚氮（N_2O）、甲烷（CH_4）、氢氟氯碳化物类（CFO_s，HFC_s，$HCFC_s$）、全氟碳化物（PFC_s）及六氟化硫（SF_6）等。由于水蒸气及臭氧的时空分布变化较大，因此在进行减量措施规划时，一般都不将这两种气体纳入考虑。温室效应造成全球气候变暖，土地干旱，沙漠化面积增大，海洋风暴增多，冰川融化和海平面上升等，从而导致农作物减产和一些物种灭绝。造成温一室效应的主要原因是过多燃烧煤炭、石油和天然气，产生的大量 CO_2 进入大气造成的。

解决温室效应的途径是减少温室气体的产生量，尽量减少矿物燃料的使用量，除节能外，可采用一些不产生 CO_2 的替代能源，如太阳能、风能、波浪能、核能、氢能等等。

2.酸雨

酸雨又称为酸沉降，它是指 pH＜5.6 的天然降水（湿沉降）和酸性气体及颗粒物的沉降（干沉降）。

人类活动大量燃烧石油、煤，产生的硫氧化物和氮氧化物等酸性气体上升到天空，与天上的水蒸气相遇，形成硫酸和硝酸，使雨水酸化，这时落到地面的雨水就成了酸雨。酸雨给环境带来广泛的危害，造成巨大的损失。主要有：

1）损坏植物叶面，导致森林死亡。

2）使湖泊中鱼虾死亡。

3)破坏土壤成分,使作物减产或死亡。

4)污染地下水,对人和其他生物产生危害。

5)腐蚀建筑物和工业设备,破坏文物等。

煤和石油的燃烧是造成酸雨的主要祸首,应采取措施减少对大气中硫氧化物和氮氧化物的排放量。

3.臭氧层破坏

臭氧层是离地球表面约 $20 \sim 30$ km,它在地球上空形成保护层,来自太阳的大部分紫外线不能穿过它,阻止了紫外线照射对地球和人类造成的危害。臭氧(Ozone)被誉为地球的"保护伞",化学式是 O_3,它是太阳紫外线辐射的一种过滤器,能强烈地吸收(99%)来自太阳的高强度紫外线,保护了地球上的人类和生物。

近几十年来,人类活动排放到大气中的氮氧化物、氯氟烃类等污染物日益增多,这些污染物与臭氧发生反应,致使臭氧层变薄,甚至使南极等地上空出现臭氧空洞。臭氧层被破坏,过量的紫外线辐射到地面,严重危害人类和其他生物的健康。如在接近南极臭氧空洞地区,人类的皮肤癌和白内障等疾病发病率明显提高。目前人类尚未找到对已破坏的臭氧层的补救措施,但正在积极采取措施限制对臭氧层起破坏作用的化学物质的排放。

臭氧层耗损主要是由消耗臭氧的化学物质引起的,其中破坏臭氧层最严重的是哈龙类物质(溴氟烷烃)和氟利昂(氟氯烷烃),此外,CCl_4、CH_4、喷气式飞机排出的氮氧化物以及大气中的核爆炸的产物也会破坏臭氧层,因此对这些物质的生产量和消费量应加以限制。为此,1985年和1987年,联合国环境规划署召开会议,先后签订了《保护臭氧层维也纳公约》和《关于消耗臭氧层物质的蒙特利尔议定书》等国际公约,提出对氟利昂及哈龙两类共8种物质进行生产与使用的限控,并于1989年1月1日生效。1995年1月23日,联合国大会通过决议,确定每年的9月16日为"国际保护臭氧层日"。

【知识卡片】

空气质量周报

从1997年开始,我国社会生活中又多了一件新鲜事,许多城市就像发布天气预报那样,在当地电视台、电台、报纸上公布一周来本城市的空气质量情况。从此,城市空气质量的好坏对于许多老百姓来说,不再是一个未知数了。

空气质量周报的主要内容为:空气污染指数、空气质量级别和首要污染物。空气污染指数就是将监测的几种空气污染物的浓度值简化成为单一的数值形式,并分级表示空气污染程度和空气质量状况。污染指数的分级标准是:①污染指数在50以下对应的空气质量级别为一级,即优;②污染指数在50以上、100以下对应的空气质量级别为2级,即良;③污染指数在100以上、200以下对应的空气质量级别为3级,即轻度污染;④污染指数在200以上、300以下对应的空气质量级别为4级,为中度污染;⑤污染指数在300以上对应的空气质量级别为5级,为重度污染。

根据我国空气污染的特点,目前空气污染指数的项目暂定为:二氧化硫、氮氧化物和总悬浮颗粒物。二氧化硫主要来自燃煤废气,它是生成酸雨的元凶;氮氧化物主要来自于汽车尾气;总悬浮颗粒物主要来自燃煤排放的烟尘和地面扬起的灰尘。取这3种污染指数最大的作为首要污染物,并将首要污染物的污染指数确定为该城市的空气污染指数。例如广州市在某一周的空气质量监测中,氮氧化物的污染指数是最高的,达到了 134,那么氮氧化物就被确定为本周的主要污染物,同时,氮氧化物的污染指数 134 及其对应的空气质量级别 3 级就作为广州市本周的空气污染指数和空气质量级别。

二、水体污染

水是人类及地球上一切生物赖以生存的物质基础。随着工农业的飞速发展,人们的生活水平不断提高和生活方式的改变,对水资源的需求不断上升。而水资源是有限的,同时,大量的未经处理的生活污水、工业废水向水体排放,以及人类对水的反复利用,使水的质量不断下降,已经对人类的健康构成了威胁,甚至造成了伤害。因此,要提高人们的生活质量,保持工农业的可持续发展,对水体污染的防治非常重要。

1.水体污染的概念

水体污染是指一定量的污水、废水、各种废弃物等污染物质进入水域,超出了水体的自净和纳污能力,从而导致水体及其底泥的物理、化学性质和生物群落组成发生变化,破坏了水中固有的生态系统和水体的功能,从而降低水体使用价值的现象。

洁净的水体应是无色、透明、无气味、无味道的,如果温度合适,各种水生动植物、微生物应能在其中生长。水体被污染后,颜色改变、透明度下降、带有难闻的气味,水中含有可溶性或不溶性的化学物质,溶解氧下降,高等水生生物减少或绝迹,有害的低等生物大量生长。由于污染,我国约有 13% 的水体不符合鱼类的生存标准,14% 的水体不适于灌溉,2 400km 长的河流中鱼虾绝迹,全国 65.4% 的人口难饮用到符合标准的水。水体污染已到了不得不治理的时刻。

2.水体污染的分类

被污染的水根据来源可分为生活污水和工业废水。城市生活区是生活污水的主要来源。工业废水是在工业生产过程中所排出的废水。工业废水的成分因工业生产的行业而异。工业废水中含的有毒有害成分多,对水体的污染大。对环境污染较大的工业废水有:化工废水、食品和药品发酵废水、纺织印染废水、矿山开采废水、冶金废水、石油运输废水等。其中化工废水占工业废水的 80% 以上。水体污染主要分为以下几类:

1)生物性污染:如病原微生物污染。

2)化学性污染:无机污染物与有机污染物污染,种类多、数量大、毒性强。

3)物理性污染:如热能、放射性污染物、致浊物污染等。

水体污染的最主要的原因是工业废水的大量排放。无论是生活污水还是工业废水,其中所含的污染物都有多种,对水体的污染是它们综合作用的结果。无毒物的含量高时,也使水质的理化性质改变,对水体也有污染作用。所以,生活污水或工业废水向水体排放前,都应该经过处理。

3.污水的处理方法

现代的废水处理方法主要分为物理处理法、化学处理法和生物处理法三类。

(1)物理处理法。

通过物理作用分离、回收废水中不溶解的呈悬浮状态的污染物(包括油膜和油珠)的废水处理法,可分为重力分离法、离心分离法和筛滤截留法等。属于重力分离法的处理单元有:沉淀、上浮(气浮)等。相应使用的处理设备是沉砂池、沉淀池、隔油池、气浮池及其附属装置等.

离心分离法本身就是一种处理单元,使用的处理装置有离心分离机和水旋分离器等。筛滤截留法有栅筛截留和过滤两种处理单元,前者使用的处理设备是格栅、筛网,而后者使用的是砂滤池和微孔滤机等。以热交换原理为基础的处理法也属于物理处理法,其处理单元有蒸发、结晶等。

(2)化学处理法。

通过化学反应和传质作用来分离、去除废水中呈溶解、胶体状态的污染物或将其转化为无害物质的废水处理法。在化学处理法中,以投加药剂产生化学反应为基础的处理单元是:混凝、中和、沉淀、氧化还原等;而以传质作用为基础的处理单元则有:萃取、汽提、吹脱、吸附、离子交换以及电渗析和反渗透等。后两种处理单元又合称为膜分离技术.其中运用传质作用的处理单元既具有化学作用,又有与之相关的物理作用,所以也可从化学处理法中分出来,成为另一类处理方法,称为物理化学法。

(3)生物处理法。

通过微生物的代谢作用,使废水中呈溶液、胶体以及微细悬浮状态的有机污染物,转化为稳定、无害的物质的废水处理法。根据作用微生物的不同,生物处理法又可分为需氧生物处理和厌氧生物处理两种类型。

废水生物处理广泛使用的是需氧生物处理法,按传统,需氧生物处理法又分为活性污泥法和生物膜法两类。活性污泥法本身就是一种处理单元,它有多种运行方式。属于生物膜法的处理设备有生物滤池、生物转盘、生物接触氧化池以及最近发展起来的生物流化床等。生物氧化塘法又称自然生物处理法。

厌氧生物处理法,又名生物还原处理法,主要用于处理高浓度有机废水和污泥。使用的处理设备主要为消化池。

(4)水污染的综合防治。

废水中的污染物是多种多样的,不可能指望用一种处理单元就把所有的污染物去尽,往往需要通过由几种方法和几个处理单元组成的处理系统处理后,才能达到要求。

城市的生活污水和工业污水成分复杂,水量浩大,处理难度大,费用高,必须采取综合防治措施,才能达到较好的效果。水污染综合防治包括人工处理和自然净化相结合,无害化处理和综合利用相结合,以及推行工业闭路循环用水和区域循环用水系统,发展无废水生产工艺等。

【知识链接】

水体富营养化和生物放大现象

水体富营养化是指在人类活动的影响下,生物所需的氮、磷等营养物质大量进入湖泊、河口、海湾等缓流水体,引起藻类及其他浮游生物迅速繁殖,水体溶解氧量下降,水质恶化,鱼类及其他生物大量死亡的现象。在自然条件下,湖泊也会从贫营养状态过渡到富营养状态,不过这种自然过程非常缓慢。而人为排放含营养物质的工业废水和生活污水所引起的水体富营养化则可以在短时间内出现。水体出现富营养化现象时,浮游藻类大量繁殖,形成水华。因占优势的浮游藻类的颜色不同,水面往往呈现蓝色、红色、棕色、乳白色等。这种现象在海洋中则叫作赤潮或红潮。

在生态环境中,由于食物链的关系,一些物质如金属元素或有机物质,可以在不同的生物体内经吸收后逐级传递,不断积聚浓缩;或者某些物质在环境中的起始浓度不很高,通过食物链的逐级传递,使浓度逐步提高,最后形成了生物富集或生物放大作用。例如,海水中汞的浓度为 0.0001mg/L 时,浮游生物体内含汞量可达 0.001～0.002mg/L,小鱼体内可达 0.2～0.5mg/L,而大鱼体内可达 1～5 mg/L,大鱼体内汞比海水含汞量高 1 万～6 万倍。生物放大作用可使环境中低浓度的物质,在最后一级体内的含量提高几十倍甚至成千上万倍,因而可能对人和环境造成较大的危害。由于生物放大作用,杀虫剂及其他有害物质对人和生物的危害就变得十分惊人。一些毒素在身体组织中累积,不能变性或不能代谢,这就导致杀虫剂在食物链中每向上传递一级,浓度就会增加,而顶级取食者会遭受最高剂量的危害。

由于生物放大作用的存在,环境污染对人和生物的危害也呈现富集或放大作用,因此生物放大作用也威胁着人类食物链,比如各种副食、肉类和鱼类。但是,这种危害一直难以引起人们的关注。比如,重金属铅、汞、镉等原本就对人和生物有害,但通过食物链的放大作用,对人和生物的危害就更大了。

三、固体废弃物污染

1. 固体废弃物污染的概念

固体废弃物是指人类在生产、消费、生活和其他活动中产生的固态、半固态废弃物质,通俗地说,就是"垃圾"。主要包括固体颗粒、垃圾、炉渣、污泥、废弃的制品、破损器皿、残次品、动物尸体、变质食品、人畜粪便等。固体废物按来源大致可分为生活垃圾、一般工业固体废物和危险废物三种。此外,还有农业固体废物、建筑废料及弃土。固体废物如不加妥善收集、利用和处理处置将会污染大气、水体和土壤,危害人体健康。

2. 固体废弃物污染的危害

(1)对土壤的污染。

固体废物长期露天堆放。其有害成分在地表径流和雨水的淋溶、渗透作用下通过土壤孔隙向四周和纵深的土壤迁移。在迁移过程中,有害成分要经受土壤的吸附和其他作用。通常,由于土壤的吸附能力和吸附容量很大,随着渗滤水的迁移,使有害成分在土壤固相中呈现不同程度的积累,导致土壤成分和结构的改变,植物又是生长在土壤中,间接又对植物产生了污染,有些土地甚至无法耕种。

例如,德国某冶金厂附近的土壤被有色冶炼废渣污染,土壤上生长的植物体内含锌量为一般植物的 26～80 倍,铅为 80～260 倍,铜为 30～50 倍,如果人吃了这样的植物,则会引起许多疾病。

(2)对大气的污染。

废物中的细粒、粉末随风扬散;在废物运输及处理过程中缺少相应的防护和净化设施,释放有害气体和粉尘;堆放和填埋的废物以及渗入土壤的废物,经挥发和反应放出有害气体,都会污染大气并使大气质量下降。例如:焚烧炉运行时会排出颗粒物、酸性气体、未燃尽的废物、重金属与微量有机化合物等。石油化工厂油渣露天堆置,则会有一定数量的多环芳烃生成且挥发进入大气中。填埋在地下的有机废物分解会产生二氧化碳、甲烷(填埋场气体)等气体进入大气中。如果任其聚集会发生危险,如引发火灾,甚至发生爆炸。

例如,美国旧金山南 40 英里处的山景市将海岸圆形剧场建在该城旧垃圾掩埋场上。在 1986 年 10 月的一次演唱会中,一名观众用打火机点烟,结果一道 5 英尺长的火焰冲向天空,烧着了附近一位女士的头发,险些酿成火灾。这正是从掩埋场冒出的甲烷气把打火机的星星火苗转变为熊熊大火。

（3）对水体的污染。

如果将有害废物直接排入江、河、湖、海等地，或是露天堆放的废物被地表径流携带进入水体，或是飘入空中的细小颗粒，通过降雨的冲洗沉积和凝雨沉积以及重力沉降和干沉积而落入地表水系，水体都可溶解出有害成分，毒害生物，造成水体严重缺氧，富营养化，导致鱼类死亡等。

有些未经处理的垃圾填埋场，或是垃圾箱，经雨水的淋滤作用，或废物的生化降解产生的沥滤液，含有高浓度悬浮固态物和各种有机与无机成分。如果这种沥滤液进入地下水或浅蓄水层，问题就变得难以控制。其稀释与清除地下水中的沥滤液比地表水要慢许多，它可以使地下水在不久的将来变得不能饮用，而使一个地区变得不能居住。最著名的例子是美国的洛维运河，起初在该地有大量居民居住，后来居住在这一废物处理场附近的居民健康受到了影响，纷纷逃离此地，而使此地变得毫无生气。

倾入海洋里的塑料对海洋环境危害很大，因为它对海洋生物是最为有害的。海洋哺乳动物、鱼、海鸟以及海龟都会受到撒入海里的废弃渔网缠绕的危险。有时像幽灵似的捕杀鱼类，如果潜水员被缠住，就会有生命危险。抛弃的渔网也会危害船只，例如：缠绕推进器，造成事故。塑料袋与包装袋也能缠住海洋哺乳动物和鱼类，当动物长大后会缠得更紧，限制它们的活动、呼吸与捕食。饮料桶上的塑料圈对鸟类、小鱼会造成同样的危害。海龟、哺乳动物和鸟类也会因吞食塑料盒、塑料膜、包装袋等而窒息死亡。最新研究发现，经检验海鸟食道中，有25%含有塑料微粒。此外，塑料也是一种激素类物质，它破坏了生物的繁殖能力等。

（4）对人体的危害。

生活在环境中的人，以大气、水、土壤为媒介，可以将环境中的有害废物直接由呼吸道、消化道或皮肤摄入人体，使人致病。

一个典型例子就是美国的腊芙运河（Love Canal）污染事件。20世纪40年代，美国一家化学公司利用腊芙运河停挖废弃的河谷，来填埋生产有机氯农药、塑料等残余有害废物2×10^4吨。掩埋10余年后在该地区陆续发生了一些如井水变臭、婴儿畸形、人患怪病等现象。经化验分析研究当地空气、用作水源的地下水和土壤中都含有六六六、三氯苯、三氯乙烯、二氯苯酚等82种有毒化学物质，其中列在美国环保局优先污染清单上的就有27种，被怀疑是人类致癌物质的多达11种。许多住宅的地下室和周围庭院里渗进了有毒化学浸出液，于是迫使总统在1978年8月宣布该地区处于"卫生紧急状态"，先后两次近千户被迫搬迁，造成了极大的社会问题和经济损失。

3．固体废弃物污染的处理

固体废弃物的处理通常是指通过物理、化学、生物、物化及生化方法把固体废物转化为适于运输、贮存、利用或处置的过程。

固体废弃物处理的目标是无害化、减量化、资源化。有人认为，固体废物是"三废"中最难处置的一种，因为它含有的成分相当复杂，其物理性状（体积、流动性、均匀性、粉碎程度、水分、热值等等）也千变万化，要达到上述"无害化、减量化、资源化"的目标会遇到相当大的麻烦。

首先是要控制其产生量。例如，逐步改革城市燃料结构（包括民用与工业用），控制工厂原材的消耗定额，提高产品的使用寿命，提高废品的回收率等。其次是开展综合利用，把固体废物作为资源和能源对待。实在不能利用的才经压缩和无毒处理后成为终态固体废弃物，然后再填埋或投海。目前主要采用的方法包括压实、破碎、分选、固化、焚烧、生物处理等。

【知识链接】

八大公害事件

公害事件就是指因环境污染造成的在短期内人群大量发病和死亡事件。

1. 马斯河谷事件

1930 年 12 月 1 日～5 日,比利时马斯河谷工业区处于狭窄的盆地中,12 月 1 日～5 日发生气温逆转,工厂排出的有害气体在近地层积累,3 天后有人发病,症状表现为胸痛、咳嗽、呼吸困难等。一周内有 60 多人死亡;心脏病、肺病患者死亡率为最高。

2. 美国多诺拉事件

1948 年 10 月 26 日～31 日,美国宾夕法尼亚州多诺拉镇,该镇处于河谷,10 月最后一个星期大部分地区受反气旋、逆温控制,加上 26～30 日持续有雾,使大气污染物在近地层积累。二氧化硫及其氧化作用的产物与大气中尘粒结合是致害因素,发病者 5911 人,占全镇人口 43%;症状是眼痛、喉痛、流鼻涕、干咳、头痛、肢体酸软乏力、呕吐、腹泻,最终死亡 17 人。

3. 洛杉矶光化学烟雾事件

40 年代初期,美国洛杉矶市全市 250 多万辆汽车每天消耗汽油约 1600 万升,向大气排放大量碳氢化合物、氮氧化合物、一氧化碳。该市临海依山,处于 50km 长的盆地当中,汽车排出的废气在日光作用下,形成以臭氧为主的光化学烟雾。

4. 伦敦烟雾事件

1952 年 12 月 5 日～8 日,英国伦敦市几乎全境为浓雾覆盖,4d 内死亡人数较常年同期约多 40000 人,45 岁以上的死亡最多,约为平时的 3 倍;1 岁以下死亡人数,约为平时的 2 倍。事件发生的一周当中因支气管炎死亡是事件发生前一周同类人数的 9.3 倍。

5. 四日市哮喘事件

1961 年,日本四日市从 1955 年以来,该市石油冶炼和工业燃油产生的废气严重污染着城市空气,重金属微粒与二氧化硫形成硫酸烟雾弥漫着整个城市,1961 年哮喘病发作,1967 年一些患者不堪忍受而自杀。1972 年该市共确认哮喘病患者达 817 人,其中死亡 10 多人。

6. 米糠油事件

1968 年 3 月,日本北九州市、爱知县一带生产米糠油的厂家用多氯联苯作脱臭工艺中的热载体,由于生产管理不善,它混入了米糠油当中,人们食用后中毒,患病者超过 1400 人,截至七八月份患病者更是超过 5000 人,其中 16 人死亡,最终实际受害者约为 13000 人。

7. 水俣病事件

1953～1956 年,日本熊本县水俣市含甲基汞的工业废水污染当地水体,使水俣湾和不知火海的鱼中毒,人们食用毒鱼后继续受害。1972 年日本环境厅公布:水俣湾和新县阿贺野川下游有汞中毒患者 200 多人,其中有 60 多人死亡。

8. 痛痛病事件

1955～1972 年,日本富山县神通川流域的锌、铅冶炼厂所排放的废水污染了神通川水体,两岸居民利用河水灌溉农田,使稻米和饮用水中含镉而中毒,1963 年至 1979 年 3 月共有患者 130 人,其中死亡数十人。

第二节　化学材料

化学与我们的生活密不可分。在我们的日常生活中,离不开各种化学材料制成的物品。人类利用大量的资源进行生产活动,产生的很多有害物质,污染了环境,并且对我们的健康造成了危害。

材料是人类社会一切活动的物质基础。人类的发展与文明的进程也是与材料科学的发展同步进行的,并且是人类文明的重要里程碑。我们吃的食品,含有很多种化学成分;我们穿的衣服,是用天然的或化学方法合成的纤维材料制成的;我们的生活用品、交通工具、住房、公路、工厂里的仪器设备、电器仪表等都是用不同种类、不同性质的材料制造的。制造和发射一艘宇宙飞船,需要的化学材料达数万种。随着科学的发展,化学科学和化学工业不断进步,性能优良、价廉物美、环保节能的新的化学材料不断被发现、发明,并大量生产,使我们的生活水平不断提高。制备材料的物质基础是化学元素资源。据统计,目前人类已发现的材料有几十万种,可被化学工业利用的化学元素有 90 多种。

按材料的化学成分可分为以下几类:

1)金属材料。金属材料包括纯金属和合金。

2)无机非金属材料。无机非金属材料包括非金属单质、非金属与非金属的化合物和无机盐类化合物。

3)高分子材料。高分子材料包括天然高分子材料和合成高分子材料。

4)复合材料。复合材料包括树脂基复合材料、金属基复合材料和陶基复合材料。

一、常用的金属材料及用途

金属材料具有良好的导电性、导热性、延展性、耐腐蚀性,易进行机械加工,是日常生活、工业、农业、国防、交通、建筑、医疗卫生中最常用的材料。金属材料可分为纯金属材料和合金材料。合金材料中含有多种金属或非金属元素,具有许多优良的性质,用途更为广泛。

1. 铁及铁合金

铁是人类较早使用的金属材料,也是目前使用量最大的金属材料。纯铁的铁磁性很强,是良好的铁磁性材料,可以用来制造电磁铁、继电器铁芯等磁性元件。但纯铁较柔软,化学性质活泼,价格高,用量不大。而铁的合金即钢铁是我们应用最广的合金材料。铁与碳的合金又叫碳钢,还含有其他金属元素的又叫合金钢。合金钢中常加入的合金元素有铬、钼、钨、锰、钴、镍、铝、钛、钒和稀土元素。不锈钢中含有铬,抗蚀性强,常用于化学工业、医疗器械和日常生活。含 Mn 的锰钢非常耐磨,用于制造车辆履带、碎石机、钢轨的分道叉。

2. 铜及铜合金

纯铜的导电性、导热性好,大量的铜用于制造电线、电缆、电工器材和热交换器。纯铜很柔软,而铜的合金硬度大,耐腐蚀性、耐磨性强,是用途广泛的常用材料。铜—锌合金(黄铜)强度大、耐腐蚀,用于制造机械零件;铜—锡合金(锡青铜)硬度大、耐磨、易铸;铍青铜则可用于制造弹簧和弹性元件。

3. 铝及铝合金

原铝在市场供应中统称为电解铝,是生产铝材及铝合金材的原料。铝是强度低、塑性好的金属,除应用部分纯铝外,为了提高强度或综合性能,配成合金。铝中加入一种合金元素,就能使其组织结构和性能发生改变,适宜作各种加工材料或铸造零件。经常加入的合金元素有铜、镁、锌、硅、锰等。铝合金,具有很多优点:密度低,强度高,接近或超过优质钢,塑性好,可加工成各种型材,具有优良的导电性、导热性和抗蚀性,工业上广泛使用。

铝合金按加工方法可以分为变形铝合金和铸造铝合金。

【资料卡片】

黄 金 首 饰

黄金首饰是指以黄金为主要原料制作的首饰。黄金的化学符号为 Au,密度为 $17.4g/cm^3$,摩氏硬度为 2.5。黄金首饰从其含金量上可分为纯金和 K 金两类。纯金首饰的含金量在 99％以上,最高可达 99.99％,故又有"九九金""十足金""赤金"之称。

为了克服金价格高、硬度低、颜色单一、易磨损、花纹不细巧的缺点,通常在纯金中加入一些其他的金属元素以增加首饰金的硬度,变换其色调和降低其熔点,这样就出现成色高低有别、含金量明显不同的金合金首饰,冠之以"Karat"一词。K 金制是国际流行的黄金计量标准,K 金的完整表示法为"Karat Gold",并赋予 K 金以准确的含金量标准,因而形成了一系列 K 金饰品。K 金首饰是在其黄金材料中加入了其他的金属(如银、铜金属)制造而成的首饰,又称为"开金""成色金"。由于其他金属的加入量有多有少,便形成了 K 金首饰的不同 K 数。

K 数的大小与含金量如下:24K,99％以上;22K,91.7％;21K,87.5％;18K,75％;14K,58.5％;12K,50％;10K,41.66％;9K,37.5％; 8K,33.34％ ;6K,25％。

二、常用的无机非金属材料及用途

传统的无机非金属材料主要指的是陶瓷、水泥和玻璃,它们的原料中都含有硅酸盐,又称为硅酸盐材料。

1.陶瓷

陶瓷是陶器和瓷器的总称。人们早在约 8000 年前的新石器时代就发明了陶器。常见的陶瓷材料有黏土、氧化铝、高岭土等。陶瓷材料一般硬度较高,但可塑性较差。除了使用于食器、装饰上外,陶瓷在科学、技术的发展中亦扮演着重要角色。陶瓷原料是地球原有的大量资源黏土经过萃取而成。而黏土的性质具韧性,常温遇水可塑,微干可雕,全干可磨;烧至 700℃可成陶器能装水;烧至 1230℃则瓷化,可几乎完全不吸水且耐高温耐腐蚀。陶瓷材料大多是氧化物、氮化物、硼化物和碳化物等。

陶瓷的种类很多,都具有耐高温、耐腐蚀、耐磨、不吸水、不导电、膨胀系数小等优点,广泛用于建筑、化工、电力、机械等工业及日常生活等方面。图 10－1 所示为陶瓷制品。用高温陶瓷制造的高温发动机,工作温度能稳定在 1300℃左右,燃料燃烧充分又不用水冷系统,热效率远高于铸铁制造的发动机。含有氧化锆陶瓷耐热性强,化学性质稳定,可制成熔炼贵金属的坩埚、熔制玻璃的炉窑内衬材料。陶瓷是常用餐具的主要材料之一。

图 10-1

江苏省宜兴有"陶都"之称,江西省景德镇素有"瓷都"之称。该地瓷器造型优美、品种繁多、装饰丰富、风格独特,以"白如玉,明如镜,薄如纸,声如磬"著称。其青花瓷、玲珑瓷、粉彩瓷、色釉瓷,合称景德镇四大传统名瓷。

2. 水泥

水泥,粉状水硬性无机胶凝材料。水泥具有水硬性。水泥与水拌和后,生成不同的水合物,同时放出热量。水合物缓慢凝聚,形成强度很大的固体。水泥、砂、和水的混合物叫作水泥砂浆,是建筑上常用的黏合剂,能把砖、石粘在一起。水泥、砂、碎石和水按一定的比例混合硬化后叫作混凝土,它是建筑桥梁、厂房、水利设施的常用材料。水泥的热膨胀系数与铁相似,所以,用混凝土建造建筑物常用钢筋作骨架,使建筑物更加坚固,这种结构材料叫作钢筋混凝土。

3. 玻璃

玻璃在常温下是一种透明的固体,在熔融时形成连续网络结构,冷却过程中黏度逐渐增大并硬化而不结晶的硅酸盐类非金属材料。普通玻璃的化学组成是 $Na_2O \cdot CaO \cdot 6SiO_2$,主要成分是二氧化硅。玻璃没有固定的熔点,可在一定的温度范围内逐渐软化。玻璃在软化状态时可制成任何形状的制品。广泛应用于建筑物,用来隔风透光,属于混合物。另有混入了某些金属的氧化物或者盐类而显现出颜色的有色玻璃,例如,加入氧化钴呈蓝色,加入氧化亚铜呈红色。通过特殊方法制得的钢化玻璃(与普通玻璃成分相同)等。有时把一些透明的塑料(如聚甲基丙烯酸甲酯)也称作有机玻璃。玻璃还可拉成纤维,制成玻璃布或玻璃棉,它们的强度高、电绝缘性好、耐热。玻璃纤维是复合材料的常用原料。

三、常用的高分子材料及用途

1. 高分子化合物

烃及其衍生物是相对分子质量较小的低分子有机化合物。与人类生活、生产关系密切的另一类相对分子质量可以高达数万、数十万甚至数百万的有机化合物为高分子化合物,简称高分子或高聚物。

高分子的相对分子质量虽然很大,但化学组成一般比较简单,是由成千上万个结构单元(又称链节)以共价键重复连接而成。例如,聚乙烯的结构简式为 $\leftarrow CH_2—CH_2 \rightarrow_n$。"—$CH_2$—$CH_2$—"为结构单元,$n$ 为链节数,又称聚合度。形成高分子结构单元的低分子化合物叫单体,它是合成高分子的原料,如乙烯是聚乙烯的单体。

同一种高分子的聚合度并不相同,所以高分子的相对分子质量只是一个平均值。

高分子中,成千上万个链节常常连成一条长链。按照链节的几何形状不同,高分子结构分为线型和体型。

线型结构的高分子是许多链节连接成卷曲状长链(包括带支链和不带支链),如图10-2(a)、图 10-2(b)所示。体型结构是带有支链的线型高分子互相交联形成立体网状,如图 10-2(c)所示。

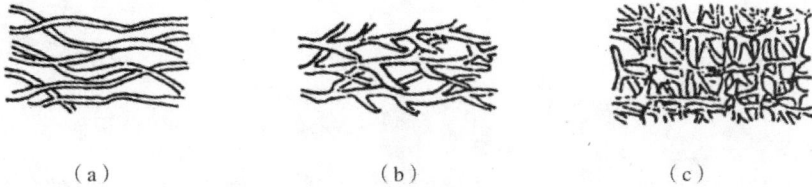

（a）　　　　　　　　　（b）　　　　　　　　　（c）

图 10-2　高分子结构的示意图

2. 高分子的一般性质

高分子化合物的性质是多方面的,在此只介绍与结构、使用关系密切的一些基本性质。

(1)溶解性。

线型高分子可以溶解在适当的溶剂中,如有机玻璃溶于三氯甲烷等,但溶解速度往往比低分子缓慢。交联的体型高分子则难以溶解,只能有一定程度的溶胀,如硫化橡胶在汽油中。

(2)热塑性和热固性。

线型高分子无确定熔点,受热至一定温度开始软化,直到熔化成液体。冷却后可以固化成型,再次加热可再次熔化。这种可反复加热熔化、加工成型的性能叫高分子的热塑性。如聚乙烯等具有热塑性。

(3)强度、塑性、电绝缘性等。

多数高分子材料强度都较大并具有能拉成丝、制成薄膜的塑性。线型高分子具有很好的弹性。大多数高分子具有耐磨、耐化学腐蚀、透光、不透水、不透气等性质。

3. 常用的高分子材料

高分子材料包括天然高分子材料和人工合成高分子材料。天然高分子材料有植物纤维、丝蛋白质等。而一般说高分子材料主要指的是人工合成的有机高分子材料。高分子材料性能优良、成型简便、价格低廉、使人们对它的依赖性与日俱增。

高分子材料包括塑料、橡胶、纤维、薄膜、胶粘剂和涂料等。其中,被称为现代高分子三大合成材料的塑料、合成纤维和合成橡胶已经成为国民经济建设与人民日常生活所必不可少的重要材料。

(1)塑料。

塑料是指在加热、加压下可塑制成型,并在常温、常压下能保持固定形状的高分子材料的总称。塑料的品种很多,其化学结构都是有机高分子聚合物。根据参与聚合反应的物质不同、聚合的条件不同和加入的添加剂不同,塑料的性质差别很大,用途也不同。塑料在国防、工农业、交通、医疗卫生等方面的应用日益增多。若按体积计,塑料的产量已超过了钢铁。图10-3所示为各类塑料制品。塑料的大量使用,给人们的生活带来了方便,但也造成了环境污染。塑料的化学性质稳定,在自然状态下很难分解。所以,寻找易降解的新型塑料或其他代用品是当前材料科学的重要课题之一。

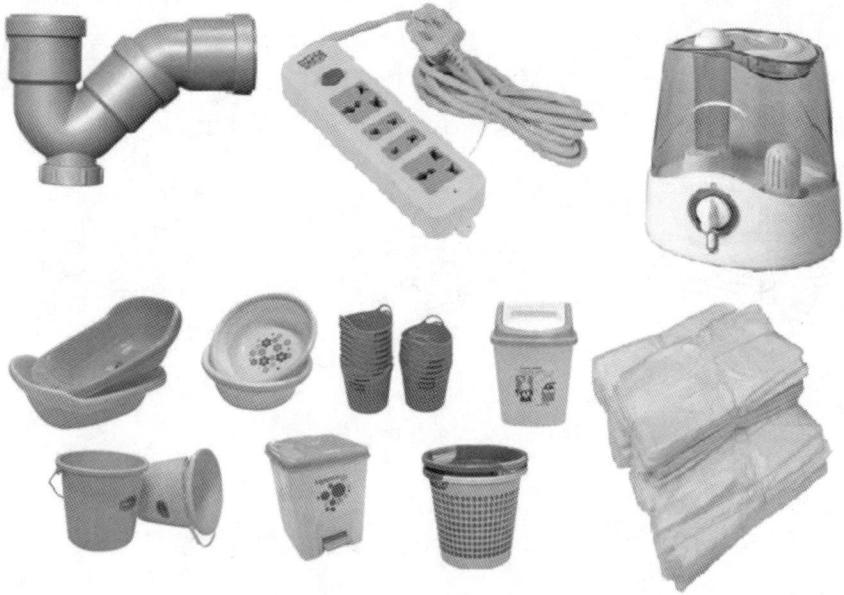

图 10-3　生活中的塑料制品

(2)合成橡胶。

橡胶是指在使用温度范围内,具有高弹性的高分子材料。橡胶分为天然橡胶和合成橡胶。天然橡胶来自植物分泌的乳胶,其主要成分是聚异戊二烯。合成橡胶以石油、天然气为原料制成小分子烯烃、二烯烃,再以此为单体聚合成橡胶。许多合成橡胶的性能优于天然橡胶的性能。合成橡胶具有较高的弹性、韧性、耐磨性和机械强度,化学性质稳定,是常用的弹性材料、密封材料、减震、传动材料。合成橡胶在工农业生产、国防建设、交通运输等方面都有广泛的应用。我们的很多日常生活用品都是用合成橡胶制成的。

(3)合成纤维。

合成纤维是利用石油、天然气、煤的副产品为原料,制成小分子烯烃,聚合成高分子有机物,再经纺丝而成。合成纤维强度大、弹性好、耐磨、耐腐蚀、缩水率小、不虫蛀,用它制成的衣物挺括耐穿。但有的合成纤维衣物穿着时有不透气、不吸汗、易起球、产生静电的缺点。合成纤维除了可做衣物外,在工业生产及国防工业上也有着广泛的用途。

表10-1列出了几种常用的高分子材料的主要性能与用途。

表 10-1　几种常用的高分子材料的主要性能与用途

材料名称		主要性能	主要用途
塑料	聚乙烯(PE)	柔软、耐寒、耐化学品腐蚀、无毒、绝缘性好，溶于有机溶剂，耐热性差，易老化	食品医药的包装材料、电线电缆的包覆料、电容器的薄膜介质、绝缘材料等
	聚氯乙烯(PVC)	耐酸碱、绝缘性好、溶于有机溶剂、耐热性差、受热时产生有害气体	绝缘材料、建筑用的管道、板材周转箱、人造革等
	聚丙烯(PP)	机械强度好、电绝缘性好、耐化学腐蚀、质轻、无毒不耐油、低温发脆、易老化	聚丙烯常用来生产管材、日常用品、卫生洁具等建筑制品
	聚苯乙烯(PS)	透明度高、硬而脆、绝缘性好、耐水、易染色	医疗卫生用具、日常用品电容器的薄膜介质，绝缘材料等
	聚四氟乙烯(PTFE)	优异的耐高、低温，耐化学腐蚀性、介电性好，摩擦系数小，刚性差、强度低	高低温环境下工作的化工设备零件、电机电容器的绝缘材料、航天材料、防火涂层
合成橡胶	丁苯橡胶(SBR)	热稳定性、绝缘性、耐磨性、耐寒性优于天然橡胶，不耐油	绝缘材料、制轮胎及高硬度耐寒零件等
	异戊橡胶(IR)	黏结性、弹性、耐热性、化学稳定性及绝缘性均好	制飞机、汽车轮胎、胶管、胶带、电缆外皮等
	丁腈橡胶(NBR)	耐磨、耐高温、耐油性好，弹性、绝缘性及耐寒性差	飞机油箱的衬里、耐油耐热的橡胶制品等
合成纤维	尼龙-6(PA)	强度高、耐磨、耐化学腐蚀、易染色，耐光性、吸水性、保型性差	运动服、降落伞、渔网、地毯、绳索、轮胎帘子线等
	聚丙烯腈(PAN)	比羊毛轻而结实，蓬松柔软、保暖、耐光、弹性好，不易染色	代替羊毛制衣料、地毯、工业用布、腈纶毛线等
	涤纶(PET)	力学性能和耐磨性好，易洗、易干、保型性好，耐酸，不耐碱	纺织品、绝缘材料、运输带、人造血管、拉链、印刷筛网等

【阅读资料】

你会鉴别衣料吗

每当购置一块衣料或者是添置一件新衣服后，你一定很想自己鉴别它是什么类型的纺织品吧？其实这并不困难。只要从衣料角上各抽几条经纬线，用火柴点燃并观察其灰烬、闻其气味就可以正确判断。

要是纤维在点燃后会边熔融边徐徐燃烧，灰烬以呈亮棕色硬玻璃状并有呛鼻子的特殊气味放出，便可确认是锦纶(尼龙)织品。因为锦纶的化学成分是聚酰胺，其灰烬为亮棕色硬玻璃状，受热后又会分解放出特殊的氮化物气体都是这种化学成分固有的性质。

对苯二甲酸乙二酯在燃烧时会冒黑烟，灰烬呈黑褐色玻璃球状，同时又会分解放出具有芳香烃气味的气体。"的确良"的化学成分是聚酯，主要是对苯二甲酸乙二酯，所以布料的经纬线燃烧会产生上述现象时便可确认是"的确良"制品。

要是布料的纤维燃烧后无灰烬而燃烧残留部分呈透明球状,同时又会出现一股明显的石蜡燃烧气味,则是聚丙烯特有的性质。因此即可证实布料是聚丙烯为原料的丙纶织品。

聚氯乙烯燃烧的特征是:先收缩熔融,难以点燃,灰烬呈不规则块状并放出的刺激性气味的氯气。布料纤维燃烧出现上述现象便可确认是由聚氯乙烯为主要成分的氯纶织品。棉布是天然纤维织品,这类织品的经纬线被点燃时易燃,灰烬呈灰色且量少、质软,并有燃烧纸的那种味道。而毛织品纤维在燃烧时呈熔化收缩状,燃烧缓慢,灰烬呈黑色且具脆性,同时燃烧时又会放出一股较为强烈的烧焦羽毛似的气味,则是所有毛织品的特色。

4.新型高分子材料

当今有人将能源、信息、材料称为新科技革命的三大支柱,而材料又是能源和信息发展的物质基础。自高分子材料出现的那一天起,人们就不断地研究、开发着性能更优异、应用更广泛的新型材料。

新型高分子材料是指具有传统高分子材料的机械性能,又有某些特殊功能的高分子材料。这些功能高分子材料具有高强度、高模量、高耐热性、高耐光性、高电绝缘性、高耐腐蚀性、选择透性、医学相容性等优良性质。

(1)高分子分离膜。

高分子分离膜是用高分子材料制成的具有选择性透过功能的半透性薄膜。采用这样的半透性薄膜,以压力差、温度梯度、浓度梯度或电位差为动力,使气体混合物、液体混合物或有机物、无机物的溶液等分离技术相比,具有省能、高效和洁净等特点,因而被认为是支撑新技术革命的重大技术。膜分离过程主要有反渗透、超滤、微滤、电渗析、压渗析、气体分离、渗透汽化和液膜分离等。用来制备分离、渗透汽化和液膜分离等。用来制备分离膜的高分子材料有许多种类。现在用得较多的是聚砜、聚烯烃、纤维素脂类和有机硅等。膜的形式也有多种,一般用的是平膜和空中纤维。推广应用高分子分离膜能获得巨大的经济效益和社会效益。例如,利用离子交换膜电解食盐可减少污染、节约能源;利用反渗透进行海水淡化和脱盐、要比其他方法消耗的能量都小;利用气体分离膜从空气中富集氧可大大提高氧气回收率等。

(2)高分子磁性材料。

高分子磁性材料,是人类在不断开拓磁与高分子聚合物(合成树脂、橡胶)的新应用领域的同时,而赋予磁与高分子的传统应用以新的含义和内容的材料之一。早期磁性材料源于天然磁石,以后才利用磁铁矿(铁氧体)烧结或铸造成磁性体,现在工业常用的磁性材料有三种,即铁氧体磁铁、稀土类磁铁和铝镍钴合金磁铁等。它们的缺点是既硬且脆,加工性差。为了克服这些缺陷,将磁粉混炼于塑料或橡胶中制成的高分子磁性材料便应运而生了。这样制成的复合型高分子磁性材料,因具有比重轻、容易加工成尺寸精度高和复杂形状的制品,还能与其他元件一体成型等特点,而越来越受到人们的关注。高分子磁性材料主要可分为两大类,即结构型和复合型。所谓结构型是指并不添加无机类磁粉而高分子中制成的磁性体。目前具有实用价值的主要是复合型。

(3)光功能高分子材料。

所谓光功能高分子材料,是指能够对光进行透射、吸收、储存、转换的一类高分子材料。目前,这一类材料已有很多,主要包括光导材料、光记录材料、光加工材料、光学用塑料(如塑料透镜、接触眼镜等)、光转换系统材料、光显示用材料、光导电用材料、光合作用材料等。利用光功能高分子材料对光的透射,可以制成品种繁多的线性光学材料,像普通的安全玻璃、各种透镜、棱镜等;利用高分子材料曲线传播特性,又可以开发出非线性光学元件,如塑料光导纤维、塑料石英复合光导纤维等;而先进的信息储存元件光盘的基本材料就是高性能的有机玻璃和聚碳酸酯。此外,利用高分子材料的光化学反应,可以开发出在电子工业和印刷工业上得到广泛使用的感光树脂、光固化涂料及黏合剂;利用高分子材料的能量转换特性,可制成光导电材料和光致变色材料;利用某些高分子材料的折光率随机械应力而变化的特性,可开发出光弹材料,用于研究力结构材料内部的应力分布等。

四、复合材料简介

科学技术的发展必然要求具有高性能的新材料与之相适应。然而某些方面具有优良性能的单一材质的材料,总存在其他方面的缺陷。例如,金属不耐腐蚀,有机高分子材料不耐高温,陶瓷材料脆性大韧性不足,等等。复合材料就是由两种或两种以上物理、化学性质不同的物质经人工组合而得到的性能优良的多材质材料。古人用稻草筋拌泥做土坯就是简单复合材料。近代的橡胶轮胎、钢筋混凝土、喷塑纸、塑钢都属于复合材料。组成复合材料的原材料种类繁多,但主要可分为基体材料和增强材料两大类。例如,钢筋混凝土中的水泥和黄沙是基体材料,钢筋和石子是增强材料。新型复合材料按基体材料可分为树脂基复合材料、金属基复合材料、陶瓷基复合材料。

1. 玻璃钢

玻璃钢属于树脂基复合材料。玻璃钢由玻璃纤维与聚酯类树脂(如尼龙、聚乙烯、环氧树脂、酚醛树脂等)复合而成的材料。玻璃钢具有强度高、质量轻、耐腐蚀、抗冲击、绝缘性好等优点,广泛用于飞机、汽车、船舶制造和建筑、家具等行业。

2. 金属陶瓷

为了使陶瓷既可以耐高温又不容易破碎,人们在制作陶瓷的黏土里加了些金属粉,因此制成了金属陶瓷。金属基金属陶瓷是在金属基体中加入氧化物细粉制得,又称弥散增强材料。主要有烧结铝(铝—氧化铝)、烧结铍(铍—氧化铍)、TD 镍(镍—氧化钍)等。

由一种或几种陶瓷相与金属相或合金所组成的复合材料。广义的金属陶瓷还包括难熔化合物合金、硬质合金、金属黏结的金刚石工具材料。金属陶瓷中的陶瓷相是具有高熔点、高硬度的氧化物或难熔化合物,金属相主要是过渡元素(铁、钴、镍、铬、钨、钼等)及其合金。

金属陶瓷兼有金属和陶瓷的优点,它密度小、硬度高、耐磨、导热性好,不会因为骤冷或骤热而脆裂。另外,在金属表面涂一层气密性好、熔点高、传热性能很差的陶瓷涂层,也能防止金属或合金在高温下氧化或腐蚀。金属陶瓷既具有金属的韧性、高导热性和良好的热稳定性,又具有陶瓷的耐高温、耐腐蚀和耐磨损等特性。金属陶瓷广泛地应用于火箭、导弹、超音速飞机的外壳、燃烧室的火焰喷口等地方。

【阅读材料】

纳 米 材 料

纳米材料是指在三维空间中至少有一维处于纳米尺度范围(1~100nm)或由它们作为基本单元构成的材料,这大约相当于 10~100 个原子紧密排列在一起的尺度。

从尺寸大小来说,通常产生物理化学性质显著变化的细小微粒的尺寸在 $0.1\mu m$ 以下 $(1m=100cm,1cm=10000\mu m,1\mu m=1000nm)$,即 100nm 以下。因此,颗粒尺寸在 $1\sim100nm$ 的微粒称为超微粒材料,也是一种纳米材料。

纳米金属材料是 20 世纪 80 年代中期研制成功的,后来相继问世的有纳米半导体薄膜、纳米陶瓷、纳米瓷性材料和纳米生物医学材料等。

纳米级结构材料简称为纳米材料(nano material),是指其结构单元的尺寸介于 $1\sim100nm$ 范围之间。由于它的尺寸已经接近电子的相干长度,它的性质因为强相干所带来的自组织使得性质发生很大变化。并且,其尺度已接近光的波长,加上其具有大表面的特殊效应,因此其所表现的特性,例如熔点、磁性、光学、导热、导电特性等等,往往不同于该物质在整体状态时所表现的性质。

纳米技术的广义范围可包括纳米材料技术及纳米加工技术、纳米测量技术、纳米应用技术等方面。其中纳米材料技术着重于纳米功能性材料的生产(超微粉、镀膜、纳米改性材料等)、性能检测技术(化学组成、微结构、表面形态、物、化、电、磁、热及光学等性能)。纳米加工技术包含精密加工技术(能量束加工等)及扫描探针技术。

纳米材料具有一定的独特性,当物质尺度小到一定程度时,则必须改用量子力学取代传统力学的观点来描述它的行为,当粉末粒子尺寸由 $10\mu m$ 降至 $10\mu m$ 时,其粒径虽改变为 1000 倍,但换算成体积时则将有 10 的 9 次方倍之巨,所以二者行为上将产生明显的差异。

纳米粒子异于大块物质的理由是在其表面积相对增大,也就是超微粒子的表面布满了阶梯状结构,此结构代表具有高表面能的不安定原子。这类原子极易与外来原子吸附键结,同时因粒径缩小而提供了大表面的活性原子。

就熔点来说,纳米粉末中由于每一粒子组成原子少,表面原子处于不安定状态,使其表面晶格震动的振幅较大,所以具有较高的表面能量,造成超微粒子特有的热性质,也就是造成熔点下降,同时纳米粉末将比传统粉末容易在较低温度烧结,而成为良好的烧结促进材料。

一般常见的磁性物质均属多磁区之集合体,当粒子尺寸小至无法区分出其磁区时,即形成单磁区之磁性物质。因此磁性材料制作成超微粒子或薄膜时,将成为优异的磁性材料。

纳米粒子的粒径($10\sim100nm$)小于光波的长,因此将与入射光产生复杂的交互作用。金属在适当的蒸发沉积条件下,可得到易吸收光的黑色金属超微粒子,称为金属黑,这与金属在真空镀膜形成高反射率光泽面成强烈对比。纳米材料因其光吸收率大的特色,可应用于红外线感测器材料。

纳米技术在世界各国尚处于萌芽阶段,美、日、德等少数国家,虽然已经初具基础,但是尚在研究之中,新理论和技术的出现仍然方兴未艾。我国已努力赶上先进国家水平,研究队伍也在日渐壮大。

第三节　化学与健康

健康是人类社会永恒的追求目标。要拥有健康的体魄,必须了解影响健康的因素,养成良好的生活习惯,合理摄取营养,坚持体育运动。

人体是由各种化学物质构成的。生命过程是无数化学反应的综合表现。人体遗传物质的传递、体内各种循环的调节、人体对外界的反应以及对环境的适应都是许多具有生物活性分子之间有序的化学反应的结果。人体时刻都在与外界进行物质交换。吸入氧气,供给体内的氧化反应;摄取食物,提供人体的营养。有的食物是有益的,有些是有毒有害的。人体生病后,常常要用化学物质——药品来治疗。总之,化学与人体健康是密切相关的,人体是各种化学物质的聚集器与反应器。化学物质影响人体健康,人体健康离不开化学物质。随着科学的进步,人类将更好的用化学知识为健康服务。

随着社会的发展,人们的生活水平不断提高,影响人体健康的因素不断增加。影响人体健康的因素既有物质方面的又有精神方面的,既与个体行为、生活方式有关,又与生活环境有关。

吸烟有害健康。烟草燃烧时产生的烟雾中含有 40 多种致癌物质和 1200 多种有毒物质,如尼古丁、焦油、一氧化碳、多环芳烃、二噁英等。吸烟可引发多种疾病,不仅损害吸烟者的健康,还污染环境,损害其他人的健康,有百害无一益。

过量饮酒有害健康。少量饮酒能促进血液循环、增加热量。过量饮酒伤害肝脏,降低肝脏的解毒功能并引起其他消化道疾病。过量饮酒还使脑细胞受损,意识不清、反应迟钝、情绪失控,从而引发暴力犯罪、车祸、危害社会。

人体每天必须摄取一定数量的食物来维持自己的生命与健康。不良的饮食习惯对健康有害。饮食无规律、挑食或暴饮暴食会引起营养不良或肥胖。适当的体育运动有益于健康。体育运动能增强肺活量,提高肺泡吸收氧气和排除二氧化碳的能力,促进新陈代谢,增强身体素质,提高抗病能力。

一、维生素与健康

1. 维生素概述及分类

维生素又名维他命,通俗来讲,即维持生命的元素,是维持人体生命活动必需的一类有机物质,也是保持人体健康的重要活性物质。维生素在体内的含量很少,但不可或缺。

各种维生素的化学结构以及性质虽然不同,但它们却有着以下共同点:

1)维生素均以维生素原(维生素前体)的形式存在于食物中。

2)维生素不是构成机体组织和细胞的组成成分,它也不会产生能量,它的作用主要是参与机体代谢的调节。

3)大多数的维生素,机体不能合成或合成量不足,不能满足机体的需要,必须经常通过食物中获得。

4)人体对维生素的需要量很小,日需要量常以毫克(mg)或微克(μg)计算,但一旦缺乏就会引发相应的维生素缺乏症,对人体健康造成损害。

维生素与碳水化合物、脂肪和蛋白质 3 大物质不同,在天然食物中仅占极少比例,但又为人体所必需。有些维生素如 B_6,K 等能由动物肠道内的细菌合成,合成量可满足动物的需要。动物细胞可将色氨酸转变成烟酸(一种 B 族维生素),但生成量不敷需要;维生素 C 除灵长类(包括人类)及豚鼠以外,其他动物都可以自身合成。植物和多数微生物都能自己合成维生素,不必由体外供给。许多维生素是辅基或辅酶的组成部分。

维生素是个庞大的家族,就目前所知的维生素就有几十种,大致可分为脂溶性和水溶性两大类。脂溶性维生素主要有维生素 A、维生素 D、维生素 E 及维生素 K。水溶性维生素主要有 B 族维生素及维生素 C。B 族维生素包括 8 种水溶性维生素,即维生素 B_1,维生素 B_2,维生素 B_5(泛酸、遍多酸),维生素 B_6,烟酸(又称为维生素 PP,尼克酸),生物素,叶酸和维生素

B_{12}。常见的几种维生素的来源和功能如表 10-2 所示。

表 10-2 常见的几种维生素的来源和功能

名称	需要量 mg/日	食物来源	功能	缺乏症的症状
维生素 B_1	1.5	谷物、豆、动物脑及内脏	与糖代谢有关	脚气病、心衰、精神不振
维生素 B_2	1~2	奶、蛋、肝、酵母、蔬菜	与糖代谢有关	皮肤皲裂、视觉失调
维生素 B_6	1~2	谷物、豆、肉及动物内脏	与蛋白质、脂肪代谢有关	发育不良、惊厥
维生素 B_{12}	1~2	豆、肉及动物肝	合成核蛋白	恶性贫血
维生素 C	75	水果、绿色蔬菜	与细胞表面活性有关	坏血病、关节肿大、牙龈出血
叶酸	0.1~0.5	动物内脏、麦芽	合成核蛋白	细胞分裂受抑制、贫血症
维生素 A	0.8~1	蔬菜、鱼肝油	与视觉有关	夜盲症、皮肤易受损
维生素 D	0.005~0.01	鱼油、肝、皮肤经光照合成	与钙吸收有关	佝偻病、生长缓慢
维生素 E	10~40	绿色蔬菜	保持红细胞抗溶血能力	红细胞寿命缩短、早衰
维生素 K	0.07~0.14	由肠细菌产生	与凝血过程有关	丧失凝血作用

2. 维生素 C

维生素 C 又叫 L-抗坏血酸，是一种水溶性维生素，能够治疗坏血病并且具有酸性，所以称作抗坏血酸。在柠檬汁、绿色植物及番茄中含量很高。

1907 年挪威化学家霍尔斯特在柠檬汁中发现，1934 年才获得纯品，现已可人工合成。维生素 C 是最不稳定的一种维生素，由于它容易被氧化，在食物贮藏或烹调过程中，甚至切碎新鲜蔬菜时维生素 C 都能被破坏。微量的铜、铁离子可加快破坏的速度。因此，只有新鲜的蔬菜、水果或生拌菜才是维生素 C 的丰富来源。它是无色晶体，熔点 190~192℃，易溶于水，水溶液呈酸性，化学性质较活泼，遇热、碱和重金属离子容易分解，所以炒菜不可用铜锅和加热过久。

植物及绝大多数动物均可在自身体内合成维生素 C。可是人、灵长类及豚鼠则因缺乏将 L-古洛酸转变成为维生素 C 的酶类，不能合成维生素 C，故必须从食物中摄取，如果在食物中缺乏维生素 C 时，则会发生坏血病。这时由于细胞间质生成障碍而出现出血，牙齿松动、伤口不易愈合，易骨折等症状。由于维生素 C 在人体内的半衰期较长（大约 16 天），所以食用不含维生素 C 的食物 3~4 个月后才会出现坏血病。因为维生素 C 易被氧化还原，故一般认为其天然作用应与此特性有关。维生素 C 与胶原的正常合成、体内酪氨酸代谢及铁的吸收有直接关系。维生素 C 的主要功能是帮助人体完成氧化还原反应，提高人体灭菌能力和解毒能力。长期缺少维生素 C 会得坏血病。多吃水果、蔬菜能满足人体对维生素 C 的需要。维生素 C 在促进脑细胞结构的坚固、防止脑细胞结构松弛与紧缩方面起着相当大的作用，并能防止输送养料的神经细管堵塞、变细、弛缓。摄取足量的维生素 C 能使神经细管通透性好转，使大脑及时顺利地得到营养补充,从而使脑力好转,智力提高。据诺贝尔奖获得者鲍林研究,服大剂量维生素 C 对预防感冒和抗癌有一定作用。但有人提出,有亚铁离子(Fe^{2+})存在时维生素 C 可促进自由基的生成,因而认为应用大量是不安全的。

每天的需求量:成人每天需摄入 50～100mg。即半个番石榴,75 克辣椒,90 克花茎甘蓝,2 个猕猴桃,150g 草莓,1 个柚子,半个番木瓜,125g 茴香,150g 菜花或 200ml 橙汁。

功效:维生素 C 能够捕获自由基,在此能预防像癌症、动脉硬化、风湿病等疾病。此外,它还能增强免疫和,对皮肤、牙龈和神经也有好处。

副作用:迄今,维生素 C 被认为没有害处,因为肾脏能够把多余的维生素 C 排泄掉,美国新发表的研究报告指出,体内有大量维生素 C 循环不利伤口愈合。每天摄入的维生素 C 超过1000 毫克会导致腹泻、肾结石的不育症,甚至还会引起基因缺损。

不良反应:据国内外研究表明,随着维生素 C 的用量日趋增大,产生的不良反应也愈来愈多。大量服用可能导致腹泻、胃出血、结石、痛风、婴儿依赖性、儿童骨科病、免疫力降低。

过敏反应:主要表现为皮疹,恶心,呕吐,严重时可发生过敏性休克,故不能滥用。

二、微量元素与健康

微量元素是相对主量元素(大量元素)来划分的,根据寄存对象的不同可以分为多种类型,目前较受关注的主要是两类,一种是生物体中的微量元素,另一种是非生物体中(如岩石中)的微量元素。

人体是由 80 多种元素所组成。根据元素在人体内的含量不同,可分为宏量元素和微量元素两大类。凡是占人体总重量的万分之一以上的元素,如碳、氢、氧、氮、钙、磷、镁、钠等,称为常量元素;凡是占人体总重量的万分之一以下的元素,如铁、锌、铜、锰、铬、硒、钼、钴、氟等,称为微量元素(铁又称半微量元素)。微量元素在人体内的含量真是微乎其微,如锌只占人体总重量的百万分之三十三。铁也只有百万分之六十。

微量元素虽然在人体内的含量不多,但与人的生存和健康息息相关,对人的生命起至关重要的作用。它们的摄入过量、不足、不平衡或缺乏都会不同程度地引起人体生理的异常或发生疾病。微量元素最突出的作用是与生命活力密切相关,仅仅像火柴头那样大小或更少的量就能发挥巨大的生理作用。值得注意的是这些微量元素通常情况下必须直接或间接由土壤供给,但大部分人往往不能通过饮食获得足够的微量元素。根据科学研究,到目前为止,已被确认与人体健康和生命有关的必需微量元素有 18 种,即有铁、铜、锌、钴、锰、铬、硒、碘、镍、氟、钼、钒、锡、硅、锶、硼、铷、砷等。这每种微量元素都有其特殊的生理功能。尽管它们在人体内含量极小,但它们对维持人体中的一些决定性的新陈代谢却是十分必要的。一旦缺少了这些必需的微量元素,人体就会出现疾病,甚至危及生命。

目前,比较明确的是约 30% 的疾病直接是微量元素缺乏或不平衡所致。如缺锌可引起口、眼、肛门或外阴部红肿、丘疹、湿疹。又如铁是构成血红蛋白的主要成分之一,缺铁可引起缺铁性贫血。国外曾有报道:机体内含铁、铜、锌总量减少,均可减弱免疫机制(抵抗疾病力量),降低抗病能力,助长细菌感染,而且感染后的死亡率亦较高。微量元素在抗病、防癌、延年益寿等方面都还起着非常重要的作用。"锰"能刺激免疫器官的细胞增殖,大大提高具有吞噬、杀菌、抑癌、溶瘤作用的巨噬细胞的生存率。"锌"是直接参与免疫功能的重要生命相关元素,因为锌有免疫功能,故白细胞中的锌含量比红细胞高 25 倍。"锶、铬"可预防高血压,防治糖尿病、高血脂胆石。"碘"能治甲状腺肿、动脉硬化,提高智力和性功能。"硒"是免疫系统里抗癌的主要元素,可以直接杀伤肿瘤细胞。

【知识链接】

微量元素与健康

1.碘(I):碘是人体必需的微量元素之一,其生物学作用主要通过在甲状腺内含合成的甲状腺激素来体现的。甲状腺是人体最大的内分泌腺,缺碘会造成甲状腺肿、心悸、动脉硬化等病症。

2.铁(Fe):铁是人体必需微量元素,铁在人体中分布很广,铁是血红蛋白的重要组成部分,血液中输送氧与交换氧的重要元素。铁又是许多酶的组成成分和氧化还原反应酶的激活剂。缺铁可引起贫血、免疫力低、无力、头痛、口腔炎、易感冒、甚至肝癌等症状。

3.锌(Zn)

锌是构成人体多种蛋白质所必需的元素。锌能维持细胞膜的稳定性,能激活200多种酶,参与核酸和能量代谢,促进性机能正常,抗菌,消炎。缺锌可引起侏儒、溃疡、炎症、不育、白发、龋齿等疾病。

4.铜(Cu):铜广泛分布于动物组织上,也是人体必需微量元素之一,参与人类生命活动。人和动物都需要铜创造红细胞和血红蛋白,铜与血的代谢有关,铜是血红蛋白的活化剂,参与许多酶的代谢。缺铜可引起贫血、心血管损伤、冠心病、脑障碍、溃疡、关节炎等病症。

5.硒(Se):硒是生命活动不可缺少的微量元素之一,能促进抗体形成、增强机体免疫力、维持酶和某些维生素的活性、参与激素的生理作用等众多生物学功能,从而起着有效的防病抗衰的作用。缺硒可引起心血管病、癌、关节炎、心肌病等症状。

6.钴(Co):钴是维生素B12的组成成分,具有刺激造血的功能,能抑制细胞内很多重要呼吸酶,引起细胞缺氧,促使红细胞生成素合成增多。缺钴可造成心血管病、贫血、脊髓炎、气喘、青光眼等疾病。

7.锰(Mn):锰是人体必需的微量元素,能组酶,合成维生素并参与人体糖、脂肪的代谢。凝血机制、生长发育神经及内分泌系统等均与锰生物学作用有关。缺锰可引起软骨、营养不良,神经紊乱,肝癌,生殖功能受抑等疾病。

8.氟(F):氟是人体骨骼成长所必需的微量元素。缺氟可引起龋齿、骨质疏松和贫血等疾病。

9.钼(Mo):钼是人体必需的微量元素之一,是某些酶的重要组成部分,也是酶的激活剂,其在生命的发生、发展和成熟各个阶段中,有适量钼才能保证健康。缺钼会引起心血管、克山癌、食道癌、肾结石、龋齿等疾病。

10.铬(Cr):铬发挥胰岛素作用,调节胆固醇、糖和脂质代谢,防止血管硬化,且能促进蛋白质的代谢,进而促进生长发育。缺铬会引起糖尿病,心血管病、高血脂、胆石、胰岛素功能失常等疾病。

11.镍(Ni):镍是人体必需的微量元素,参与细胞激素和色素的代谢,生血、激活酶,形成辅酶。缺镍会造成肝硬化,尿毒,肾衰,肝脂质和磷脂代谢异常等疾病。

12.锶(Sr):锶为亲骨性元素,是人体骨骼及牙齿的正常组成成分。锶被人体吸收后直接参与钙代谢,起到生骨、壮骨的作用。缺锶会造成关节痛、大骨节病、贫血、肌肉萎缩等疾病。

13.钒(V):钒在人体中能刺激骨髓造血、降血压、促生长,参与胆固醇和脂质及辅酶代谢。

缺钒会造成胆固醇高、生殖功能低下、贫血、心肌无力、骨骼异常等症状。

14.锡(Sn)：锡在人体中能促进蛋白质和核酸反应、促生长、催化氧化还原反应。缺锡会造成抑制生长、门齿色素不全等症状。

所以说当微量元素一旦缺失，或者过量时都会引起人体机能的紊乱，甚至失常和产生病变。只有当它们维持在一个正常的水平时，人的生命才是健康的、和谐的生命。

三、食品添加剂与健康

1.食品添加剂的定义

食品添加剂是指用于改善食品品质、延长食品保存期、便于食品加工和增加食品营养成分的一类化学合成或天然物质。食品添加剂是为改善食品色、香、味等品质，以及为防腐和加工工艺的需要而加入食品中的化合物质或者天然物质。联合国粮农组织和世界卫生组织联合食品法规委员会对食品添加剂定义为：食品添加剂是有意识地一般以少量添加于食品，以改善食品的外观、风味、组织结构或贮存性质的非营养物质。

合理使用食品添加剂可以防止食品腐败变质，保持或增强食品的营养，改善或丰富食物的色，香，味等。

2.食品添加剂的种类

目前，中国有 20 多类、近 1000 种食品添加剂，如酸度调节剂、甜味剂、漂白剂、着色剂、乳化剂、增稠剂、防腐剂、营养强化剂等。可以说，所有的加工食品都含有食品添加剂。而且合理使用添加剂对人体健康以及食品都是有益无害的，在食品生产中只要按国家标准添加食品添加剂，消费者就可以放心食用食品添加剂，可以起到提高食品质量和营养价值，改善食品感观性质，防止食品腐败变质，延长食品保藏期，便于食品加工和提高原料利用率等作用。

食品强化剂是指为增强营养成分而加入食品中的天然或者人工合成物质，属于天然营养素范围的食品添加剂。

（1）防腐剂。

防腐剂常用于碳酸饮料、果泥、果酱、糖渍水果、蜜饯、酱菜、酱油、食醋、果汁饮料、肉、鱼、蛋、禽类食品等，常用的有：苯甲酸、苯甲酸钠、山梨酸、山梨酸钾等。

（2）着色剂。

主要用于碳酸饮料、果汁饮料类、配制酒、糕点上的彩装、糖果、山楂制品、腌制小菜、冰淇淋、果冻、巧克力、奶油、速溶咖啡等各类食品等。常使用的有：苋菜红、胭脂红、柠檬黄、日落黄、焦糖色素等人工合成色素。像叶绿素铜钠盐等一些天然食用色素，主要是由植物组织中提取，但它们的色素含量及稳定性一般不如人工合成的色素，另外还有天然等同色素。

（3）甜味剂。

是赋予食品以甜味的添加剂。常用的有：糖精钠(也就是人们习惯上称的糖精)、环己基氨基磺酸钠(甜蜜素)、麦芽糖醇、山梨糖醇、木糖醇等。使用甜味剂的食品有很多。像饮料、酱菜、糕点、饼干、面包、雪糕、蜜饯、糖果、调味料、肉类罐头等几乎日常生活中常见的食品都会加用不同种类的甜味剂。

（4）香料。

糖果与巧克力中一般有香精油、香精、粉体香料浸膏几种类型。每一种类型又有无数品种，如在糖果与巧克力中，按香型可分为果香型、果仁香型、乳香型、花香型、酒香型等不同品种。

（5）膨松剂。

部分糖果和巧克力制品中，以及一些油炸制品、膨化食品、发酵面制品等。常用的膨松剂有：碳酸氢钠、碳酸氢铵、复合膨松剂等。

（6）酸度调节剂。

具有增进食品质量的功能，更普遍用于各类食品中。相当一部分糖果与巧克力制品采用酸味剂来调节和改善香味效果，尤其是水果型的制品。常用的有：柠檬酸、酒石酸、乳酸、苹果酸。

（7）抗氧化剂。

是一种通过给食品中易氧化成分分子中脱氧基团以氢原子、阻止氧化连锁反应，或与其形成化合物，抑制氧化酶类的活性，从而防止和延缓食品表面被氧化变质的一类食品添加剂。

（8）增稠剂。

是一类亲水性的高分子化合物，具有稳定、乳化或悬浊状态作用，能形成凝胶或提高食品黏度，故亦称凝胶剂、胶凝剂或乳化稳定剂。

（9）乳化剂。

是一种表面活性剂，其分子通常具有亲水基（羟基）和亲油基（烷基），易在水和油界面形成吸附层，从而改变乳化体中各物相之间的表面活性，使之形成均匀的乳化体或分散体，故能改进食品的组织机构、口感、外观等。

（10）组织改良剂。

通过保水、黏结、增塑、稠化和改善流变性能等作用而改进食品外观或触感的一种食品添加剂。

（11）面粉改良剂。

提高面粉质量的一类添加剂，可以提高出品率，提高面粉精白度和筋力。

（12）消泡剂。

在食品加工过程中，具有消除和抑制液面气泡的能力，使操作得以顺利进行。

（13）抗结剂。

防止粉状或晶体状食品聚集、结块。

3.食品添加剂的安全使用

食品添加剂的安全使用是非常重要的。理想的食品添加剂最好是有益无害的物质。食品添加剂，特别是化学合成的食品添加剂大都有一定的毒性，所以使用时要严格控制使用量。食品添加剂的毒性是指其对机体造成损害的能力。毒性除与物质本身的化学结构和理化性质有关外，还与其有效浓度、作用时间、接触途径和部位、物质的相互作用与机体的机能状态等条件有关。因此，不论食品添加剂的毒性强弱、剂量大小，对人体均有一个剂量与效应关系的问题，即物质只有达到一定浓度或剂量水平，才显现毒害作用。

近年来，我国政府非常重视食品安全问题，执法力度显著加强，但食品安全的形势却不容乐观，相继出现了一系列由添加剂引起的食品安全问题。食品行业具有广阔的市场空间，拥有较好的利润，但企业之间的竞争也异常激烈。在这种情况下，有些企业经营者不能摆正心态，为了降低生产成本，盲目追求经济效益的最大化，不按有关规定标准操作，由此引发出企业的食品安全危机。如一些企业为了达到保质期长、食品色泽好吸引消费者的目的，加入超标的防腐剂、着色剂或违规使用其他添加剂等,对人们的身体健康产生危害,并且造成了市场混乱。

超量和违规的使用食品添加剂后对人体健康危害十分严重。如过量地摄入防腐剂有可能使人患上癌症,虽然在短期内不一定产生明显的症状,但一旦致癌物质进入食物链,循环反复、长期累积,不仅影响食用者本身健康,而且对下一代的健康也有很大的危害。过量摄入色素会造成人体毒素沉积,对神经系统、消化系统等都可造成不同程度的伤害。尽管超标添加剂和禁用添加剂给食品安全带来危害,但消费者在购买、食用这类食品时无法识别,只有在质检部门检测公布以后,消费者才知道哪类食品不可以吃,但是这时候消费者往往会发现不合格的产品已经被自己食用过,导致这一问题的根本原因就是目前有些企业和有关职能部门,无论是监管力度还是监管范围都无法满足人们的实际需求。为此,在今后较长的一段时间里,在食品安全领域里应当把从整体上建立健全中国食品安全的保障体系,严格"限制、限量"使用食品添加剂作为食品安全工作的重点和战略目标,推动从农田、工厂、市场到餐桌的全程监管,保证各流通环节的食品安全,实现从源头上控制,加强对食品生产加工企业的管理。

习 题 十

一、填空题

1.有机合成材料的出现是材料发展史上的一次重大突破。日常生活中人们常说的三大合成材料是指_____、_____和_____。

2.维生素大致可分为_____和_____两大类。

3.维生素 C 广泛存在于水果和绿色蔬菜中,维生素 C 也称_____,中学生每天需要补充约 60mg 维生素 C。

4.水中的重金属污染物如汞、镉、铅、铬等通过食物链被富集,浓度逐级加大,这种现象被称之为_____。

5.影响大气环境的三大环境问题是_____、_____和_____。

二、选择题

1.蔬菜、水果中富含纤维素,纤维素被食入人体后的作用是( )。

    A.为人体内的化学反应提供原料   B.为维持人体生命活动提供能量

    C.加强胃肠蠕动,具有通便功能   D.人体中没有水解的酶,没有任何作用

2.下列说法正确的是( )。

    A.食品添加剂就是为了增加食品的营养而加入的物质

    B.只有不法商人才使用食品添加剂

    C.不使用食品添加剂的纯天然食品最安全

    D.在限量的范围内使用食品添加剂不会对人体造成危害

3.下列塑料可以用于食品袋的是( )。

    A.聚丙烯腈   B.聚乙烯   C.聚氯乙烯   D.聚丙烯

4.家用洗涤剂是污水中磷元素的重要来源(洗涤剂中常含有三聚磷酸钠),必须采取有效措施控制磷元素大量进入水体,其原因是( )。

    A.使水体酸度大大增加,腐蚀桥梁、闸门等设备

    B.磷酸根进入水体,形成多种不溶性的磷酸盐,再吸附杂质,使河床抬高造成水患

C. 浮游生物得到养分,大量繁殖,死亡后腐败耗尽水中氧,使水质恶化

D. 磷酸盐有毒、致癌,不能进入水体

5. 坏血病患者应该多吃的食物是( )。

    A. 水果和蔬菜   B. 鱼肉和猪肉   C. 鸡蛋和鸭蛋   D. 糙米和肝脏

6. 不能够被人体消化吸收的高分子化合物是( )。

    A. 葡萄糖   B. 淀粉   C. 纤维素   D. 蛋白质

7. 下列物质既可以做防腐剂,又可以做调味剂的是( )。

    A. 食盐   B. 苯甲酸钠   C. 柠檬黄   D. 味精

8. 聚氯乙烯简称( )。

    A. PE   B. PVC   C. PP   D. PC

9. 当前,我国急待解决的"白色污染"通常是指( )。

    A. 冶炼厂的白色烟尘   B. 石灰窑的白色粉末

    C. 聚氯乙烯等塑料垃圾   D. 白色建筑材料

10. 下列元素中的( )污染大气或饮水时,可引起人的牙齿骨质疏松。

    A. 碘   B. 硫   C. 汞   D. 氟

11. 金饰品常用 K 代表其含金量,18K 金饰品的含金量是( )。

    A. 55%   B. 65%   C. 75%   D. 85%

12. 在不含酒精的饮料或果汁中,为了防腐和增加香味需要添加某些化学试剂。可用做这类添加剂的是( )。

    A. 硝酸铵   B. 苯甲酸钠   C. 丙酸钠   D. 氯酸钠

三、简答题

1. 合金材料与金属材料相比,有哪些优点?

2. 什么是"硅酸盐材料"? 三大传统硅酸盐材料各有何用途?

3. 常见的高分子材料有哪些? 说说它们的用途。

4. 大气污染物主要有哪些? 这些污染物有哪些危害?

5. 什么是酸雨? 它有哪些危害?

6. 水体污染物主要有哪些? 处理污水的方法有哪些?

7. 什么是"白色污染"? 废旧塑料能在野外焚烧吗? 为什么?

8. 简述影响健康的主要因素。

9. 什么是人体必需的微量元素? 怎样才能获得这些微量元素?

10. 看看常见的方便面中含有哪些食品添加剂?

附　录

附录 1　国际单位制和我国的法定计量单位

国际单位制(SI)是一种科学计量单位制。它具有先进、实用、简明、精确、科学等优点,适用于各个领域,已为世界各国采用。

在 SI 中,规定了 7 个基本单位(见附表 1)和 2 个辅助单位(见附表 2)。

附表 1　国际单位制的基本单位

量的名称	单位名称	单位简称	单位符号	单位定义
长度 (l,L)	米	米	m	米是光在真空中($1/299\ 792\ 458$)s 时间间隔内所经路径的长度
质量 (m)	千克 (公斤)	千克 (公斤)	kg	千克为质量单位,它等于国际千克原器的质量
时间 (t)	秒	秒	s	秒是铯-133 原子基态的两个超精细能级之间跃迁所对应的辐射的 919 253 177 个周期的持续时间
电流 (I)	安培	安	A	在真空中,截面积可忽略的两根相距 1m 的无限长平行圆直导线内通以等量恒定电流时,若导线间相互作用力在每米长度上为 2×10^{-7}N,则每根导线中的电流为 1A
热力学温度 (T)	开尔文	开	K	热力学温度开尔文是水三相点热力学温度的 1/273.16
物质的量 (n)	摩尔	摩	mol	摩尔是一系统的物质的量,该系统中所包含的基本单元数与 0.012kg 碳 12 的原子数目相等。在使用摩尔时,基本单元应予指明,可以是原子、分子、离子、电子及其他粒子,或是这些粒子的特定组合
发光强度 (I,I_V)	坎德拉	坎	Cd	坎德拉是一光源在给定方向上的发光强度,该光源发出频率为 $540\times1\ 012$Hz 单色辐射,且在此方向上的辐射强度为 1/683W/sr

附表 2　国际单位制的辅助单位

量的名称	单位名称	单位简称	单位符号	单位定义
平面角 ($\alpha,\beta,\gamma,\theta,\varphi$)	弧度	弧度	rad	弧度是一圆内两条半径之间的平面角,这两条半径在圆周上截取的弧长与半径相等
立体角 (Ω)	球面度	球面度	sr	球面度是一立体角,其顶点位于球心,而它在球面上所截取的面积等于以球半径为边长的正方形面积

由 7 个基本单位按定义方程导出的单位,称为 SI 导出单位。在 SI 导出单位中,有 18 个(包括 SI 辅助单位在内)给予了专门名称,如牛(N)、伏特(V)等。

SI 有 20 个词头,表示的因数由 $10^{24} \sim 10^{-24}$。把词头加于主单位(又称 SI 单位,这些单位除千克外均不带词头)之前,即可构成 10 进倍数和分数单位。本书常用的词头有:M(兆,表示 10^6),k(千,10^3),d(分,10^{-1}),c(厘,10^{-2}),m(毫,10^{-3}),μ(微,10^{-6}),n(纳诺,简称纳,10^{-9})和 p(皮可,简称皮,10^{-12})。

我国的法定计量单位,是以国际单位制为基础,根据我国的情况,又增加了一些其他单位构成的。增加的这些单位,在本书计量单位表(见附表 3)中列为"与 SI 并用的单位"。法定计量单位以外的单位应该废除。

每个单位都有它的名称、简称、符号和中文符号。单位的名称和简称一般只宜用于口述和叙述性文字中;单位的符号可用于图、表、计算及其他一切场合;中文符号可在通俗读物中代替符号使用。本书主要采用法定计量单位中的 SI 单位,在计算时,所有各量的单位均应化为 SI 单位,在结果中就可以直接写出所求量的 SI 单位。

单位符号的书写和印刷均应使用正体(若单位来源于人名,其符号第一个字母还应大写),而物理量的符号用斜体。

附表 3　计量单位表

物理量		计量单位				备　注
名称	符号	名称	简称	符号	中文符号	
一、SI 单位						
长度	l, L 等	米	米	m	米	$1cm = 10^{-2}\,m$ $1km = 10^3\,m$
质量	m	千克 (公斤)	千克 (公斤)	kg	千克 (公斤)	$1g = 10^{-3}\,kg$ $1Mg = 10^3\,kg$
面积	S	平方米	平方米	m^2	米^2	$1cm^2 = 10^{-4}\,m^2$ $1mm^2 = 10^{-6}\,m^2$
体积	V	立方米	立方米	m^3	米^3	$1cm^3 = 10^{-6}\,m^3$ $1dm^3 = 10^{-3}\,m^3$
密度	ρ	千克每立方米	千克每立方米	kg/m^3	千克/米^3	$1g/cm^3 = 1kg/dm^3$ $1Mg = 10^3\,kg/m^3$
速度	v	米每秒	米每秒	m/s	米/秒	$1cm/s = 10^{-2}\,m/s$

续表

物理量		计量单位				备　注
名称	符号	名称	简称	符号	中文符号	
加速度	a	米每二次方秒	米每二次方秒	m/s^2	米/秒^2	
角速度	ω	弧度每秒	弧度每秒	rad/s	弧度/秒	
力	F	牛顿	牛	N	牛	$1N=1kg \cdot m/s^2$
力矩	M	牛顿米	牛米	$N \cdot m$	牛·米	
动量	p	千克米每秒	千克米每秒	$kg \cdot m/s$	千克·米/秒	
冲量	I	牛顿秒	牛秒	$N \cdot s$	牛·秒	$1N \cdot s=1kg \cdot m/s$
劲度系数	K	牛顿每米	牛每米	N/m	牛/米	
引力常量	G	牛顿二次方米每二次方千克	牛二次方米每二次方千克	$N \cdot m^2/kg^2$	牛·米^2/千克^2	$G=6.672\ 59 \times 10^{-11}N \cdot m^2/kg^2$
压强	p	帕斯卡帕	帕	Pa	帕	$1Pa=1N/m^2$
功	W	焦耳	焦	J	焦	$1J=1N \cdot M$
能	E					
热	Q					
功率	P	瓦特	瓦	W	瓦	$1W=1J/s$ $1kW=10^3W$
周期	T	秒	秒	s	秒	
频率	f,ν	赫兹	赫	Hz	赫	$1Hz=1s^{-1}$ $1kHz=10^3Hz$ $1MHz=10^6Hz$
波长	λ	米	米	m	米	$1cm=10^{-2}m$ $1nm=10^{-9}m$
流量	qv	立方米每秒	立方米每秒	m^3/s	米^3/秒	
摄氏温度	t	摄氏度	摄氏度	℃	℃	t 和 T 在数值上的关系为 $t=T-273.15$
摩尔质量	M	千克每摩尔	千克每摩	kg/mol	千克/摩	$1g/mol=10^{-3}kg/mol$

续 表

物理量		计量单位				备　注
名称	符号	名称	简称	符号	中文符号	
摩尔气体常数	R	焦耳每摩尔开尔文	焦每摩开	J/(mol・K)	焦/(摩・开)	$R=8.314\ 51$J/(mol・K)
比热容	c	焦耳每千克开尔	焦每千克开	J/(kg・K)	焦/(千克・开)	
		焦耳每千克摄氏度	焦每千克摄氏度	J/(kg・℃)	焦/(千克・℃)	1J/(kg・℃)=1J/(kg・K)
电流	I	安培	安	A	安	1mA=10^{-3}A 1μA=10^{-6}A
电荷,电荷量	Q,q	库仑	库	C	库	1C=1A・s
电场强度	E	伏特每米	伏每米	V/m	伏/米	
		牛顿每库仑	牛每库	N/C	牛/库	1N/C=1V/m
电位电势	V,φ	伏特	伏		伏	1V=1J/C 1kV=10^3V 1mV=10^{-3}V
电压,电位差	U					
电容	C	法拉	法	F	法	1F=1C/V 1μF=10^{-6}F 1pF=10^{-12}F
真空介电常数	ε_0	法拉每米	法每米	F/m	法/米	1F/m=1C^2/(N・m^2) $\varepsilon_0=8.854\ 187\ 817\times$ 10^{-12}F/m
电阻	R	欧姆	欧	Ω	欧	1Ω=1V/A 1kΩ=10^3Ω 1MΩ=10^6Ω
电阻率	ρ	欧姆米	欧米	Ω・m	欧・米	1Ω・m= 10^6Ω・mm^2/m
电动势	E	伏特	伏	V	伏	
磁感应强度	B	特斯拉	特	T	特	1T=1N/(A・m)= 1Wb/m^2
磁通量	Φ	韦伯	韦	Wb	韦	1Wb=1T・m^2
电磁波在真空中的传播速度	c,c_0	米每秒	米每秒	m/s	米/秒	$c=299\ 792\ 458$m/s

续 表

物理量		计量单位				备 注
名称	符号	名称	简称	符号	中文符号	
自感	L	亨利	亨	H	亨	$1H=1VS/A$
普朗克常数	h	焦耳秒	焦秒	J·s	焦·秒	$h=6.626\,075\times10^{-34}J\cdot s$

二、与 SI 并用的单位

物理量		计量单位				备 注
名称	符号	名称	简称	符号	中文符号	
质量	m	吨	吨	t	吨	$1t=10^3\,kg$
		原子质量单位	原子质量单位	u	原子质量单位	$1u=1.660\,540\times10^{-27}kg$
时间	t	分	分	min	分	$1min=60s$
		小时	时	h	时	$1h=60min=3\,600s$
		天（日）	天（日）	d	天（日）	$1d=24h=86\,400s$
平面角	$\alpha,\beta,$ $\gamma,\theta,$ φ 等	角秒	秒	″	秒	$1''=(\pi/648\,000)rad$
		角分	分	′	分	$1'=60''$ $=(\pi/10\,800)rad$
		度	度	°	度	$1°=60'=(\pi/180)rad$
体积	V	升	升	L,(l)	升	$1L=1dm^3=10^{-3}\,m^3$
速度	v	千米每小时	千米每时	km/h	千米/时	$1km/h=5/18m/s$
转速	n	转每分	转每分	r/min	转/分	$1r/min=1/60r/s$
		转每秒	转每秒	r/s	转/秒	$1r/s=60r/min=1s^{-1}$
功	W	千瓦特小时	千瓦时	kW·h	千瓦·时	$1kW\cdot h=3.6\times10^6J$
能	E	电子伏	电子伏	eV	电子伏	$1eV=1.602\,177\,33\times10^{-19}J$

说明:本表列出的是本书涉及的一些计量单位。其中,一、二部分属于国家法定计量单位。备注栏给出了有关的定义式、一些单位的常用倍数和分数单位、换算关系等。为避免重复,SI 基本单位和辅助单位大都没有列入。

附录 2 物理基本常数

物理量	符　号	数值及其单位
重力加速度	g	$9.806\ 65\text{m/s}^2$
万有引力恒量	G	$6.672\ 0\times10^{-11}\text{N}\cdot\text{m}^2/\text{k}$
阿伏伽德罗常数	N_A	$6.022\ 045\times10^{23}\text{mol}^{-1}$
摩尔气体常数	R	$8.314\ 41\text{J/(mol}\cdot\text{K)}$
静电力恒量	k	$8.988\ 0\times10^9\text{N}\cdot\text{m}^2/\text{C}^2$
真空中的光速	c	$2.997\ 924\ 58\times10^8\text{m/s}$
基本电荷	e	$1.602\ 189\ 2\times10^{-19}\text{C}$
电子伏特	eV	$1\text{eV}=1.602\ 189\ 2\times10^{-19}\text{J}$
电子的静止质量	m_e	$9.109\ 534\times10^{-31}\text{kg}$
质子的静止质量	m_p	$1.672\ 648\ 5\times10^{-27}\text{kg}$
中子的静止质量	m_n	$1.674\ 954\ 3\times10^{-27}\text{kg}$
原子质量单位	u	$1.660\ 565\ 5\times10^{-27}\text{kg}$
普郎克恒量	h	$6.626\ 176\times10^{34}\text{J}\cdot\text{s}$

附录 3　希腊字母表

大　写	小　写	读音（中文）
A	α	阿耳法
B	β	贝塔
Γ	γ	伽马
Δ	δ	德耳塔
E	ε	厄普西隆
Z	ζ	截塔
H	η	爱塔
Θ	θ	西塔
I	ι	育塔
K	κ	卡帕
Λ	λ	兰姆达
M	μ	缪（密尤）
N	ν	纽
Ξ	ξ	克西
O	o	奥米克隆
Π	π	派爱
P	ρ	洛
Σ	σ	西格马
T	τ	套
Υ	υ	宇普西隆
Φ	φ	斐
X	χ	克黑（喜）
Ψ	ψ	泼西
Ω	ω	奥密伽

附录 4 酸、碱、盐溶解性表（20℃）

阴离子 阳离子	OH⁻	NO₃⁻	Cl⁻	SO₄²⁻	S²⁻	SO₃²⁻	CO₃²⁻	SiO₃²⁻	PO₄³⁻
H⁺		溶、挥	溶、挥	溶	溶、挥	溶、挥	溶、挥	不	溶
NH₄⁺	溶、挥	溶	溶	溶	溶	溶	溶	溶	溶
K⁺	溶	溶	溶	溶	溶	溶	溶	溶	溶
Na⁺	溶	溶	溶	溶	溶	溶	溶	溶	溶
Ba²⁺	溶	溶	溶	不	溶	不	不	不	不
Ca²⁺	微	溶	溶	微	微	不	不	不	不
Mg²⁺	不	溶	溶	溶	溶	微	微	不	不
Al³⁺	不	溶	溶	溶	—	—	—	不	不
Mn²⁺	不	溶	溶	溶	不	不	不	不	不
Zn²⁺	不	溶	溶	溶	不	不	不	不	不
Cr³⁺	不	溶	溶	溶	—	—	—	不	不
Fe²⁺	不	溶	溶	溶	不	不	不	不	不
Fe³⁺	不	溶	溶	溶	—	—	—	不	不
Sn²⁺	不	溶	溶	溶	不	—	—	—	不
Pb²⁺	不	溶	微	不	不	不	不	不	不
Bi³⁺	不	溶	—	溶	不	不	不	—	不
Cu²⁺	不	溶	溶	溶	不	不	不	不	不
Hg⁺	—	溶	不	微	不	不	不	不	不
Hg²⁺	—	溶	溶	溶	不	不	不	—	不
Ag⁺	—	溶	不	微	不	不	不	不	不

注："溶"表示那种物质溶于水，"不"表示那种物质不溶于水，"微"表示那种物质微溶于水，"挥"表示具有挥发性，"一"表示那种物质不存在或遇水就分解。

附录5　元素周期表

说明（图例）：

- 原子序数
- 元素名称
- 注*的是人造元素
- 元素符号，红色指放射性元素
- 外围电子层排布，括号指可能的电子层排布（加汉语号的数据为该放射性元素半衰期最长同位素的质量数）
- 相对原子质量

示例：92 U 铀 $5f^3 6d^1 7s^2$　238.0

图例：非金属　金属　过渡元素

周期	I A 1	II A 2	III B 3	IV B 4	V B 5	VI B 6	VII B 7	VIII 8	VIII 9	VIII 10	I B 11	II B 12	III A 13	IV A 14	V A 15	VI A 16	VII A 17	0 18
1	1 H 氢 $1s^1$ 1.008																	2 He 氦 $1s^2$ 4.003
2	3 Li 锂 $2s^1$ 6.941	4 Be 铍 $2s^2$ 9.012											5 B 硼 $2s^2 2p^1$ 10.81	6 C 碳 $2s^2 2p^2$ 12.01	7 N 氮 $2s^2 2p^3$ 14.01	8 O 氧 $2s^2 2p^4$ 16.00	9 F 氟 $2s^2 2p^5$ 19.00	10 Ne 氖 $2s^2 2p^6$ 20.18
3	11 Na 钠 $3s^1$ 22.99	12 Mg 镁 $3s^2$ 24.31											13 Al 铝 $3s^2 3p^1$ 26.98	14 Si 硅 $3s^2 3p^2$ 28.09	15 P 磷 $3s^2 3p^3$ 30.97	16 S 硫 $3s^2 3p^4$ 32.06	17 Cl 氯 $3s^2 3p^5$ 35.45	18 Ar 氩 $3s^2 3p^6$ 39.95
4	19 K 钾 $4s^1$ 39.10	20 Ca 钙 $4s^2$ 40.08	21 Sc 钪 $3d^1 4s^2$ 44.96	22 Ti 钛 $3d^2 4s^2$ 47.87	23 V 钒 $3d^3 4s^2$ 50.94	24 Cr 铬 $3d^5 4s^1$ 52.00	25 Mn 锰 $3d^5 4s^2$ 54.94	26 Fe 铁 $3d^6 4s^2$ 55.85	27 Co 钴 $3d^7 4s^2$ 58.93	28 Ni 镍 $3d^8 4s^2$ 58.69	29 Cu 铜 $3d^{10} 4s^1$ 63.55	30 Zn 锌 $3d^{10} 4s^2$ 65.41	31 Ga 镓 $4s^2 4p^1$ 69.72	32 Ge 锗 $4s^2 4p^2$ 72.64	33 As 砷 $4s^2 4p^3$ 74.92	34 Se 硒 $4s^2 4p^4$ 78.96	35 Br 溴 $4s^2 4p^5$ 79.90	36 Kr 氪 $4s^2 4p^6$ 83.80
5	37 Rb 铷 $5s^1$ 85.47	38 Sr 锶 $5s^2$ 87.62	39 Y 钇 $4d^1 5s^2$ 88.91	40 Zr 锆 $4d^2 5s^2$ 91.22	41 Nb 铌 $4d^4 5s^1$ 92.91	42 Mo 钼 $4d^5 5s^1$ 95.94	43 Tc 锝 $4d^5 5s^2$ (98)	44 Ru 钌 $4d^7 5s^1$ 101.1	45 Rh 铑 $4d^8 5s^1$ 102.9	46 Pd 钯 $4d^{10}$ 106.4	47 Ag 银 $4d^{10} 5s^1$ 107.9	48 Cd 镉 $4d^{10} 5s^2$ 112.4	49 In 铟 $5s^2 5p^1$ 114.8	50 Sn 锡 $5s^2 5p^2$ 118.7	51 Sb 锑 $5s^2 5p^3$ 121.8	52 Te 碲 $5s^2 5p^4$ 127.6	53 I 碘 $5s^2 5p^5$ 126.9	54 Xe 氙 $5s^2 5p^6$ 131.3
6	55 Cs 铯 $6s^1$ 132.9	56 Ba 钡 $6s^2$ 137.3	57~71 La~Lu 镧系	72 Hf 铪 $5d^2 6s^2$ 178.5	73 Ta 钽 $5d^3 6s^2$ 180.9	74 W 钨 $5d^4 6s^2$ 183.8	75 Re 铼 $5d^5 6s^2$ 186.2	76 Os 锇 $5d^6 6s^2$ 190.2	77 Ir 铱 $5d^7 6s^2$ 192.2	78 Pt 铂 $5d^9 6s^1$ 195.1	79 Au 金 $5d^{10} 6s^1$ 197.0	80 Hg 汞 $5d^{10} 6s^2$ 200.6	81 Tl 铊 $6s^2 6p^1$ 204.4	82 Pb 铅 $6s^2 6p^2$ 207.2	83 Bi 铋 $6s^2 6p^3$ 209.0	84 Po 钋 $6s^2 6p^4$ (209)	85 At 砹 $6s^2 6p^5$ (210)	86 Rn 氡 $6s^2 6p^6$ (222)
7	87 Fr 钫 $7s^1$ (223)	88 Ra 镭 $7s^2$ (226)	89~103 Ac~Lr 锕系	104 Rf 钅卢* $(6d^2 7s^2)$ (261)	105 Db 钅杜* $(6d^3 7s^2)$ (262)	106 Sg 钅喜* (266)	107 Bh 钅波* (264)	108 Hs 钅黑* (277)	109 Mt 钅麦* (268)	110 Uun* (281)	111 Uuu* (272)	112 Uub* (285)						

镧系：

57 La 镧 $5d^1 6s^2$ 138.9	58 Ce 铈 $4f^1 5d^1 6s^2$ 140.1	59 Pr 镨 $4f^3 6s^2$ 140.9	60 Nd 钕 $4f^4 6s^2$ 144.2	61 Pm 钷 $4f^5 6s^2$ (145)	62 Sm 钐 $4f^6 6s^2$ 150.4	63 Eu 铕 $4f^7 6s^2$ 152.0	64 Gd 钆 $4f^7 5d^1 6s^2$ 157.3	65 Tb 铽 $4f^9 6s^2$ 158.9	66 Dy 镝 $4f^{10} 6s^2$ 162.5	67 Ho 钬 $4f^{11} 6s^2$ 164.9	68 Er 铒 $4f^{12} 6s^2$ 167.3	69 Tm 铥 $4f^{13} 6s^2$ 168.9	70 Yb 镱 $4f^{14} 6s^2$ 173.0	71 Lu 镥 $4f^{14} 5d^1 6s^2$ 175.0

锕系：

89 Ac 锕 $6d^1 7s^2$ (227)	90 Th 钍 $6d^2 7s^2$ 232.0	91 Pa 镤 $5f^2 6d^1 7s^2$ 231.0	92 U 铀 $5f^3 6d^1 7s^2$ 238.0	93 Np 镎 $5f^4 6d^1 7s^2$ (237)	94 Pu 钚 $5f^6 7s^2$ (244)	95 Am 镅* $5f^7 7s^2$ (243)	96 Cm 锔* $5f^7 6d^1 7s^2$ (247)	97 Bk 锫* $5f^9 7s^2$ (247)	98 Cf 锎* $5f^{10} 7s^2$ (251)	99 Es 锿* $5f^{11} 7s^2$ (252)	100 Fm 镄* $5f^{12} 7s^2$ (257)	101 Md 钔* $(5f^{13} 7s^2)$ (258)	102 No 锘* $(5f^{14} 7s^2)$ (259)	103 Lr 铹* $(5f^{14} 6d^1 7s^2)$ (262)

表头右侧：0 族电子层 K L M N O P 电子数

注： 相对原子质量录自2001年国际原子量表，并全部取4位有效数字。

参 考 文 献

[1]　毕毓俊. 自然科学基础知识[M]. 北京:高等教育出版社,2005.

[2]　张民生. 自然科学基础[M]. 北京:高等教育出版社,2001.

[3]　班耀华,李福在. 自然科学基础知识[M]. 武汉:武汉大学出版社,2012.

[4]　许雅周,李玉芬. 基础化学[M]. 北京:机械工业出版社,2008

[5]　唐有祺,王夔. 化学与社会[M]. 北京:高等教育出版社,2005.

[6]　王兰,等. 化学:通用类[M]. 西安:西北工业大学出版社,2010.

[7]　刘尧. 化学:基础版[M]. 2版. 北京:高等教育出版社,2008.

[8]　高睿君. 化学[M]. 2版. 成都:电子科技大学出版社,2004.

[9]　肖峰松. 化学[M]. 成都:电子科技大学出版社,2005.

[10]　熊秀芳. 化学:通用类[M]. 北京:北京出版社,2009.

[11]　储克森. 物理[M]. 成都:电子科技大学出版社,2005.

[12]　杨光. 物理[M]. 成都:电子科技大学出版社,2011.

[13]　人民教育出版社课程教材研究所. 化学:选修1—化学与生活 [M]. 北京:人民教育出版社,2007.

[14]　袁运开. 现代自然科学概论[M]. 上海:华东师范大学出版社,2010.

[15]　帕迪利牙. 科学探索者:声与光[M]. 刘明,等,译. 杭州:浙江教育出版社,2002.